基金课题：贵州省高校人文社会科学研究项目"贵州数字经济与实体经济的深度融合研究"（项目编号：2023GZGXRW071）

数字经济环境下的企业可持续发展与风险预警机制研究

王晨曦　著

哈尔滨工业大学出版社
HARBIN INSTITUTE OF TECHNOLOGY PRESS

内 容 简 介

在数字经济时代,企业面临着诸如技术变革、市场竞争等方面的多重挑战,这些挑战会对企业的经营和发展产生重大影响。在面对多元化和复杂化的挑战时,建立健全风险预警机制显得尤为关键和紧迫。本书围绕可持续发展理念和建立风险预警机制这两个核心主题展开深入的研究。本书分为 6 章,从理论和实践两个层面对可持续发展理念进行了全面分析,探讨其在数字经济时代的应用和意义;同时深入剖析建立健全风险预警机制的关键要素和方法论,旨在为企业提供有效的指导和实践建议。

图书在版编目(CIP)数据

数字经济环境下的企业可持续发展与风险预警机制研究 / 王晨曦著. -- 哈尔滨:哈尔滨工业大学出版社,2024.6. -- ISBN 978-7-5767-1528-6

Ⅰ. F279.2

中国国家版本馆 CIP 数据核字第 2024PY9762 号

策划编辑　杨秀华

责任编辑　马　嫒

出版发行　哈尔滨工业大学出版社

社　　址　哈尔滨市南岗区复华四道街 10 号　邮　　编　150006

传　　真　0451-86414749

网　　址　http://hitpress.hit.edu.cn

印　　刷　哈尔滨圣铂印刷有限公司

开　　本　787 mm×1092 mm　1/16　印张 18.25　字数 300 千字

版　　次　2024 年 6 月第 1 版　2024 年 6 月第 1 次印刷

书　　号　ISBN 978-7-5767-1528-6

定　　价　49.80 元

前　言

在数字经济高速发展的当下，我国企业所面对的外部环境正经历着深刻的变革。这种变革不仅挑战着企业的传统经营模式和长期战略规划，更重要的是，它激发了企业对可持续发展和风险管理的深刻思考。在这一背景下，可持续发展理念的引入显得尤为迫切和重要。可持续发展理念不仅仅是企业经营的新范式，更是企业应对外部环境变化、满足社会需求、应对经济波动时的有效战略。

数字经济的蓬勃发展带来了全新的商业形态和竞争格局，企业不得不适应快速变化的市场需求和技术发展。在这种不断变化的环境下，企业将可持续发展理念融入企业的战略规划和经营实践中，可以更好地理解和应对外部环境的复杂性，使自身的经营行为更加符合社会责任和环境可持续发展的要求。与此同时，随着商业环境的复杂化和不确定性的增加，企业面临的风险也变得愈加多样。因此，建立一套健全的风险管理机制显得尤为重要。通过可持续发展理念和健全的风险管理机制的双重支持，企业可以更加稳健地应对数字经济时代的种种挑战，实现可持续发展的长远目标。

在数字经济时代，企业面临着诸如技术变革、市场竞争等方面的多重挑战，这些挑战可能对企业的经营和发展产生重大影响。技术变革和市场竞争的加剧要求企业不断更新技术和提高创新能力，并不断提升市场地位和品牌影响力。在面对如此多元化和复杂化的挑战时，建立健全风险预警机制显得尤为关键和紧迫。风险预警机制可以帮助企业及时发现潜在的风险因素，提前做好应对准备，并制订相应的应对策略，从而最大限度地降低风险对企业经营的负面影响，确保企业能够持续、稳健地发展。

本书围绕可持续发展理念和风险预警机制这两个核心主题展开深入的研究。首先，从理论和实践两个层面对可持续发展理念进行全面分析，探讨其在数字经济时代的应用和意义。其次，深入剖析建立健全风险预警机制的关键要素和方法论，旨在为企业提供有效的指导和建议。

本书旨在为企业决策者和相关从业人员提供有益的思路和启示，助力其更好地应对当今商业环境中的挑战，实现企业的可持续发展目标。

作　者

2023 年 11 月

目　录

第1章　数字经济环境概述

1.1　数字经济的内涵与特征

1.1.1　数字经济的内涵

1.数字经济的含义

数字经济，顾名思义，是指在数字化、网络化、智能化的环境下，基于数据资源的新型经济形态。

2.数字经济的分类

数字经济作为一种新兴的经济形态，根据不同的划分标准可以分为多个类别。下面将从技术类别、产业领域、应用场景3个方面对数字经济进行分类。

（1）按技术类别划分。

① 云计算数字经济。

云计算技术在现代企业中的应用越来越广泛，它为企业带来了前所未有的便利，使数据资源的共享和优化配置成为可能。在竞争激烈的市场环境下，企业要想降低运营成本、提高工作效率，应用云计算技术无疑是其最佳选择。

首先，云计算技术能够实现数据的集中管理和共享。在过去，企业数据分散在各个部门，难以整合。通过云计算，企业可以将这些数据集中存储在云端，实现数据的统一管理和快速访问。当企业需要某个数据时，只需在云端查询即可，大大提高了数据的使用效率。

其次，云计算技术有助于优化企业资源配置。云计算平台可以根据企业的实际需求动态分配资源，使企业在面临业务波动时能够快速调整资源配置，提高运营的灵活性。此外，云计算还能够实现资源的自动化调度，提高资源利用率。

再次，云计算技术可以降低企业运营成本。通过云计算，企业无须购买和维护大量的硬件设备，节省了硬件投资和运维费用。同时，云计算平台提供的服务具有弹性，企业可以根据业务发展需求灵活调整资源配置，避免因设备购置和升级而造成成本浪费。

最后，云计算技术能够提高企业工作效率。利用云计算技术，员工可以随时随地访问企业数据并应用，实现远程办公，提高工作效率。此外，云计算平台还可以为企业提供各种智能化的数据分析工具，帮助企业快速挖掘数据价值，为决策提供有力支持。

利用云计算技术，企业实现了数据资源的共享和优化配置，降低了运营成本，提高了工作效率。云计算技术在未来将继续发挥重要作用，助力我国企业转型升级，提升竞争力。企业应充分认识云计算技术的重要性，积极拥抱云计算，以实现可持续发展。

②大数据数字经济。

在当今信息爆炸的时代，海量数据成为企业和个人决策的重要依据。对这些数据的挖掘、分析和应用，可以为决策者提供有力支持，实现精准营销、个性化定制等，从而提升企业的竞争力并满足消费者的多元化需求。

数据挖掘是一个从大量数据中提取有价值的信息的过程，它可以帮助企业发现潜在的商机和问题。通过深入分析这些数据，企业可以更加了解消费者的需求和行为，进而制订出具有针对性的营销策略。此外，数据挖掘还可以为企业提供市场趋势、竞争对手等的相关信息，为决策者提供有力支持。

数据分析涉及数据的整理、清洗、可视化等多个环节。通过对数据进行深入分析，企业可以从中发现有价值的信息，为决策提供依据。同时，数据分析还能帮助企业评估营销活动的效果，为后续的策略调整提供参考。

数据应用是数据挖掘和分析的目标，也是实现精准营销、个性化定制等的关键。通过对数据的挖掘和分析，企业可以针对不同的消费者群体制订差异化的营销策略，从而提高销售业绩。此外，数据应用还可以帮助企业实现产品的个性化定制，满足消费者的个性化需求，提升用户满意度。

在我国大数据产业已经取得了显著的发展成果，为各行各业提供了广阔的发展空间。政府部门也积极推动大数据的应用，为企业和创业者提供政策支持和资金扶持。企业和个人应抓住这一历史机遇，积极拥抱大数据，提升自身的竞争力。

海量数据驱动下的数据挖掘、分析和应用，为企业和个人的决策提供了有力支持。通过精准营销、个性化定制等措施，企业可以实现市场竞争力的提升，满足消费者的多元化需求。在这一过程中，政府、企业和个人应共同努力，推动大数据产业的发展，为我国的经济社会发展贡献力量。

③ 人工智能数字经济。

随着科技的飞速发展，人工智能技术逐渐成为各个领域的重要推动力。在我国人工智能技术的应用范围不断扩大，尤其在生产和服务领域发挥了显著的作用。

在生产领域，人工智能技术的应用不仅提高了生产的自动化水平，而且实现了生产力的提升。通过引入智能机器人、自动化生产线等先进技术，企业可以大幅度降低生产成本，提高生产效率。此外，人工智能技术还可以实现生产过程的智能化监控，有助于企业及时发现并解决生产过程中的问题，提高产品质量。

在服务领域，人工智能技术同样发挥着重要作用。智能客服、智能语音等的应用，使企业在为客户提供高质量服务的同时，降低了人力成本。人工智能助手可以根据客户的需求，提供精准的信息和建议，提高客户满意度。此外，智能语音可以实现客户的快速接入，减少其等待时间，提升服务体验。

除了以上领域，人工智能技术还在医疗、教育、金融等行业发挥着积极作用。例如，在医疗领域，人工智能可以帮助医生诊断疾病，提高诊断的准确性；在教育领域，人工智能可以为学生提供个性化学习方案，提高学习效果；在金融领域，人工智能可以实现风险控制和投资决策的智能化，提高金融服务的效率和质量。

人工智能技术的广泛应用为我国经济社会发展注入了新的动力。未来，应继续加大对人工智能技术的研发和应用力度，推动各领域的创新发展，为实现全面建设社会主义现代化国家的目标做出贡献。同时，我们也要关注人工智能技术可能带来的伦理、法律和就业等方面的问题，积极应对，确保人工智能技术健康、可持续发展。

④物联网数字经济。

在21世纪的科技革命浪潮中，物联网技术作为一种跨学科、跨领域的综合性新兴技术，已经成为世界各国竞相发展的热点。我国政府高度重视物联网产业发展，将其作为国家战略性新兴产业来布局。物联网数字经济是指在物联网技术广泛应用的基础上，通过互联网、大数据、人工智能等新一代信息技术，实现各类实体和虚拟要素的深度融合，提高资源配置效率，降低能源消耗，推动经济高质量发展的新型经济形态。物联网数字经济作为一种创新型经济发展模式，将通过万物互联提高资源配置效率，降低能源消耗，为我国经济高质量发展注入新动力。

a.万物互联。

物联网技术将人、物、信息等各个要素紧密联系在一起，形成了一个高度自组织、自适应的智能网络系统。

物联网技术的快速发展不仅为人们的生活带来了便利，还对各行各业产生了深远的影响。在这个智能网络系统中，数据成为核心资源，信息的传输、处理和应用呈现出高度的实时性、可靠性和安全性。通过对各个要素的整合与优化，物联网技术为智能生产、智能交通、智能家居、智能医疗等众多领域的创新提供了有力支持。

在生产领域，物联网技术通过工控系统、传感器等软硬件产品，实现设备之间的互联互通，提高生产效率，降低成本。同时，大数据分析为生产过程提供决策支持，使得生产方式更加智能化、精细化。此外，物联网技术还能有效监控产品质量和安全，确保产业链的可靠运行。

在交通领域，物联网技术通过车联网、智能交通系统等技术，实现对道路、车辆、驾驶员等各个要素的实时监控与调度。这有助于缓解交通拥堵，降低能源消耗，提高出行的安全性。同时，无人驾驶等技术的发展也将改变人们的出行方式。

在家居领域，物联网技术让智能家居成为现实。通过家电互联、智能控制系统等技术，用户可以实时监控家中的设备，实现节能减排，提高生活品质。此外，物联网技术还可为家庭安全、健康管理等提供支持。

在医疗领域，物联网技术通过远程监测、智能诊断等手段，实现医疗资源的优化配置，提高医疗服务质量。同时，大数据分析为疾病预测、个性化治疗等提供了可能性，有望改变传统医疗模式。

然而，物联网技术的发展也带来了一系列挑战，如数据安全、隐私保护等问题。在面对这些挑战时，企业应加强技术创新，确保物联网技术的健康发展。

b. 数据驱动。

物联网数字经济已经成为我国经济发展的新引擎，它依赖于海量数据的采集、处理、分析和应用。数据成为核心驱动力，推动企业迈向智能化服务的新高峰。

在物联网数字经济中，数据的采集和传输是至关重要的一步。通过各种传感器和设备，数据源源不断地被收集，形成了庞大的数据池。这些数据涉及工业生产、物流运输、消费行为等多个领域，为各类企业提供了丰富的决策依据。企业对收集到的数据进行处理和分析，以挖掘其潜在价值。借助先进的数据挖掘和人工智能技术，人们可以从海量数据中找出发展规律和趋势，为企业提供精准的市场预测、客户画像和运营策略。这对于提升企业竞争力、降低成本和提高效益具有重要意义。

在数据分析的基础上，物联网数字经济为企业和个人提供智能化服务。借助物联网技术，各类设备可以实现互联互通，构成一个智能化的生态系统。例如，智能家居系统可以自动调节室内温度、湿度和灯光，为居民提供舒适的生活环境；智能交通系统可以通过提供实时的路况信息，为驾驶员规划最优出行路线，减少拥堵和降低能耗。

此外，物联网数字经济还催生了许多新兴产业，如大数据、云计算、人工智能等。这些产业不仅为国家创造了大量就业岗位，还推动了传统产业的转型升级。在此背景下，我国政府高度重视物联网数字经济的发展，制定了一系列政策措施，以推动产业链的完善和创新能力的提升。

物联网数字经济作为我国经济发展的重要支柱，拥有广阔的发展前景。在应对挑战的过程中，需要不断完善数据安全、隐私保护等方面的法律法规，加大人才培养和科技创新力度，推动物联网数字经济迈向更高水平。

c. 高效协同。

物联网数字经济通过优化资源配置，实现产业链各环节的高效协同，降低社会成本，提高经济效益。

首先，物联网数字经济对人才培养提出了新的要求。随着物联网技术的不断发展和应用，市场上对相关人才的需求越来越大。为满足这一需求，我国加大了对人才培养的投入，以提高人才培养质量。此外，企业也应积极参与人才培养，与高校和科研院所合作，共同培养具备创新精神和实践能力的复合型人才。

其次，物联网数字经济有助于提高创新能力。在物联网产业链的各个环节，企业需要不断创新，以提高产品和服务质量。这将推动我国创新能力的整体提升，助力我国在全球竞争中脱颖而出。同时，物联网技术本身也是一项创新成果，其广泛应用将带动相关产业的技术创新，形成良性循环。

最后，物联网数字经济有助于提高我国的国际竞争力。通过物联网技术，我国企业可以更好地融入全球产业链，实现国际化发展。同时，物联网技术为我国企业提供了新的商业模式和市场机遇，有助于提高企业的核心竞争力。在全球经济一体化进程中，物联网数字经济将成为我国抢占发展机遇、提升国际竞争力的重要支柱。

物联网数字经济在我国经济发展中具有举足轻重的地位。企业应充分认识其重要作用，加大扶持力度，推动物联网数字经济健康发展。同时，企业和个人也要抓住机遇，积极投身物联网产业，为我国数字经济的发展贡献力量。

d. 绿色可持续发展。

物联网技术具有显著的节能、减排、增效等特点，这些特点使其在降低能源消耗、保护生态环境及实现绿色发展方面发挥重要作用。在我国，物联网技术得到了广泛关注和应用，尤其在能源、交通、工业等领域，其优势得到了充分发挥。

首先，在能源领域，物联网技术通过对能源设备的监控，实现了能源的高效利用。通过实时的数据分析，物联网技术可以对能源消耗进行精细化管理，从而减少能源浪费。此外，物联网技术还可以应用于智能电网、分布式能源管理等，进一步提高能源利用效率，降低能源消耗。

其次，在交通领域，物联网技术通过车辆联网、道路智能化等方式，提高了道路交通的效率。这不仅可以减少交通拥堵，降低碳排放，还能提高燃油利用率，从而降低能源消耗。此外，物联网技术在智能交通系统中的应用，还能有效保障交通安全，减少交通事故的发生。

最后，在工业领域，物联网技术通过对生产设备的监控，实现了生产过程的自动化、智能化。这不仅提高了生产效率，降低了人力成本，还减少了生产过程中的能源消耗和环境污染。此外，物联网技术在供应链管理、产品质量检测等方面的应用，也有助于降低企业的能源消耗和环境负荷。

除此之外，物联网技术还在农业、建筑、医疗等领域发挥着重要作用。在农业领域，物联网技术可以实现对农田的精准管理，提高农作物产量，减少农业生产过程中的能源消耗和环境污染。在建筑领域，物联网技术可以实现建筑的智能化管理，降低建筑的能源消耗。在医疗领域，物联网技术可以实现医疗资源的优化配置，提高医疗服务效率，降低医疗能耗。

物联网技术在节能、减排、增效等方面具有显著优势，对于降低能源消耗、保护生态环境、实现绿色发展具有重要意义。我国应继续加大对物联网技术的研发和应用力度，推动各个领域的智能化发展，为实现可持续发展做出贡献。同时，政府、企业和社会各界应共同努力，建立健全物联网技术应用的政策体系、技术标准和监管机制，确保物联网技术在降低能源消耗、保护生态环境方面的优势得到充分发挥。

⑤ 区块链数字经济。

利用区块链技术可以构建去中心化、安全可信的数据存储和传输体系，提高数据处理和分析能力，助力数字经济发展。此外，区块链技术还可以降低数据传输的成本，提高数据传输的速度，进一步推动数字经济发展。区块链技术在数字经济发展中的重要作用不仅体现在数据存储和传输方面，其还可以应用于多个领域，如金融、供应链、物联网等领域，以提高业务流程的透明度、降低成本、提升效率。区块链技术的应用将进一步推动数字经济的发展，为我国经济增长注入新动力。

在金融领域，区块链技术可以实现跨境支付、证券交易等业务的快速、安全、低成本运作。凭借去中心化的特性，区块链技术可以降低金融风险，提高金融系统的稳定性。同时，区块链技术还可以助力普惠金融发展，让更多中小企业和个体户享受到便捷、低成本的金融服务。

在供应链领域，区块链技术可以实现供应链各环节的信息共享，提高供应链管理水平，降低企业运营成本。通过去中心化的数据存储和传输，可以确保供应链数据的真实、完整、不可篡改，从而提高供应链的安全性和透明度。此外，区块链技术还可以有效解决供应链金融的信任问题，为供应链金融业务的发展提供支持。

在物联网领域，区块链技术可以实现设备之间的安全、高效通信，提高物联网系统的可靠性和稳定性。利用区块链技术，可以确保物联网设备采集的数据真实可信，有利于智能化决策和精准控制。同时，区块链技术还可以为物联网设备提供安全可靠的认证机制，保障网络安全。

区块链技术在数字经济发展中的广泛应用，将推动我国经济转型升级，提高国家竞争力。然而，区块链技术的发展也面临诸多挑战，如技术成熟度不高、人才短缺等问题。政府部门和企业应共同努力，加强区块链技术研发和创新，推动产业健康发展，为我国数字经济繁荣做出贡献。

（2）按产业领域划分。

① 农业数字经济。

数字技术在农业生产中的应用，不仅提高了农业生产率，实现了精细化管理，降低了生产成本，还为农村经济发展带来了新的机遇。农村电商和乡村旅游等产业得到了迅速发展，为农村居民创造了更多的就业机会和收入来源。

首先，数字技术在农业生产中的运用使得农民能够更加精确地掌握农作物的生长状况，并根据实际情况适时施肥、灌溉和预防病虫害。通过大数据分析和预测，农民可以更好地把握市场行情，调整种植结构，提高农产品的附加值。此外，数字技术还可以帮助农民实现农业机械化运作，提高劳动生产率，降低农业生产成本。

其次，农村电商的发展为农产品销售提供了新的渠道。通过电商平台，农产品可以迅速走出农村，进入城市市场，缩短销售周期，提高产品流通率。同时，电商平台还可以帮助农民实现农产品的品牌化、标准化和规模化生产，提升农产品的市场竞争力。在此过程中，数字技术起到了关键的推动作用，为农村电商提供了数据支撑和信息技术服务。

最后，乡村旅游作为农村经济的重要组成部分，也在数字技术的推动下焕发出新的活力。通过线上、线下相结合的方式，乡村旅游项目可以更好地吸引城市游客，提高乡村旅游的品质和满意度。数字技术为乡村旅游带来了更多的新业态和营销手段，如直播带货等，使乡村旅游更具吸引力。数字技术也为农村地区创造了更多的就业机会，带动了农村经济的发展。

数字技术在农业生产、农村电商和乡村旅游等领域的应用，为我国农村经济发展注入了新的活力。未来，政府将继续加大数字技术在农村地区的推广力度，培养新型农民，发挥数字技术的优势，助力乡村振兴。同时，企业也要加强对农村基础设施建设的投入，提高农村网络覆盖率，为数字技术在农村的广泛应用创造有利条件。通过采取这些措施，我国农村经济将焕发出更加蓬勃的生机。

② 工业数字经济。

数字化、网络化、智能化作为现代科技的重要发展方向，正深刻影响着制造业。近年来我国制造业不断加大科技创新力度，推动数字化、网络化、智能化发展，以提升核心竞争力，实现绿色、高效、可持续发展。

首先，数字化技术的广泛应用为制造业提供了新的发展机遇。借助大数据、云计算、物联网等先进技术，企业能够实现生产过程的自动化、智能化，提高生产效率。同时，数字化技术还有助于企业优化资源配置、降低生产成本、提升产品品质，从而增强制造业的整体竞争力。

其次，网络化发展进一步拓宽了制造业的市场空间。互联网、物联网等网络技术的飞速发展，为企业提供了全球化的市场平台。企业通过与国内外的合作伙伴建立紧密的供应链、价值链关系，实现优势互补、共同发展，提升制造业的整体竞争力。

最后，智能化成为制造业转型升级的重要途径。智能制造、智能工厂等技术的不断创新，使得制造业的生产过程更加智能化、绿色化。通过引入机器人、自动化生产线等先进的设备，企业可以实现高精度、高效率地生产，降低能耗，减少环境污染，推动制造业实现绿色、可持续发展。

此外，我国政府高度重视制造业的发展，推出了一系列政策措施，为其数字化、网络化、智能化发展提供了有力保障。政策的支持有助于企业加大科技创新投入力度，加快数字化、网络化、智能化发展的步伐。

数字化、网络化、智能化发展为我国制造业提供了强大的动力。制造业企业应抓住这一历史机遇，持续加强科技创新，推动产业转型升级，实现绿色、高效、可持续发展。

③ 服务业数字经济。

在当今数字化时代，服务业数字经济已成为推动我国经济发展的重要引擎。数字经济作为一种新的经济形态，将传统服务业与互联网、大数据、人工智能等先进技术相结合，为金融、教育、医疗、交通等领域带来前所未有的发展机遇。通过数字化转型的深入推进，实现提高服务质量、降低服务成本、优化资源配置、提升民众福祉等多重目标。

a. 金融领域数字化发展。

金融领域数字化发展可以为客户提供更加便捷、高效的金融服务。通过互联网金融、移动支付、区块链等技术，金融机构可以实现跨地域、跨行业的资源整合，降低融资成本，解决中小企业的融资难题。同时，大数据分析可以帮助金融机构更准确地评估风险，预防金融欺诈，保障消费者权益。

b. 教育领域数字化发展。

教育领域数字化发展有助于实现教育公平、提高教育质量。在线教育平台、智能教学系统等数字软件可以为师生提供丰富多样的教学资源，实现个性化学习，让优质教育资源惠及更多地区和人群。此外，数字化教育还可以提高教育管理效率，降低教育成本，促进教育体制改革。

c. 医疗领域数字化发展。

医疗领域数字化发展有助于提高医疗服务水平，解决看病贵、看病难等问题。通过电子病历、远程医疗、人工智能等技术，可以实现医疗资源的优化配置，提升医疗服务效率。同时，数字化医疗还可以帮助医疗机构降低运营成本，提高医疗质量，为患者提供更加安全、便捷的就医体验。

d. 交通领域数字化发展。

交通领域数字化发展可以缓解交通拥堵，提高出行效率。智能交通系统、无人驾驶、共享出行等数字技术可以实现道路资源的高效利用。此外，数字化交通还可以提高交通运输的安全性，减少交通事故，为民众提供更加便捷、绿色的出行方式。

④ 新兴产业数字经济。

《中共中央关于制定国民经济和社会发展第十四个五年规划和二〇三五年远景目标的建议》提出，发展战略性新兴产业，加快壮大新一代信息技术、生物技术、新能源等产业。近年来，我国在这些产业取得了举世瞩目的成就，不仅为国内经济增长注入了新动力，也为全球科技创新贡献了力量。

首先，新一代信息技术产业发展迅速。5G、人工智能、大数据等新兴技术广泛应用，推动了产业结构优化升级，为我国经济高质量发展提供了有力支撑。5G 网络覆盖加速，为智能制造、远程医疗、智能交通等领域提供了高速信息通道；人工智能技术在日常生活中得到广泛应用，智能语音、人脸识别等技术的商业化落地，提高了人民群众的生活品质；大数据产业发展态势良好，为政府决策、企业创新、市场预测等提供了精准数据支持。

其次，生物技术领域取得一系列重大突破。生物医药、基因编辑、生物农业等产业发展势头强劲，为我国农业、医疗、环保等领域带来了革命性变革。例如，我国基因编辑技术在育种、治疗遗传性疾病等领域展现出巨大潜力。

最后，新能源产业快速发展。太阳能、风能、氢能等清洁能源得到广泛推广，降低了能源消耗，减少了环境污染。光伏发电、风力发电等可再生能源项目遍地开花，为实现能源结构调整、应对气候变化提供了有力支持。同时，新能源汽车产业异军突起，电动汽车、燃料电池汽车等为绿色低碳出行提供了更多选择。

我国在新一代信息技术、生物技术、新能源等领域取得了世界瞩目的成就。面对未来，应继续加大投入，培育壮大战略性新兴产业，推动经济高质量发展，为全面建设社会主义现代化国家、实现中华民族伟大复兴的中国梦奠定坚实基础。

（3）按应用场景划分。

①智慧城市。

随着科技的飞速发展，智慧城市成为城市发展的重要趋势。我国政府高度重视智慧城市建设，将其列为国家战略，以提高城市治理水平、改善民生、促进经济发展。

a. 城市管理智能化。

城市管理智能化是智慧城市的核心功能之一。通过对城市基础设施、环境监测、安全监控等方面的大数据的采集和分析，政府可以实时掌握城市运行状况，实现精细化管理。例如，在环保领域，可以通过物联网设备监测空气质量、水质等环境指标，对污染源进行精准定位和治理。在安全生产方面，可以利用人工智能技术对城市安全隐患进行智能识别和预警，提高事故防范和应急处置能力。

b.公共服务便捷化。

在智慧城市中，公共服务便捷化是关键环节。政府通过搭建一站式服务平台，提供在线政务服务、缴费、出行等信息查询功能，让市民享受到"指尖上的便利"。此外，借助人工智能技术，可以实现公共服务的个性化定制，为市民提供更加精准、贴心的服务。例如，在医疗领域，通过大数据分析患者的健康数据，可为患者提供个性化诊疗方案；在教育领域，利用人工智能为学生提供个性化学习资源，提高教育质量。

c.交通出行绿色化。

交通出行绿色化是智慧城市的重要组成部分。政府通过发展公共交通、鼓励骑行、推广新能源汽车等措施，减少城市交通污染。同时，利用大数据和人工智能技术优化交通信号控制、道路拥堵预测和出行路径规划，提高道路通行效率。此外，还可以发展智能出行系统，为市民提供实时、准确的出行信息，减少交通拥堵，降低碳排放，实现绿色出行。

智慧城市通过大数据、物联网、人工智能等技术，实现城市管理智能化、公共服务便捷化、交通出行绿色化等目标，为市民创造美好的生活环境。我国政府将继续加大对智慧城市建设的支持力度，推动城市可持续发展。

②智能交通。

随着城市化进程的加快，交通拥堵问题日益严重。为了解决这一问题，政府和企业纷纷将目光投向大数据、人工智能等先进技术，致力于优化交通资源配置，提高道路通行能力，减少交通拥堵。

首先，利用大数据技术对交通数据进行实时分析，为城市交通管理部门提供科学决策的依据。通过收集和分析各类交通数据，如车辆数量、路段拥堵程度、出行时间等，可以准确地掌握城市交通状况，从而制定具有针对性的交通优化措施。

其次，借助人工智能技术，提高交通信号控制系统的智能化水平。通过人工智能算法，实现信号灯控制策略的实时调整，确保道路畅通。例如，在高峰时段，智能系统可以自动调整信号灯的绿灯时长，引导车辆流向较为畅通的道路，提高整体通行效率。

再次，发展公共交通系统，提高公共交通服务质量。利用大数据分析乘客的出行需求，优化公交线路规划，扩大公共交通的覆盖范围。同时，通过智能系统为乘客提供实时的公交信息，方便市民选择合适的出行方式，降低私家车的使用频率。

复次，推广智能出行 APP，引导市民合理安排出行计划。智能出行 APP 可以根据用户位置、出行目的地和实时的交通状况，提供最优出行方案，包括公交、地铁、共享单车等多种出行方式。这样不仅可以缓解道路拥堵，还能减少空气污染，有益于环境保护。

最后，加强城市交通基础设施建设，提高道路通行能力。例如，建设城市快速路、立交桥等交通设施，提高道路通行效率。此外，加大对公共交通设施如地铁、公交等的投入，减少市民对私家车的依赖，进一步减轻交通压力。

利用大数据、人工智能等技术优化交通资源配置、提高道路通行能力、降低拥堵程度，是解决我国城市交通问题的有效途径。只有不断创新，加强科技与软件的深度融合，才能让城市交通变得更加美好。

③ 智慧医疗。

云计算和大数据技术应用在医疗领域逐渐改变了传统医疗服务模式，使得医疗资源得以合理配置，提高了医疗服务的质量和效率。在此基础上，我国企业还需进一步推动医疗信息化建设，为患者提供更优质的医疗服务。

首先，通过云计算技术，医疗机构可以实现患者数据的集中管理和分析。这有助于医生在诊断和治疗过程中获取更多有价值的信息，为患者提供更加精准的治疗方案。同时，云计算还能支持医疗机构实现药品、器械等医疗物资的优化配置，从而降低医疗成本，提高医疗服务效率。

其次，大数据技术在医疗领域的应用为患者提供了更加个性化的医疗服务。通过对海量数据的挖掘和分析，医生可以了解患者的健康状况、生活习惯等方面的信息，从而制订更符合患者需求的诊疗方案。此外，大数据技术还可以用于疾病预测、医疗资源优化配置等方面，进一步提高医疗服务质量。

然而，云计算和大数据技术在医疗领域的应用仍面临诸多挑战，如数据安全问题、医疗机构信息化水平参差不齐等。为应对这些挑战，应加大投入，提高医疗机构信息化建设的水平，同时加强对数据安全方面的监管，以确保患者的信息和隐私得到保护。此外，为进一步提高医疗服务质量和效率，我国加强了医疗人才培养和医疗制度改革。通过提升医生的专业素质和服务水平，提高医疗机构的整体运营效率，从而为患者提供更好的医疗服务。同时，推动医疗制度改革，打破地域、医院等的限制，实现医疗资源的共享，让更多患者享受到优质的医疗资源。

运用云计算、大数据等技术实现医疗资源的合理配置，提高医疗服务质量和效率，是我国医疗事业发展的必然趋势。在此过程中，政府、企业和医疗机构需共同努力，不断推进医疗信息化建设，加强人才培养和制度改革，为患者提供更加优质的医疗服务。

④ 智能家居。

物联网和人工智能技术的快速发展为家庭设备带来了前所未有的智能化、网络化革命。在我国，越来越多的家庭开始享受到这些技术带来的便捷和舒适。利用物联网、人工智能等技术，家庭设备的功能得到了极大的拓展，居民生活质量也得到了显著提高。

首先，物联网技术让家庭设备实现了互联互通。借助传感器、控制器等装置，家庭中的各种电器可以相互感知、互动，从而实现自动化、智能化管理。例如，智能家居系统可以自动调节室内温度、湿度和灯光，为居民创造舒适的生活环境。同时，家庭设备之间的互联互通还可以实现能源的合理利用，降低能耗，提高生活质量。

其次，人工智能技术的应用让家庭设备更加智能。借助大数据分析和机器学习，家庭设备可以了解居民的生活习惯，提供个性化的服务。例如，智能冰箱可以推荐食谱，智能洗衣机可以自动调整洗涤模式，智能空调可以根据室内外温差自动调节温度等。这些智能化的家庭设备不仅提高了居民的生活品质，还极大地节省了居民的时间和精力。

再次，物联网和人工智能技术还为家庭安全提供了有力保障。通过安装智能安防设备，如智能门锁、摄像头等，居民可以实时了解家庭的安全状况，及时发现潜在风险。同时，这些设备还可以与公安系统等联动，提高居民的安全保障水平。

最后，在环境保护方面，智能家庭设备也发挥着重要作用。智能家居系统可以监测室内空气质量，自动调节通风、净化等功能，改善居住环境。此外，智能电器还可以根据用电需求进行调度，实现绿色用电，降低碳排放，助力我国实现碳中和目标。

⑤ 金融科技。

数字技术在现代社会中发挥着越来越重要的作用，尤其是在金融领域，其对金融产品和服务的影响更是不可忽视。我国金融业正面临着从传统金融向数字金融转型的挑战，利用数字技术创新金融产品和服务，提高金融服务实体经济的能力，已成为金融业发展的必然趋势。

首先，数字技术为金融产品创新提供了强大的支持。通过大数据、人工智能等先进技术，金融机构能够更加精准地了解客户需求，实现个性化、差异化的金融产品设计。基于互联网的消费金融产品，例如支付宝、微信支付等，为广大消费者提供了便捷的线上支付、分期付款等服务，有效满足了消费者多样化的金融需求。

其次，数字技术有助于提高金融服务实体经济的能力。通过金融科技（financial technology）手段，金融机构能够降低融资成本、提高融资效率，为实体经济提供更加便捷、低成本的金融服务。互联网金融平台，如京东金融、陆金所等，可为广大中小企业提供线上融资渠道，解决企业融资难、融资贵的问题，有力地支持了实体经济发展。

再次，数字技术推动了金融监管的创新。借助大数据、云计算等技术手段，监管部门可以实现对金融市场的实时监测，提高监管效率和准确性。此外，数字技术还可以为金融风险防控提供有力支撑，有效降低金融体系的风险。

最后，数字技术在金融领域的应用还有助于促进金融普惠。通过线上、线下相结合的方式，金融机构可以拓展服务范围，将金融服务覆盖到更多长尾客户，如小微企业等。这将有助于缩小金融差距，提高金融服务的普及率。

然而，数字技术在金融领域的应用也带来了一定的挑战。如何确保金融科技创新与金融监管的平衡，防范潜在的金融风险，成为当前金融业发展的重要课题。此外，数字技术的广泛应用也对数据安全、个人信息保护提出了更高要求。

利用数字技术创新金融产品和服务，提高金融服务实体经济的能力，是我国金融业发展的重要方向。在推动金融科技创新的同时，也要加强金融监管和风险防范，确保数字技术为金融业的健康发展提供有力支撑。在这一过程中，政府、金融机构、科技企业及社会各界应共同努力，携手共创数字金融的美好未来。

1.1.2　数字经济的特征

在当今信息技术飞速发展的时代，数字经济已经成为经济社会发展的重要引擎。数字经济作为一种新兴的经济形态，具有以下几个显著特征。

1. 高度依赖信息技术

高度依赖信息技术是数字经济最明显的特征。这种依赖性不仅体现在数字经济的产生和发展过程中，也体现在其对传统产业的改造和升级上。信息技术在数字经济中起核心作用，为经济发展提供了强大的动力。此外，数字经济还推动了信息技术的不断创新，形成了良性的循环。

2. 跨界融合

数字经济作为一种全新的经济形态，正在全球范围内引发深刻的产业变革。它打破了传统产业的边界，促使各行各业跨界融合，构建起全新的产业生态。在数字经济时代，企业之间的竞争已经不再是单一领域的竞争，而是产业链、价值链的整体竞争。因此，企业需要不断创新，寻求与互联网、大数据、人工智能等新兴技术的深度融合，以实现产业升级和转型。

首先，数字经济推动了产业链的深度融合。在这个过程中，传统产业逐渐向数字化、网络化、智能化方向发展，新兴产业得以快速崛起。各行各业都在积极寻求与互联网、大数据、人工智能等新兴技术的融合，以提高产业效率、降低成本、提升用户体验。这种跨界融合不仅为企业带来了新的发展机遇，也为整个产业链带来了更高的附加值。

其次，数字经济促进了价值链的升级。在数字经济时代，企业不仅要关注产品和服务本身，还要关注其背后的数据和信息。通过对海量数据的挖掘和分析，企业可以更精准地把握市场需求，优化资源配置，实现价值链的升级。此外，数字经济还为企业提供了更多创新商业模式的机会，进一步推动价值链的升级。

最后，数字经济为经济增长创造了新的动力。在数字经济背景下，企业通过与新兴技术的跨界融合，可以实现产业的高效运转，提高资源利用率。同时，数字经济带来了新的消费需求和市场空间，为经济增长提供了强大的内生动力。此外，数字经济还催生了一大批创新型企业，为经济增长注入了新活力。

数字经济时代的跨界融合为各行各业带来了前所未有的机遇和挑战。企业应把握时代发展趋势，积极寻求与新兴技术的深度融合，推动产业链和价值链的升级，为经济增长创造新的动力。同时，政府和社会各界也要共同努力，为数字经济的健康发展营造良好的环境，助力我国经济的高质量发展。

3. 以数据为核心资源

数字经济已经成为当今世界经济发展的重要引擎，数据作为其中的核心资源，日益受到各类企业的重视。数据被视为企业的宝贵财富，它不仅可以帮助企业提高生产经营效率、降低成本，还可以助力企业创新业务模式，甚至重构产业生态。数据资源的充分利用为数字经济带来了巨大的价值。

首先，数据资源的利用可以提升企业的生产效率。通过对海量数据的收集、分析和利用，企业可以更准确地了解市场需求，优化生产流程，提高资源配置效率。这样一来，企业不仅可以提高产能，还可以降低成本，从而获得更大的竞争优势。

其次，数据资源的利用有助于企业创新业务模式。在数字经济时代，企业不再仅仅依赖传统的生产要素，而是通过整合数据资源，开发出新的业务模式，以满足市场的多样化需求。例如，借助大数据、人工智能等技术，企业可以提供个性化定制等新型业务，精准营销，进一步提升企业的核心竞争力。

最后，数据资源的利用可以推动产业生态的重构。在大数据时代，产业链上的各个环节不再是孤立的存在，而是通过数据流动紧密相连。企业可以通过与上、下游合作伙伴共享数据，实现优势互补、协同创新，共同打造更加健康、有序的产业生态。

然而，数据资源的充分利用也带来了一系列挑战，如数据安全、隐私保护等难题。在数据驱动的时代，保障数据安全已成为企业发展的重中之重。企业需要建立完善的数据安全防护体系，确保数据的安全和完整。同时，企业在利用数据的过程中，还需充分尊重个人隐私，遵守相关法律法规，切实保障用户的合法权益。

数据作为数字经济的核心资源，其价值不容忽视。企业应充分利用数据资源，提高生产经营效率，创新业务模式，重构产业生态。同时，企业还需关注数据安全和个人隐私保护，切实履行社会责任，以实现可持续发展。未来，谁能够更好地挖掘数据价值，谁就能在激烈的市场竞争中立于不败之地。

4. 敏捷性、不确定性和创新性

数字经济具有敏捷性、不确定性和创新性特征。在数字经济时代，企业面临着快速变化的市场环境，需要具备敏捷的响应能力，以适应市场的瞬息万变。同时，数字经济的发展也带来了诸多不确定性，如技术更新、政策调整等。在这种环境下，企业需要不断创新，寻求新的发展机遇。创新成为数字经济发展的关键驱动力。

5. 网络效应和规模效应

网络效应和规模效应在数字经济企业的发展过程中发挥着至关重要的作用，有助于企业迅速崛起，提升其市场竞争力。

首先，在数字经济领域，企业的产品或服务越受欢迎，就越容易吸引更多用户，形成正向循环。这种网络效应源于用户之间的互动和相互推荐，使得企业的市场份额不断扩大。一旦企业具备了较强的网络效应，其市场地位将很难被撼动。因为用户在选择产品或服务时，往往会倾向于选择已经拥有大量用户的企业，从而降低风险，提高满意度。

其次，规模效应也是数字经济企业的一大优势。随着企业规模的扩大，其边际成本逐渐降低，竞争力进一步提高。规模效应带来的成本优势使得企业在面对市场竞争时，具有更强的抵御能力。此外，规模经济还可以为企业带来更多的资源和市场机会，助力企业实现可持续发展。

在我国，政府高度重视数字经济的发展，通过政策引导、资金支持等手段，鼓励企业加大创新力度，发挥网络效应和规模效应的优势。随着数字经济企业的不断壮大，它们在全球市场中的竞争力也将逐步提升，为我国经济实力的增长贡献力量。

在数字经济时代，网络效应和规模效应是企业核心竞争力的重要体现。企业应充分利用这两个效应，不断提升自身的市场地位，为我国数字经济的蓬勃发展贡献力量。同时，政府和社会各界也要持续关注和支持数字经济企业，共同推动我国数字经济迈向新高峰。

6. 智能化和个性化

在数字经济时代，社会经济发展的趋势已经鲜明地指向智能化和个性化。这主要得益于新兴技术的广泛应用，如人工智能、物联网等，这些技术为企业提供了强大的工具，使生产、销售、服务等各个环节实现了智能化，从而提高了资源配置效率。

首先，在生产环节，智能化生产的实现得益于人工智能和物联网等技术的发展。这些技术使得生产设备能够实现自动化运行，提高生产效率，降低生产成本。同时，通过对大量数据的实时分析和处理，生产过程能够实现精准调控，进一步提升产品质量。

其次，在销售环节，大数据技术的应用使得企业能够深入了解消费者的需求和购买习惯。通过对海量数据的挖掘和分析，企业能够精准地把握市场动态，制订出符合消费者需求的销售策略。此外，智能化销售系统还能为消费者提供个性化服务，提升消费者的购物体验，从而提高销售额。

最后，在服务环节，智能化和个性化的服务已经成为提升企业竞争力的重要手段。借助人工智能等技术，企业能够提供快速、精准、高效的服务，满足消费者多样化的需求。同时，个性化服务能够提升消费者的满意度和忠诚度，为企业创造稳定的客户群体。

1.1.3　数字经济的形成与发展

1. 数字经济的起源和发展过程

数字经济的起源可以追溯到 20 世纪 90 年代，随着互联网的普及和信息技术的飞速发展，数字经济逐渐成为推动全球经济增长的重要引擎。数字经济的起源和发展过程如下。

（1）20 世纪 90 年代。

20 世纪 90 年代，以互联网的普及和电子邮件的出现为标志，人类社会进入了全新的数字时代，数字经济开始崭露头角，主要体现在信息传播和通信领域的深刻变革。

互联网的迅速普及让人们意识到信息传播的速度和范围可以达到前所未有的水平。电子邮件的出现使得人们能够实时沟通交流，跨越地域的限制，大大提高了工作效率。此外，这一时期门户网站、搜索引擎等互联网应用的兴起，为用户提供了丰富的信息获取和分享平台。

与此同时，数字经济的发展也开始影响到其他领域。例如，电子商务的兴起使得传统商业模式发生了翻天覆地的变化，消费者能够享受到更为便捷的购物体验；数字娱乐产业的诞生，让人们能够在互联网上观看电影、听音乐、玩游戏等，极大地丰富了人们的业余生活。数字经济还催生了一系列新兴行业，例如网络广告、网络安全、数据分析等。这些行业为全球经济发展注入了新的活力，也为数字经济发展奠定了基础。数字经济以其独特的魅力和影响力，改变了信息传播和通信领域，为人类社会带来了前所未有的便利。然而，这仅仅是数字经济发展的序幕，其接下来的发展将会带来更为深远的影响。

（2）21世纪初。

21世纪初，我国社会经济发展迎来了一个新的转折点。这一时期，以网络支付等为代表的数字技术开始崭露头角，并以前所未有的速度发展壮大。这些新兴的数字技术如同一场革命深刻地改变了传统产业的面貌，推动其转型升级。

电子商务以其便捷、高效、低成本的优势，吸引了众多企业和消费者的参与。在电子商务的带动下，传统零售、物流、金融等行业纷纷进行改革创新，以适应全新的市场环境。网络支付作为电子商务的重要支撑，在这一时期得到了迅速发展。它不仅提高了支付的便捷性和安全性，还为小微企业和个体经营者提供了便捷的融资渠道。

此外，这一时期的数字技术革命还催生了许多新兴业态，如共享经济等。这些新兴业态在优化资源配置、提高生产效率、促进创新创业等方面发挥了重要作用，为我国经济的持续增长注入了新的活力。

数字经济作为一种全新的经济形态，在全球范围内开始产生重要影响。数字经济的核心是数据，它改变了传统产业的生产经营方式，催生了一批创新型企业。这些企业以数据为驱动，运用互联网、大数据、人工智能等技术，提供个性化、差异化的产品和服务，满足了消费者日益多样化的需求。

21 世纪初，数字技术的兴起推动了我国传统产业的转型升级，带动了新兴业态的蓬勃发展。数字经济开始对全球经济产生重要影响，为我国经济的持续增长注入了新的动力。在此基础上，我国数字经济继续深入发展，对全球经济产生了更为广泛和深远的影响。

（3）21 世纪 10 年代。

21 世纪 10 年代，我国大数据、云计算、物联网等新一代信息技术得到了广泛应用，数字经济呈现出跨界融合、创新活跃的特点。我国数字经济与传统产业深度融合，促使全球经济结构发生了深刻变革。同时，我国政府高度重视数字经济的发展，制定了一系列政策推动其与传统产业的融合。大数据、云计算和物联网等新一代信息技术的快速发展为数字经济发展提供了技术支持，也为其与传统产业的融合提供了可能。数字经济与传统产业的融合，不仅推动了产业升级，还催生了许多新兴业态，为经济增长注入了新动力。

此外，这一时期的融合发展还表现在数字经济与各行业的结合，如数字经济与教育、医疗、交通等领域的结合，通过数字化、网络化、智能化的手段，提升了各行各业的效率，为人们的生活带来了便利。同时，数字经济与传统产业的融合也促进了就业结构的变化，为就业市场注入了新的活力。

21 世纪 10 年代，我国数字经济的发展对全球经济结构产生了深远影响。一方面，我国数字经济快速发展为全球市场提供了巨大的消费需求，推动了全球经济的繁荣。另一方面，我国数字经济与传统产业的融合为全球产业升级提供了借鉴，引领了全球经济发展的新方向。

（4）21 世纪 20 年代至今。

21 世纪 20 年代，数字经济发展呈现出更加注重应用创新、赋能实体经济的特征。一方面，人工智能、5G 等新兴技术在智能制造等领域的应用取得了显著成果，为全球经济复苏注入了新动力。另一方面，我国政府高度重视数字经济的发展，推出了一系列政策举措，以促进数字技术与传统产业的深度融合，进一步推动了实体经济的高质量发展。

这一时期我国数字经济的发展特点可以从以下几个方面进行阐述。

① 技术创新与应用并重。

数字经济的发展更加注重技术创新与应用的紧密结合。以人工智能、5G 等技术为例，其在医疗、教育、交通等领域得到了广泛应用，提高了社会效率，改善了人民的生活水平。

② 政策扶持与引导。

我国政府高度重视数字经济的发展，通过制定相关政策，对数字经济进行扶持和引导。政策内容涵盖数字基础设施建设、人才培养、产业发展、数据安全、国际合作等方面，旨在为数字经济发展提供良好的政策环境。

在数字基础设施建设方面，政府加大对光纤网络、5G 通信、数据中心等基础设施的投资力度，确保网络覆盖全国，提升网络速度，为数字经济发展提供强有力的基础支持。同时，政府鼓励企业加大研发投入，推动核心技术攻关，提高我国在数字经济领域的科技创新能力。

在人才培养方面，政府着重加强数字经济相关领域的教育体系建设，加大对人才培养的投入，完善人才激励机制，吸引更多优秀人才投身数字经济行业。此外，政府还推动产学研深度融合，促进高校、科研院所与企业之间的合作，为数字经济创新发展提供源源不断的人才支持。

在产业发展方面，政府推动数字经济产业结构优化升级，大力发展新兴产业，如人工智能、大数据、云计算等，促进传统产业数字化、智能化转型。政府还通过政策引导、资金支持等手段，培育了一批具有国际竞争力的数字经济领军企业，提升我国数字经济的整体竞争力。

在数据安全方面，政府高度重视数据安全与隐私保护，建立健全数据安全法律法规体系，加强数据安全管理，防范数据安全风险。同时，政府鼓励企业加强数据安全技术研发，提供安全可靠的云计算、大数据等服务，为数字经济健康发展提供安全保障。

在国际合作方面，政府积极参与全球数字经济治理，推动国际数字基础设施建设、技术交流与合作，共同应对全球数字经济发展中的挑战。我国政府积极推动"一带一路"数字经济国际合作，加强与沿线国家的交流与合作，促进全球数字经济共同发展。

③ 数字技术与实体经济的深度融合。

我国高度重视数字技术与实体经济的深度融合，将其视为推动数字经济高质量发展的重要途径。为了实现这一目标，我国政府采取了一系列有力措施，如政策引导、资金支持等，以促进企业进行数字化、网络化、智能化转型，从而提升整个产业链的竞争力。

首先，在政策引导层面，我国政府明确了数字经济发展的重要地位，将其纳入国家战略。通过制定一系列政策和规划，为数字经济发展提供政策保障。这些政策旨在鼓励企业加大数字基础设施投入，加快技术创新，提升核心竞争力。

其次，在资金支持方面，我国政府加大对数字经济领域的投入，为相关企业提供贷款、补贴等金融支持。此外，政府还通过设立专项资金，支持数字经济关键技术和重大项目的研发与推广。这些举措有助于企业降低数字化转型的成本，增强创新能力。

再次，我国政府通过发展电子商务等新兴产业，为传统产业注入新的活力，积极推动数字经济与实体经济的深度融合。同时，实体经济也在逐步实现数字化、网络化、智能化，从而不断提高生产效率，降低成本。这种深度融合有助于提升我国产业链的整体竞争力。

最后，我国政府还着力培养数字经济人才，加强与国内外企业的合作，推动数字经济技术交流。

通过这些措施，我国数字经济正逐步迈向高质量发展新阶段。

④ 国际合作与竞争并存。

21 世纪 20 年代以来，数字经济的国际合作与竞争越发激烈。我国积极参与数字经济国际合作，与其他国家共同推进数字基础设施建设、技术研发等方面的工作。然而，在数字经济领域，我国也面临着激烈的国际竞争。为此，我国需要加大科技创新力度，培养高素质人才，以提升国际竞争力。

数字经济的发展对全球经济产生了深远影响。一方面，数字经济提高了生产效率，降低了生产成本，为经济增长提供了新动力。另一方面，数字经济推动了全球贸易、投资等领域的融合发展，为经济全球化发展创造了有利条件。然而，数字经济也带来了一系列挑战，如数据安全、隐私保护、数字鸿沟等问题日益凸显。面对这些挑战，各国政府和国际组织应加强合作，共同推动数字经济健康发展，让更多人共享数字技术带来的福祉。

2. 数字经济的发展阶段

数字经济的发展阶段可以分为初级阶段、中级阶段和高级阶段。

（1）初级阶段：数字经济的起步阶段。

在数字经济发展的初级阶段，我国主要以数字基础设施建设为主导，涉及互联网、通信网络等关键领域。这一阶段的特点在于数字技术的应用范围相对有限，市场规模较小，企业和消费者对数字经济的概念和应用还处于认知阶段。在这个过程中，政府政策对数字经济的发展起着至关重要的引导作用。

首先，在数字基础设施建设方面，政府通过制定相关政策，鼓励和引导企业投入资源，加快互联网、通信网络等基础设施的建设和升级。这有助于降低数字技术的应用成本，提高数字基础设施的普及率，为数字经济的发展奠定基础。

其次，在培育市场参与者方面，政府积极推动企业实现数字化转型，鼓励创新创业，培养具有数字化素养的人才。这样一来，不仅可以提升企业的竞争力，还能激发市场活力，推动数字经济发展。

最后，政府还通过政策引导，推动数字经济与实体经济深度融合。例如，支持智能制造、智慧城市、数字农业等领域的创新发展，促进产业转型升级，提高经济效益。

综上，在初级阶段，我国政府高度重视数字经济的发展，通过政策调控引导数字基础设施建设，培育市场参与者，推动数字经济与实体经济深度融合。这为我国数字经济的发展创造了良好的环境，也为下一个阶段的发展奠定了坚实的基础。

（2）中级阶段：数字经济的快速发展阶段。

随着数字基础设施的不断完善，我国企业和消费者对数字技术的认知和应用逐渐成熟，数字经济发展进入了中级阶段。在这个阶段，数字经济市场规模不断扩大，数字技术应用日益广泛，对传统产业产生了深刻的冲击和影响。

在中级阶段，新兴产业如互联网金融、共享经济等迅速崛起，成为推动我国经济增长的重要动力。这些新兴产业不仅改变了人们的生活方式，提高了生活质量，还促使传统产业升级改造，促进了产业结构优化。

然而，数字经济的发展也面临着诸多挑战。首先是数据安全问题，随着大数据和人工智能的应用，保障数据安全成为重要课题。其次隐私保护也是数字经济面临的一大挑战，如何在保障个人信息安全的同时，充分利用数据资源，成为一个难题。此外，网络监管也是数字经济健康发展必须面对的课题，如何在保障网络自由的同时，有效遏制不良信息传播，打击网络犯罪，是我国数字经济发展中的一大挑战。

中级阶段是我国数字经济发展的重要阶段，既有机遇，也有挑战。企业应把握机遇，积极应对挑战，推动数字经济健康发展，为我国经济增长注入新的活力。

（3）高级阶段：数字经济的成熟阶段。

数字经济进入高级阶段，标志着我国数字技术与实体经济的深度融合已经达到了一个新的高度。在高级阶段，数字技术不断创新，产业边界日益模糊，跨界融合成为常态。在这个过程中，新兴产业和传统产业实现了高度融合发展，数字经济对我国经济增长的核心驱动力产生了深远影响。

首先，数字经济在高级阶段表现为数字技术不断创新。技术的进步推动了产业升级，使得我国在全球数字经济发展中具有较强的竞争力。这种竞争力体现在技术创新的能力上，也体现在对新技术的接受和应用速度上。我国在 5G、人工智能、云计算等领域的技术研发和应用已经取得了显著的成果，为数字经济的发展提供了强大的技术支撑。

其次，数字经济在高级阶段表现出产业边界模糊和跨界融合的常态。在数字经济发展过程中，不同产业之间的界限变得越来越模糊，产业间的融合成为一种趋势。这不仅激发了新兴产业的发展，也为传统产业的转型升级提供了新的机遇。例如，传统制造业通过与数字技术的深度融合，实现了智能化、绿色化、服务化的转型，提高了产业的附加值和竞争力。

再次，数字经济在高级阶段对我国经济增长的核心驱动力产生了深远影响。数字经济的发展推动了就业、消费、投资、出口等方面的变革。在就业方面，数字经济创造了大量的新型就业岗位，如大数据分析师、人工智能工程师等；在消费方面，数字经济提升了消费者的购物体验，推动了消费升级；在投资方面，数字经济带动了数字产业的投资热潮，为经济增长注入了新动力；在出口方面，数字经济推动了我国数字产品的出口，提升了国际竞争力。

最后，数字经济发展到高级阶段意味着我国在全球数字经济发展中具有较强的竞争力，能够在国际竞争中发挥引领作用。我国政府高度重视数字经济的发展，出台了一系列政策措施，为数字经济的发展提供了良好的政策环境。在我国的积极参与和推动下，全球数字经济的发展更加繁荣。

数字经济进入高级阶段标志着我国数字技术与实体经济的深度融合已取得显著成果。新兴产业和传统产业的深度融合发展，对我国经济增长的核心驱动力产生了深远影响。面对未来，我国应继续加强数字技术创新，推动产业跨界融合，发挥数字经济在国家经济增长中的核心驱动力作用。

3. 数字经济的未来发展趋势

随着数字技术的飞速发展，数字经济正成为我国经济发展的重要引擎。展望未来，数字经济将呈现以下几大趋势。

（1）产业互联网快速发展。

产业互联网快速发展将进一步挖掘数据要素的价值，为各行业的深度融合提供有力支撑。在互联网、大数据、人工智能等先进技术的推动下，产业链上、下游企业的信息将实现无缝对接，从而提高整个产业链的运行效率。

首先，产业互联网为我国各行业提供了丰富的数据资源。这些数据资源包括企业生产经营信息、市场动态、用户需求等，通过对这些数据的挖掘和分析，企业可以更加精准地把握市场发展趋势，优化生产布局，提高产品的竞争力。

其次，产业互联网有助于实现产业链各环节的深度融合。通过互联网技术，企业可以与供应商、客户等合作伙伴实现信息共享，提高协作效率。同时，大数据和人工智能技术的应用使得企业能够实现生产、销售、物流等环节的智能化，进一步降低成本，提高产业的整体竞争力。

再次，产业互联网有助于提升产业链的整体效率。在互联网技术的支持下，企业可以实现生产要素的快速流动和优化配置，提高资源利用率。同时，通过大数据分析和人工智能技术，企业可以实现精细化管理，进一步优化生产流程，提高产出效益。

最后，产业互联网的发展将促进我国产业结构升级。在各行业深度融合的过程中，新兴产业和服务业得到快速发展，传统产业不断转型升级，从而推动我国经济实现高质量发展。

产业互联网作为新一代信息技术的重要载体，极大地挖掘数据要素的价值，推动各行业深度融合，提高产业的整体效率，为我国经济高质量发展提供有力支撑。未来我们要紧紧抓住产业互联网带来的历史机遇，加快各行业数字化、智能化转型，培育新的经济增长点，为全面建设社会主义现代化国家做出积极贡献。

（2）新兴数字产业发展壮大。

在 21 世纪这个充满创新的科技时代，以区块链、人工智能、卫星互联网、空天地海一体化等为代表的新兴数字产业在我国得到了前所未有的关注和发展。

首先，区块链技术作为一种全新的分布式数据库技术，正逐渐改变着金融、供应链、版权保护等多个领域。它凭借去中心化、安全性强、透明度高等特点，为各行各业提供了全新的解决方案。我国政府对区块链技术的高度重视将推动相关产业的发展，进而为国家经济增长注入新动力。

其次，人工智能作为当今世界科技发展的前沿领域，已经成为我国科技发展战略的重要组成部分。通过深入实施人工智能战略，我国在人工智能领域的研究与应用不断取得突破，为智能制造、智能医疗、智能交通等行业带来了革命性的变革。人工智能技术的发展将极大提高我国产业竞争力，为国家经济持续增长提供强大支撑。

再次，卫星互联网产业在我国得到了长足的发展。通过卫星技术，我国正在加快构建覆盖全球的互联网基础设施，为边远地区提供便捷的网络服务。卫星互联网产业的发展不仅有助于弥合城乡数字鸿沟，还将促进我国数字经济的发展，为国家经济增长注入新的活力。

最后，空天地海一体化作为战略性新兴产业，具有广阔的应用前景。我国在空天地海一体化领域的研究与实践不断取得突破，为国防、民生、基础设施建设等领域提供了强大的技术支持。空天地海一体化产业的发展将为国家经济增长提供新的支柱，助力我国经济实现高质量发展。

以区块链、人工智能、卫星互联网、空天地海一体化等为代表的新兴数字产业是我国科技创新的重要方向。这些产业的发展将为国家创造大量新的就业机会，为经济持续稳定增长提供有力支撑。在新的历史机遇面前，我国应继续加大对新兴数字产业的支持力度，推动产业结构升级。

（3）数字化赋能传统产业。

数字技术的快速发展将深刻地改变传统产业的生产和经营方式，成为推动产业转型升级的重要驱动力，为我国经济发展注入新的活力。在这一过程中，新技术的引入和创新将成为产业发展的核心要素，各种数字技术的广泛应用将重塑传统产业的形态和格局。

首先，数字技术将催生新的产业模式。以互联网、大数据、人工智能为代表的新一代信息技术，将为产业发展提供强大的技术支持。企业应用这些技术，可以实现生产过程的自动化、智能化，提高生产效率。同时，这些技术还将促进产业链上、下游企业的紧密协作，形成协同创新的产业生态，为产业发展提供源源不断的动力。

其次，数字技术将促进新业态的崛起。在传统产业的基础上，新兴的数字化业务不断涌现，为市场提供了更多元的选择。例如，电子商务、在线教育、共享经济等新兴业态，已经在全球范围内取得了显著的成果。这些数字化业务模式的创新，不仅提高了产业的服务水平，还拓宽了产业的发展空间，为经济增长创造了新的价值。

再次，数字技术还将引领产品与服务的创新。企业利用数字技术，可以更加精准地把握消费者的需求，为市场提供个性化、差异化的产品和服务。这将有助于提升企业的竞争力，进一步拓展市场份额。同时，数字技术还将促进绿色、低碳、可持续的发展理念在产业中得到广泛应用，为全球环境保护做出积极贡献。

最后，产业数字化进程加快，整个产业的效率和智能化水平将得到显著提升。在这一过程中，我国政府和企业紧密合作，加大数字技术的研发投入，培养高素质的人才，推动产业政策的落地实施。同时，企业应积极拥抱数字化转型，把握产业发展的新机遇，为国家的繁荣和强盛贡献力量。

未来数字技术将继续改变传统产业的生产和经营方式，为产业发展带来新的机遇。我国应充分利用这一历史性的机遇，加快产业数字化进程，推动传统产业转型升级，实现经济的高质量发展。

（4）新型基础设施建设助力数字经济高质量发展。

在当今数字化时代，我国高度重视数字经济的发展，并致力于加大数字经济基础设施的建设和投资力度。为了推动经济的转型升级、提升国家的整体竞争力，我国政府推出了一系列政策，以促进 5G、数据中心、人工智能等新兴技术的应用和创新。

首先，在 5G 领域，我国将持续加大投入，推动 5G 网络的快速建设。5G 技术具有超高速度、低延迟和海量连接的特点，对于推动数字经济的发展具有重要意义。通过加快 5G 网络的覆盖，我国将为企业和个人提供更优质的网络环境，为各类应用场景提供强大的技术支持。

其次，在数据中心领域，我国将加大投资力度，完善数据中心布局，提升数据处理和存储能力。数据中心是数字经济的重要基础设施，对于支撑大数据、云计算、人工智能等技术发展具有关键作用。通过优化数据中心建设，我国将进一步提高数字经济的承载能力，为各类企业提供便捷、高效的数据服务。

最后，在人工智能领域，我国政府鼓励企业和科研院所加大研发投入，推动人工智能技术的创新和应用。人工智能作为新一代信息技术，在推动产业升级、提高生产效率、优化资源配置等方面具有重要意义。通过政策引导，我国将加快人工智能技术在各个领域的应用，培育新的经济增长点。

未来我国将继续加大数字经济基础设施的建设和投资力度，推动 5G、数据中心、人工智能等新兴技术的应用，加快数字化转型，提升数字经济的创新驱动能力和国际竞争力，为我国经济高质量发展奠定坚实基础。

（5）数据价值重建。

随着科技的发展和社会的进步，数据作为一种重要的资源，其应用领域不断扩大、价值不断凸显。在这一过程中，数据应用模式也在不断地调整和优化，以适应各行各业的需求，数据的流通和交换方式因此呈现出多样化的趋势，这无疑为企业提供了更多的发展机遇。

在这一背景下，数据成为企业核心竞争力的关键要素。掌握海量数据并能够有效利用的企业，将在市场竞争中占据优势地位。为此，众多企业纷纷加大数据采集、处理和分析的力度，以期从中挖掘出有价值的信息，为业务决策提供有力支撑。数据市场呈现出繁荣发展的态势，成为推动经济增长的重要引擎。

然而，数据流通和交换方式的多样化也带来了新的挑战。如何在保障数据安全和保护隐私的前提下实现数据的有效流通和交换，成为各方关注的焦点。数据安全和隐私保护不仅关乎企业利益，更涉及国家信息安全和社会公共利益。在我国，政府和企业都对数据安全和隐私保护给予了高度重视，不断完善相关法律法规和政策措施，以确保数据安全得到有效保障，隐私得到有效保护。

（6）数字孪生技术创新与应用。

数字孪生技术的核心是利用计算机模拟、数据分析和人工智能等技术，对现实世界中的物体、设施、系统等进行全方位、多尺度的刻画。数字孪生技术具有广泛的应用前景，为各行各业提供了一种全新的认知、分析和优化手段。未来数字孪生技术有望在以下几个方面发挥更大的作用。

① 跨领域融合。

数字孪生技术作为一种具有创新性的技术手段，正逐渐成为各行各业转型升级的关键驱动力。它通过构建实体的虚拟模型，实现现实世界与虚拟世界的无缝对接，为各行各业提供了一种全新的管理与决策方式。数字孪生技术可与其他新兴技术（如大数据、人工智能、物联网等）深度融合，推动各领域的技术创新和产业发展。

首先，在制造业领域，数字孪生技术可以实现生产线、设备及产品的实时监控与仿真，提高生产效率，降低生产成本。利用数字孪生技术，企业可以对生产过程进行精细化管理，实现故障预测与维护，提高设备的使用寿命和可靠性。同时，数字孪生技术还可以为企业提供产品设计、制造、测试等环节的优化方案，缩短研发周期，提高产品的竞争力。

其次，在基础设施建设领域，数字孪生技术有着广泛的应用前景。通过构建城市、建筑、基础设施等的数字孪生模型，可以实现对这些实体的实时监控、仿真和优化。这将有助于提高基础设施的运行效率，降低维护成本，并为城市规划、交通管理等领域提供科学决策的依据。此外，在能源、环保等领域，数字孪生技术同样可以发挥重要作用，助力实现绿色、可持续发展目标。

再次，在医疗健康领域，数字孪生技术可为患者提供更加精准、个性化的诊疗方案。通过对患者生理数据的实时监测和分析，医生可以更好地了解患者的病情，为病患提供及时、准确的诊断和治疗。同时，数字孪生技术还可以应用于药物研发，缩短研发周期，降低研发成本，为患者提供更多优质的医疗资源。

最后，在人才培养方面，数字孪生技术为教育行业提供了新的发展机遇。通过构建数字孪生教育体系，可以实现个性化教学、智能化辅导，提高教育质量。同时，数字孪生技术还可以为终身学习提供支持，助力人才培养和技能提升，以适应未来社会对人才的需求。

数字孪生技术将在多个领域发挥重要作用，推动产业创新和发展。在我国政策的支持和市场需求的推动下，数字孪生技术的研究和应用将不断深入，为我国经济社会发展注入新的活力。

②产业升级与转型。

数字孪生技术作为一种新兴的数字化转型手段，正逐渐改变着传统产业的面貌。它不仅有助于提高生产效率、降低成本，还将推动产业实现绿色可持续发展。在我国新型基础设施建设（简称新基建）的推动下，数字孪生技术将在各行各业得到广泛应用，为我国传统产业的转型升级注入新的活力。

a. 数字孪生技术在制造业的应用。

制造业是国民经济的重要支柱，数字孪生技术在制造业的应用将极大提升其生产效率。通过对生产过程的实时监控、分析与优化，数字孪生技术能够实现生产线的自动化、智能化运行，减少生产过程中的浪费。此外，数字孪生技术还能够辅助企业进行产品设计、仿真和试验，降低研发成本，缩短产品的上市周期。

b. 数字孪生技术在能源产业的应用。

能源产业是我国的基础产业，数字孪生技术在能源产业的应用将促进能源的高效利用。通过对能源设施的实时监测与数据分析，数字孪生技术能够实现对能源设施的智能调度、故障预测与维护，提高能源系统的安全性和稳定性。同时，数字孪生技术还能助力新能源的开发与利用，如风能、太阳能等，为我国能源结构的优化提供技术支持。

c. 数字孪生技术在城市建设中的应用。

城市是人口、产业、资源的高度集中地，城市建设对数字孪生技术的需求日益凸显。数字孪生城市通过对真实世界的虚拟映射，实现对城市基础设施、生态环境、交通出行等各个方面的实时监控与仿真。这将有助于城市规划者对城市资源进行合理配置，提高城市治理水平，为居民提供更加宜居的生活环境。

d. 数字孪生技术在医疗健康领域的应用。

医疗健康领域对于数字孪生技术的需求同样巨大。数字孪生技术能够实现患者信息的实时采集、分析和传递，为医生提供精准的诊断依据。此外，数字孪生技术还在医学研究、药物研发等方面具有广泛的应用前景，有望推动医疗健康行业的创新发展。

数字孪生技术将为传统产业的转型升级提供强大助力。在政策推动和市场需求的双重驱动下，我国数字孪生技术将不断成熟，为各行各业带来前所未有的变革。然而，数字孪生技术的广泛应用也面临诸多挑战，如数据安全、技术标准、人才培养等问题。未来我国应积极应对挑战，推动数字孪生技术健康、可持续发展，为产业升级注入新的动力。

③ 人才培养与创新。

数字孪生技术作为一种新兴的科技手段，正在不断地改变着我们的生产、生活和思维方式。尤其在人才培养领域，数字孪生技术将为我国教育事业发展带来新的契机，助力培养具备创新能力、跨学科知识的复合型人才。

首先，数字孪生技术可为教育领域提供全新的教学手段。通过虚拟现实、增强现实等技术的应用，学生可以在虚拟的环境中进行实践操作，降低实践成本，提高学习效率。此外，教师可以根据学生的学习进度和能力特点，制订个性化的教学方案，实现因材施教。

其次，数字孪生技术有助于培养学生的创新能力。在数字孪生环境中，学生可以自由探索、实验和验证自己的想法，不受现实条件的限制。这种开放式的学习方式有利于培养学生的创新思维和实践能力。

再次，数字孪生技术促进了跨学科知识的整合。通过对不同学科领域的知识进行数字化建模，学生可以在一个平台上进行多学科的学习，提高知识的融合度，这将有助于培养具备跨学科知识体系和综合素质的人才。

最后，数字孪生技术还可以提高教育管理的智能化水平。利用大数据、人工智能等技术，教育部门可以实时了解学校、教师和学生的动态信息，为教育决策提供数据支持，提高教育质量。

数字孪生技术为我国人才培养提供了新的方向，相关部门应充分利用这一技术优势，推动教育改革，培养具备创新能力、跨学科知识的复合型人才，为我国经济社会发展贡献力量。在这个过程中，政府、学校、企业和社会各界应共同努力，为数字孪生技术在教育领域的应用创造良好的政策环境、技术创新氛围和人才培养机制。

④ 社会治理与公共服务。

数字孪生技术具有强大的整合和模拟能力，能够对现实世界中的各种数据进行采集、分析和处理，从而为政府和社会公众提供更加精准、高效的服务。在社会治理和公共服务等领域，数字孪生技术的应用将产生深远的影响。

首先，在社会治理方面，数字孪生技术可以帮助政府实现对城市基础设施、生态环境、安全生产等各个方面的实时监控和管理。通过对现实世界中的数据进行实时采集和分析，政府可以更加准确地了解城市的运行状况，及时发现和解决各类问题，从而提高社会治理的水平。此外，数字孪生技术还可以为政府提供决策支持，帮助政府制定更加科学、合理的政策，进一步提升社会治理效能。

其次，在公共服务方面，数字孪生技术也有着广泛的应用前景。例如，在医疗卫生领域，数字孪生技术可以用于模拟病情、制订治疗方案等，从而提高医疗服务质量；在教育领域，数字孪生技术可以实现个性化教学，为学生提供更加精准的教育资源和服务；在交通领域，数字孪生技术可以用于模拟交通流量，优化交通规划，提高交通出行效率。总之，在公共服务领域，数字孪生技术有助于增进民生福祉，满足人民群众对美好生活的期待。

然而，数字孪生技术的应用也带来了一定的挑战，如数据安全、隐私保护等相关问题。因此，在推广数字孪生技术的过程中，还需完善相关政策、法规，确保数字孪生技术的健康发展。

（7）人工智能与大数据的深度融合。

随着科技的飞速发展，人工智能技术逐渐成为各领域发展的强大驱动力。

尤其在大数据领域，人工智能技术的应用将深刻改变数据的挖掘和分析方式，为企业提供更精准的决策支持，进而推动产业升级。

首先，人工智能技术在大数据领域的应用能够实现对海量数据的深度挖掘。在传统的数据挖掘过程中，由于数据量庞大且复杂，人工或传统算法难以胜任。人工智能技术则具有强大的学习和自适应能力，可以自动识别数据的规律、挖掘有价值的信息。这有助于企业发现潜在的市场需求、优化生产流程、提高资源利用率，从而降低成本、提高竞争力。

其次，人工智能技术能实现对大数据的智能分析。与传统的统计分析方法相比，人工智能技术能更好地处理非结构化数据，如文本、图像和音频等。借助深度学习、自然语言处理等先进技术，人工智能可以对企业的历史数据进行智能分析，为企业决策提供更具前瞻性的建议。此外，利用智能分析技术还可以实时监测企业的运营状况，为企业提供风险预警，帮助企业规避潜在风险。

最后，人工智能技术将促进产业升级。大数据的应用已经成为各行各业提高生产效率、优化资源配置的关键手段，人工智能技术在大数据领域的应用将进一步强化这一手段的作用。例如，在制造业领域，智能制造将使生产过程实现自动化、智能化；在金融业领域，人工智能技术在智能投顾、风险控制等方面的应用将大大提高金融服务的质量和效率。此外，人工智能还在医疗、教育、物流等领域发挥了重要作用，助力产业转型升级。

在政策导向和市场需求的共同推动下，我国人工智能技术在大数据领域的应用将不断拓展，为产业发展提供强大动力。

1.1.4 数字经济的相关政策

随着数字经济的迅速发展，我国政府对数据要素的重视程度不断提升。2023年伊始，国家发展和改革委员会在《求是》上发表了题为《加快构建中国特色数据基础制度体系　促进全体人民共享数字经济发展红利》的文章，强调数据已成为数字经济发展的核心驱动力，并提出构建中国特色数据基础制度体系。这一举措表明我国正大力推动数字经济的发展，让全体人民共享数字经济发展带来的红利。

顶层政策持续加码支持数字经济，加快构建中国特色数据基础制度体系。

我国政府围绕数据要素制定了一系列政策,旨在加强数据资源的管理和利用,推动数字经济高质量发展。一方面,政府加大了对数据资源的整合力度,推动各部门、各行业之间的数据共享,提高数据资源的使用效率。另一方面,政府强化了对数据产权、数据安全、数据隐私等方面的保护,为数字经济的发展创造了良好的环境。

利用以下 3 条核心主线助力数字经济快速发展。首先,基础设施建设。政府加大对通信、计算、存储等基础设施的投入,为数字经济发展提供强有力的支撑。其次,人才培养。政府鼓励高校、科研院所与企业合作,培养一批具备创新能力、实战经验的数字经济人才。最后,创新能力提升。政府支持企业、科研院所开展核心技术攻关,推动数字经济领域的技术创新、业务创新和管理创新。

龙头企业数据汇总分析,展现数字经济的强大活力。在我国数字经济领域涌现出了一批具有国际竞争力的龙头企业,如阿里巴巴集团控股有限公司(简称阿里巴巴)、华为技术有限公司(简称华为)等。这些企业充分发挥自身优势,推动数字经济的创新发展。以阿里巴巴为例,作为我国领先的互联网科技公司,其以独特的商业模式和强大的技术实力,成为数字经济领域的佼佼者。阿里巴巴通过构建数字经济生态圈,与众多中小企业和创业团队建立了紧密的合作关系,进一步推动了数字经济的发展。

阿里巴巴数字经济生态圈的打造,是其长期致力于推动产业链上、下游企业数字化、智能化转型的结果。阿里巴巴通过提供一系列数字化解决方案,帮助合作伙伴提升运营效率,降低成本,增强竞争力。与此同时,阿里巴巴还打造了完善的生态系统,通过资金支持、技术指导等方式,为合作伙伴提供全方位的支持。

此外,阿里巴巴在推动数字经济发展的过程中,充分发挥其在电商、金融、物流等领域的优势,通过打造线上、线下相结合的新零售模式,推动消费升级,带动产业链上、下游企业共同发展。在金融领域,阿里巴巴通过创新金融产品和服务,为中小企业提供便捷、低成本的融资渠道,助力企业快速发展。在物流领域,阿里巴巴通过搭建智能物流体系,提升物流效率,降低物流成本,为数字经济的发展提供强有力的支撑。

在数字经济的发展道路上,阿里巴巴并非独行者。华为作为我国领先的通信设备制造商，在全球范围内开展 5G 网络建设，为数字经济的发展提供强有力的技术保障。华为在 5G 技术研发上的深厚积累，使其在推动数字经济全球化发展中具有重要的战略地位。

华为积极参与全球 5G 网络建设，不仅推动了我国数字经济的发展，也为全球数字经济的发展注入了新的活力。5G 技术的广泛应用，极大地提升了网络速度，降低了通信成本，为各类应用场景的创新提供了广阔的空间。在此基础上，华为还致力于推动 5G 技术与各行业的深度融合，以期在数字经济发展中发挥更大的作用。

在我国政府的大力支持下，数字经济呈现出强劲的发展势头。构建中国特色数据基础制度体系，将进一步推动我国数字经济的快速发展，为人民带来更多的福祉。在未来的发展中，政府、企业、社会各界应共同努力，不断优化数据资源配置，加强企业的创新能力培养，推动数字经济迈向更高水平。

近年来，我国政府围绕数字经济领域出台了一系列政策，涵盖基础设施建设、产业创新、人才培养、数据安全等多个方面。如《"十三五"国家信息化规划》《"十四五"数字经济发展规划》等，为数字经济发展提供了有力的政策支持。为保障数字经济健康发展，我国政府也加大了数字经济领域法律法规的建设。如《中华人民共和国网络安全法》《中华人民共和国数据安全法》等，为数字经济发展中的保障网络安全和数据安全提供了法律依据。

1.2　数字经济对企业发展的影响

1.2.1　数字经济对企业的积极影响

随着数字经济的快速发展，企业纷纷加速数字化转型，以适应新的发展形势。数字经济对企业的影响深远，不仅提高了其生产效率，开创了新的商业模式，还为企业提供了更多的商业机会和更大的数据价值。数字经济对企业的积极影响主要表现在以下几个方面。

1. 提高生产效率

数字经济的发展为企业带来了前所未有的数字化工具和技术，如大数据、人工智能、云计算等。这些先进的科技手段在优化企业生产过程方面发挥着至关重要的作用，不仅可以提升企业的生产效率，还有助于增强企业的核心竞争力。

首先，大数据技术的应用使企业能够更加精准地分析市场动态，洞察消费者的需求。借助数据分析，企业可以深入了解市场的供需关系，从而有针对性地调整生产策略，以满足消费者的个性化需求。这不仅有助于提高企业的市场占有率，还可以为企业带来更大的盈利空间。

其次，人工智能技术的应用使企业实现了生产自动化，降低了人力成本。利用人工智能，企业可以实现生产线的智能化运作，提高生产效率，减少人工干预。这不仅降低了企业的劳动力成本，还提高了生产的安全性和稳定性，从而保障了企业的持续发展。

最后，云计算技术的运用使企业实现了资源的高效整合，提高了资源利用率。借助云计算，企业可以实现各类资源的统一管理和调度，充分发挥资源的优势，提高资源利用率。此外，云计算还能为企业提供便捷的远程协作工具，促进跨地域、跨部门的合作，进一步提高企业的整体运作效率。

在数字经济时代，大数据、人工智能和云计算等先进技术为企业提供了强大的支持，助力企业实现生产过程的优化，提高生产效率。面对激烈的市场竞争，企业应充分认识到这些技术的重要性，加大数字化转型的力度，以形成更高效、更具竞争力的生产方式。在这一过程中，社会各界也要为企业提供良好的发展环境，推动数字经济持续、健康发展。

2. 开创新的商业模式

在数字经济时代，企业不再局限于传统的商业模式，而是通过创新来实现业务增长。在这一背景下，一系列新兴业态不断涌现，如共享单车、在线教育、电商平台等，它们都是数字经济环境下诞生的创新的商业模式。这些创新的商业模式为企业带来了新的发展机遇，也为消费者提供了更加便捷的服务。

企业需要不断调整发展战略，抓住创新机遇。共享单车就是一个很好的例子，它通过高科技手段解决了城市出行难题，为人们提供了绿色、便捷的出行方式。此外，共享单车企业还运用大数据、人工智能等技术，不断提升服务质量，优化用户体验。正是这种创新的商业模式，使得共享单车在短时间内迅速崛起，成为城市一道亮丽的风景线。

同样，在线教育也在数字经济时代焕发出勃勃生机。传统教育受到时间和地点的限制，而在线教育则打破了这些束缚，让学习变得更加灵活、便捷。此外，在线教育企业还通过个性化推荐、智能辅导等技术手段，提升了教学效果，满足了不同学生的需求。这种创新的商业模式不仅为教育行业注入了新的活力，也为广大师生提供了更加高效、优质的教育资源。

电商平台也是典型的数字经济创新模式。在传统零售业面临困境的同时，电商平台凭借其低成本、高效率的优势迅速崛起。电商平台不仅为消费者提供了丰富的商品和便捷的购物体验，还为企业提供了新的销售渠道，助力企业拓展市场。同时，电商平台利用大数据、云计算等技术，不断优化供应链、提升物流效率、降低运营成本。这种创新的商业模式不仅推动了电商行业的飞速发展，还为整个零售业带来了新的变革。

在数字经济时代，企业应积极寻求创新，把握发展机遇。共享单车、在线教育、电商平台等创新的商业模式为我们提供了很好的榜样。它们不仅为行业带来了新的发展机遇，还为消费者提供了更加便捷的服务。未来，我们有理由相信，更多创新的商业模式将不断涌现，为经济社会发展注入新的活力。

3. 提供更多的商业机会

首先，数字经济的发展使得市场信息更加透明。企业在数字经济背景下，可以轻松地获取各类市场数据，从而更好地了解市场需求和趋势。这有助于企业制订更加精准的市场策略，提高市场竞争力。

其次，数字经济助力企业拓展业务渠道。借助互联网技术，企业可以实现线上、线下的业务融合，打破地域限制，拓宽业务范围。在当今数字化时代，企业仅依靠传统的销售渠道和宣传方式已无法满足市场需求。为了在激烈的市场竞争中立于不败之地，企业需要不断探索新的商业模式，以提高业务效率和降低成本。电商平台、社交媒体等新兴渠道为企业提供了绝佳的机会，使企业能够实现品牌推广、产品销售和客户服务的全面升级。通过电商平台，企业可以迅速拓展市场，将产品推向全球。借助电商平台的大数据分析，企业能够精准地了解消费者的需求，为市场提供有针对性的产品。同时，电商平台打破了企业与消费者之间的信息不对称局面，可帮助企业树立品牌形象，提高品牌知名度。在社交媒体上，企业可以与消费者建立更紧密的联系。通过积极互动、发布有趣的内容和开展营销活动，企业能够增加粉丝数量，提高其关注度。社交媒体为企业提供了一个与消费者沟通的桥梁，有助于企业获得消费者的反馈，进一步优化产品和服务。企业还可以利用电商平台和社交媒体提高服务客户的水平。通过在线客服、售后评价等环节，企业可以实时了解消费者的满意度，及时解决消费者遇到的问题。这种高效的服务模式有助于树立企业口碑，提高客户的忠诚度。

再次，数字经济降低了企业运营成本。通过数字化、智能化手段，企业可以实现生产、管理、销售等环节的优化，提高资源利用率，降低人力、物力等成本。此外，企业还可以享受到政策扶持，如税收优惠、融资支持等，进一步减轻运营压力。

最后，数字经济为创业者提供了丰富的机会。随着技术的不断创新，新兴产业不断涌现，为创业者提供了众多创业方向。同时，各类创业孵化器、加速器等的出现，为创业者提供了良好的发展环境和资源支持。

我国政府高度重视数字经济的发展，推出了一系列政策措施，以促进数字经济与实体经济深度融合。这为中小企业和创业者创造了有利条件，有利于激发市场活力，推动经济高质量发展。数字经济的发展为企业和创业者带来了前所未有的机遇。在政策支持和市场环境的推动下，我国中小企业和创业者应抓住机遇，积极拥抱数字化转型，提高自身的竞争力，实现可持续发展。

4. 数据价值凸显

在当今数字经济时代，数据已经无可争议地成为企业的核心竞争力。海量数据的积累和高效利用，使得企业能够洞悉市场需求、优化生产流程、提升客户满意度，甚至创造全新的商业模式。为此企业必须不断提升数据采集、分析和应用的能力，充分挖掘数据的潜在价值。

首先，数据采集是基础。企业需要从各种渠道获取数据，包括内部数据，如财务、人力资源、生产等部门的信息，以及外部数据，如行业报告、市场调查数据等。数据采集要注重数据的完整性和准确性，确保为企业决策提供有力支撑。

其次，数据分析是关键。企业要对采集到的数据进行深入分析，发现数据背后的规律和趋势。数据分析可以帮助企业更好地了解市场动态，从而制订出有针对性的发展战略。同时，数据分析还能为企业提供关于产品、服务和营销活动的改进意见，以提高业务效率和客户满意度。

最后，数据应用是目的。企业要将分析结果付诸实践，实现数据驱动的决策。在生产过程中，企业可以根据数据分析结果调整生产计划、优化资源配置；在销售环节，企业可以根据客户需求开展精准营销，提高转化率；在售后服务方面，企业可以通过数据分析预测客户需求，提升客户满意度。

此外，企业在发挥数据价值的过程中，还需重视数据安全和隐私保护。合理合规地使用数据，这样既能为企业创造价值，又能赢得客户信任。

5. 促进产业升级和结构调整

数字经济对传统产业产生了深刻影响，促使企业进行产业升级和结构调整。在这个过程中，企业需要借助数字技术，实现产业数字化转型。例如，智能制造、绿色能源等新兴产业发展迅速，为企业提供了广阔的市场空间。同时，数字经济还促进了产业链的优化，实现产业链上、下游企业的协同发展。

6. 提升企业竞争力

在数字经济时代，企业竞争力的构建与提升已经发生了深刻的变革。传统的生产要素如土地、劳动力、资本等，虽然依然具有一定的影响力，但已不再是企业竞争优势的唯一来源，创新能力、技术实力和人才储备正逐渐成为企业核心竞争力的重要支柱。

首先，创新能力是企业在数字经济时代立足的关键。随着科技的飞速发展，企业必须紧跟时代步伐，通过不断的技术创新来提升自身的竞争力。企业应加强对新技术的研究与开发，以实现产品和服务的升级换代，满足消费者日益增长的个性化需求。

其次，技术实力也是企业在数字经济时代争夺市场份额的重要手段。企业需要投入更多的资源用于技术研发，不断提高自身的技术水平，以适应并引领行业发展趋势。在此基础上，企业还需将技术创新与实际生产相结合，实现产业的数字化转型，提高生产效率，降低成本。

最后，人才储备同样是企业在数字经济时代不可或缺的竞争力。企业需要重视人才引进与培养，形成具有专业技能和综合素质的人才队伍。企业应当为员工提供培训和发展机会，激发员工的创新潜能，使其成为企业持续发展的动力源泉。

然而，面对数字经济时代的竞争，企业单打独斗已难以应对。因此，企业之间应加强合作，实现优势互补，共同应对市场竞争。合作可以体现在技术创新、市场拓展、资源共享等多个方面。通过携手合作，企业可以实现资源优化配置，降低风险，提高竞争优势。

1.2.2　数字经济带给企业的挑战和风险

在数字经济背景下，企业不仅面临着知识管理的挑战，还面临着数据安全与隐私保护、技术创新、市场竞争、人才培养与激励、企业文化建设与数字化转型、环境保护与社会责任等多方面的挑战。以下将分析数字经济带给企业的挑战和风险。

1. 数据安全与隐私保护

随着数字经济的飞速发展，企业在全球范围内积累了海量数据资源。这些数据资源无疑成为企业的核心竞争力和知识资产，如何确保这些宝贵的资源的安全，已成为当下企业面临的一大挑战。我们将从技术、法律法规和用户隐私保护 3 个方面，探讨如何保障数据安全和企业知识资产的安全。

首先，在技术层面，企业需要加强数据加密、网络安全和权限管理等方面的措施。数据加密是保障数据安全的基础，对数据进行加密处理，即使数据被非法获取，也无法被轻易解读。网络安全则是对抗外部攻击的关键，企业需定期检查网络设备，升级安全系统，防范黑客入侵和网络病毒。此外，权限管理也能有效防止内部数据泄露，通过设定不同的权限级别，可确保数据仅在授权范围内使用。

其次，在法律法规方面，企业应遵循国家相关法律法规，确保数据合规使用。在我国，相关法律法规包括但不限于《中华人民共和国网络安全法》《中华人民共和国数据安全法》等，企业需严格遵守这些法律法规，规范数据收集、存储、处理和传输等环节，防止违法行为的发生。同时，企业还需加强员工的培训，使其充分了解并自觉遵守法律法规，增强法律意识。

最后，在用户隐私保护方面，企业需充分尊重和保护用户隐私。企业在收集和使用用户数据时，要遵循合法、正当、必要的原则，明确告知用户数据收集的目的、范围和方式，并获得用户同意。对于涉及用户隐私的数据，企业需加强安全防护措施，确保用户数据不被泄露、滥用或不当使用。

在数字经济时代，保障数据安全和企业知识资产的安全是企业发展的重中之重。企业需构建全面的数据安全防护体系，确保企业数据安全。同时，企业还应加强与政府、行业协会、社会各界合作，共同推动数据安全领域的技术创新和产业发展。

2. 技术创新

在数字经济时代，技术创新呈现出日新月异的特点，对企业的发展提出了更高的要求。在这一背景下，企业需要不断加大研发投入，密切关注技术发展的最新动态。只有这样，企业才能在激烈的市场竞争中立于不败之地，实现可持续发展。

为了提高技术创新能力，企业应关注行业发展趋势，密切关注市场变化，其中包括了解新兴技术的发展方向，以便提前布局、把握市场机遇。同时，企业还应加强与高校、科研院所的合作，充分利用产学研一体化的优势，促进技术创新成果的转化。

在加强与高校、科研院所合作的过程中，企业可以采取多种形式，如共同开展科研项目、设立产学研合作基地等。通过这些合作，企业可以获取前沿技术信息，培养技术创新能力，为产品和服务升级提供强大支持。此外，企业还可通过人才培养和交流，引进先进的管理理念和科研技术，进一步推动企业技术水平的提升。

面对市场变化和竞争压力，企业应充分认识技术创新的重要性，不断调整发展战略，加大研发投入。企业还需注重创新文化的培育，激发员工的创新意识和潜能，形成有利于创新的人才队伍。同时，企业还应加强与政府、行业协会等外部力量的协作，共同推动数字经济时代下的技术创新和发展。

3. 市场竞争

在数字经济时代，市场竞争越发激烈，企业需要不断提高竞争力以在市场中立足。为了在竞争中脱颖而出，企业应关注以下几个方面。

（1）关注市场动态。

在发展过程中，市场变化、行业发展趋势及竞争对手的发展动态是企业必须关注的 3 个方面。只有对市场有充分的了解，企业才能做出及时的战略调整，抓住市场机遇，应对潜在的威胁。因此，企业应采取多种方式来密切关注市场动态。

首先，企业可以定期收集和分析行业报告。这些报告通常包含市场的规模、增长速度和市场份额等重要信息。通过对这些信息的深入研究，企业可以对市场有更为清晰的认识，从而有利于调整自身的战略方向。

其次，企业可以建立与行业协会、政府部门、业内专家等的沟通渠道。这种方式可以为企业提供第一手的信息，帮助企业及时了解行业的最新动态。此外，这些沟通渠道还可以为企业提供政策导向，使企业在遵守法规的前提下更好地开展业务。

最后，企业还应密切关注行业媒体和社交媒体。这些平台上的信息可以反映业内的热点问题和行业的口碑。通过对这些信息的关注，企业可以了解自己在市场中的地位，发现自身的优势和不足，进而采取措施提升自身的竞争力。

企业要想在激烈的市场竞争中立于不败之地，就必须关注市场变化、行业发展趋势和竞争对手的动态。只有这样企业才能做到审时度势，制订出符合自身发展的战略规划，从而在市场竞争中脱颖而出。

（2）加强与合作伙伴的协作。

在数字经济时代，企业间的合作变得越来越重要。为了在激烈的市场竞争中脱颖而出，企业需要寻求与合作伙伴加强协作的新途径，以实现优势互补、资源共享和共同发展。以下是帮助企业深化合作伙伴关系、共同开拓市场的一些建议。

首先，建立健全合作伙伴关系是确保合作稳定长久的基础。企业应选择与自身发展战略、经营目标和发展理念相契合的合作伙伴，通过签订合作协议、制订长期的合作规划等方式，明确双方在合作中的权利和义务，为双方的长久合作奠定基础。

其次，定期召开合作会议是保持合作关系紧密的重要手段。通过合作会议，企业可以及时了解合作伙伴的需求、困难和市场动态，共同探讨市场机遇和挑战，制订具有针对性的合作策略。此外，合作会议还有助于增进双方之间的沟通与信任，为双方在合作中更好地协同作战提供保障。

最后，深化合作内容和拓展合作领域是实现产业链上、下游企业协同发展的关键。企业应根据市场需求和自身优势，不断丰富合作内容，提升合作价值。同时，企业还可以寻求跨行业、跨领域的合作机会，提高整个产业链的竞争力。

在数字经济时代，企业加强与合作伙伴的协作至关重要，可以实现优势互补、共赢发展，为市场竞争注入新的活力。在未来的发展中，企业应不断探索合作的新模式、新路径，以适应不断变化的市场环境，共创辉煌。

（3）优化产品和服务。

在当今竞争激烈的市场环境中，企业若想赢得用户的青睐，实现可持续发展，关键在于不断优化产品和服务，以满足用户多样化、个性化的需求。为了提升用户体验，企业在优化产品和服务方面可以从以下几点着手。

首先，深入了解用户的需求。要想满足用户的需求，企业必须站在用户的角度去思考问题，对用户的需求有深刻的了解。通过市场调查、用户访谈、数据分析等手段，不断收集和整理用户的反馈，以便进行产品功能和用户体验的优化。此外，企业还需紧跟市场趋势，密切关注行业动态，以敏锐地捕捉用户需求的变化。

其次，引入新技术，提高产品的质量和性能。随着科技的飞速发展，新技术不断涌现，为产品优化提供了有力支撑。企业应积极引入新技术，提升产品的核心竞争力和市场占有率。在引入新技术的过程中，要充分考虑其与现有产品的兼容性、可靠性及安全性，确保产品质量得到提升。

最后，建立健全售后服务体系。售后服务是用户体验的重要组成部分，一个优质、高效的售后服务体系能够大大提升用户的满意度。企业应建立健全售后服务体系，确保用户在使用产品的过程中遇到问题时能得到及时、专业的解答和处理。此外，企业还需关注用户在使用过程中的反馈，持续优化售后服务，以提高用户的满意度。

企业要想在竞争中立于不败之地，必须以用户为中心，不断优化产品和服务，改善用户的体验，从而赢得用户的信任和支持。只有这样企业才能在激烈的市场竞争中稳步发展，实现基业长青。

（4）关注新兴市场和潜在竞争对手。

在当前商业环境中，企业必须关注新兴市场和潜在竞争对手，以防范市场风险，在新兴市场中抓住机遇，并在竞争中保持领先地位。

① 开展深入的市场调研。

a. 了解新兴市场的发展潜力和趋势。

企业应关注新兴市场的动态，对市场规模、增长速度和消费者需求等方面进行深入了解。此外，企业还需关注政策法规、行业标准等外在因素，以确保在合规的前提下开展业务。

b. 评估潜在市场需求。

企业应分析新兴市场潜在客户的需求特点、消费习惯等，以便精准定位产品和服务。同时，企业还需关注市场的竞争态势，识别市场空白和机遇。

② 洞察潜在竞争对手的竞争实力。

a. 竞争对手分析。

在商业竞争中，对潜在竞争对手的深入了解和全面分析是企业制订战略、保持竞争优势的关键。

首先，企业应对竞争对手的规模有所了解，包括竞争对手的员工数量、年营业额、分支机构等情况。了解这些信息有助于企业评估竞争对手的整体实力，以便在市场竞争中做出正确决策。

其次，了解竞争对手的实力至关重要，包括竞争对手的技术实力、财务状况、管理团队等。通过分析这些因素，企业可以判断竞争对手是否具有持续竞争的能力，以及其在市场中的发展潜力。

最后，市场份额是衡量竞争对手的行业地位的重要指标。企业应关注竞争对手在各个市场的份额，以及其在行业内的地位。这有助于企业评估竞争对手的市场影响力，以便在市场布局、产品研发等方面制订更有针对性的策略。

除了以上 3 个方面，企业还需关注竞争对手的产品质量和技术创新能力。产品质量是消费者选择产品的重要依据，而技术创新能力则是企业持续发展的关键。企业应密切关注竞争对手在新产品研发、技术创新等方面的动态，以便及时调整自己的战略。此外，市场营销策略也是竞争对手分析的重要内容。企业应关注竞争对手的市场推广手段、价格策略、促销活动等，以便在市场营销中脱颖而出。

对企业而言，全面了解潜在竞争对手的规模、实力、市场份额、产品质量、技术创新能力及市场营销策略等，是制订竞争策略、保持竞争优势的基石。只有深入了解竞争对手，企业才能在激烈的市场竞争中立于不败之地。

b. 制订应对策略。

在商业竞争激烈的环境中，对企业而言，了解竞争对手的动态和策略至关重要。通过对竞争对手的分析，企业可以找到自身的优势和劣势，进而制订出有针对性的竞争策略。这样的策略包括优化产品和服务、强化品牌建设、提高企业核心竞争力等，以在市场中占据有利地位。

首先，优化产品和服务是企业在竞争中赢得客户的关键。企业应该关注消费者的需求，不断改进产品设计和性能，以满足客户的期望。此外，提供优质的服务也是吸引和留住客户的重要手段。企业应重视服务流程的改进，提高员工的服务意识和水平，从而提升客户满意度。

其次，强化品牌建设是提升企业形象和知名度的重要途径。企业应该通过线上、线下的广告、公关活动等多种渠道，传播品牌理念，提升品牌知名度。同时，企业还需关注品牌口碑的维护，积极应对市场反馈，不断优化品牌形象。

最后，提高企业核心竞争力是企业在竞争中取得优势的基石。企业应注重技术创新，研发具有自主知识产权的产品，以区别于竞争对手。同时，企业还需关注人才培养和团队建设，提高企业整体管理水平，提升运作效率。此外，建立良好的企业文化、形成企业独特的核心竞争力，也是企业在竞争中脱颖而出的关键。

通过对竞争对手的分析，企业可以找到自身的竞争优势和不足，进而制订出合理的竞争策略。在实施这些策略的过程中，企业应注重产品和服务质量的提升，强化品牌建设，提高核心竞争力，从而在激烈的市场竞争中力压竞争对手。同时，企业还需不断调整和优化战略，以适应市场的变化，确保持续具有竞争优势。

③ 加强内部创新，确保领先地位。

a. 技术创新。

首先，投入研发是企业实现产品差异化的关键。在市场竞争中，产品同质化现象严重，只有拥有自主研发能力的企业，才能开发出独具特色的产品，满足消费者的多样化需求。通过不断提高产品的质量和性能，企业将在消费者的心中树立良好的品牌形象，进而赢得市场份额。

其次，技术创新是提升企业生产效率的重要途径。企业通过研发投入、引进先进技术，不断提高生产工艺和设备水平，从而降低生产成本，提高生产效率。在同等条件下，具备技术创新能力的企业能够更快地完成生产任务，实现规模经济效应，进一步增强市场竞争力。

再次，自主知识产权是保障企业长期发展的基石。在全球经济一体化背景下，企业之间的竞争已逐渐演变为知识产权的竞争。拥有大量自主知识产权的企业，能够在技术、产品、品牌等方面形成核心竞争力，进而在国际市场上占据有利地位。此外，自主知识产权还可以为企业带来稳定的收益，例如技术转让、专利授权等。

最后，企业应注重人才培养和引进，为研发和创新提供人力支持。具备高素质的研发团队是企业实现技术创新的关键。企业可以通过内部培训、外部招聘、合作研发等多种途径，提高员工的专业技能和创新意识，激发员工的创新潜能。同时，企业还需为员工提供良好的工作环境和激励机制，确保研发团队的稳定和持续创新。

企业要想在激烈的市场竞争中立于不败之地，就必须不断投入研发，推动技术创新。通过开发具有自主知识产权的产品和解决方案，确保企业在市场竞争中占据优势。同时，企业还需关注人才培养和知识产权保护等方面的工作，为实现可持续发展奠定坚实的基础。在我国政策的支持下，企业应充分发挥自身优势，加大研发投入，为推动我国科技创新和经济发展贡献力量。

b. 管理创新。

企业是社会经济活动的重要参与者，其管理模式的优化和组织效率的提升对于企业自身的发展及整个社会经济的繁荣具有重要意义。在当今激烈的市场竞争中，企业需要不断探索和调整自身的管理模式，以实现组织效率的最大化，进而提升企业的核心竞争力。

首先，企业应充分认识到现代企业管理理念的重要性。在新的时代背景下，传统的企业管理理念已无法满足市场发展的需求。企业需要借鉴和引入现代企业管理理念，如创新驱动、协同作战等，以适应市场环境的快速变化，提高企业的整体竞争力。

其次，企业要善于运用现代企业管理方法。在实际运营过程中，企业应注重数据驱动的管理方法的应用，以提高组织效率。例如，企业可以通过大数据分析，了解市场需求和客户需求，从而优化产品结构和营销策略；通过智能化生产线的应用，提高生产效率和产品质量；通过搭建敏捷的组织结构，提高企业的创新能力和响应速度。

再次，企业要加强内部沟通与协作。高效的组织协作是提高企业效率的关键。企业应建立健全内部沟通机制，确保信息畅通，促进各部门之间的协同合作。此外，企业还需注重员工培训和激励，提高员工的综合素质和积极性，使其更好地投入工作，为提高企业的整体竞争力贡献力量。

最后，企业要持续优化管理模式。市场环境和企业自身状况都在不断变化，企业应保持敏锐的市场洞察能力，及时调整管理策略，确保管理模式的有效性。此外，企业还应树立长远发展的眼光，立足当前，着眼未来，为企业的可持续发展奠定坚实的基础。

c. 商业模式创新。

首先，企业应当认识到探索新的商业模式并非是一蹴而就的。它需要企业对市场趋势有深刻的洞察力，以便抓住机遇并及时做出调整。此外，企业还需要拥有一支充满创新精神的团队，以便在研发和创新方面取得突破。这样企业才能开发出独具特色的业务模式，为企业带来持续的竞争优势。

其次，企业在探索新的商业模式时，应充分利用自身的资源优势。企业可以根据自身的核心竞争力，结合市场需求，调整和优化业务流程，提高企业的运营效率。同时，企业还可以通过拓展产业链、跨界合作等方式，进一步发挥自身优势，为企业创造更多的价值。

再次，企业在新的商业模式的探索过程中，要注重与时代发展紧密结合。随着科技的飞速进步，企业可以利用先进的技术手段提升自身的创新能力。例如，大数据、人工智能等新兴技术可以帮助企业在市场分析、产品研发、客户服务等方面实现突破，为企业建立更高的竞争壁垒。

最后，企业在探索新的商业模式时，还需关注可持续发展。随着环保意识的不断提高，消费者对绿色、环保的产品和服务有着更高的需求。企业可以从环保的角度出发，开发出具有可持续性的业务模式，这样既能满足市场和消费者的需求，又能为企业带来长期的发展优势。

探索新的商业模式是企业在不断变化的市场环境中保持竞争优势的必然选择。企业需结合自身优势，关注市场趋势，加强创新和研发；充分利用资源，与时代发展紧密结合，注重可持续发展，从而在激烈的市场竞争中稳操胜券。

（5）提升企业内部管理水平。

企业内部管理水平在很大程度上决定了企业在市场竞争中的地位。在当今激烈的市场竞争中，企业要想脱颖而出，就必须关注以下几个关键方面，以提升自身的竞争力。

首先，完善企业治理结构，提高决策效率。企业治理结构是企业发展的基础，它决定了企业内部资源配置的效率和决策质量。完善的企业治理结构有利于优化企业管理层之间的权力分配，确保企业决策的科学性和合理性。因此，企业应当不断加强治理结构的建设，提高决策效率，从而迅速应对市场变化，抓住发展机遇。

其次，强化人力资源管理，激发员工潜能。人力资源是企业最重要的核心资源，企业竞争力的提升离不开优秀人才的支持。企业应当重视人力资源管理，通过招聘、培训、激励等手段，吸引和留住优秀人才，充分挖掘和激发员工的潜能。

再次，企业还应建立健全员工绩效考核体系，确保员工的努力与奋斗得到应有的回报，从而提高员工的工作积极性和满意度。

最后，加强财务管理，确保企业稳健经营。财务管理是企业运营的核心环节，对于企业竞争力的提升具有重要意义。企业应当注重财务管理的规范化、精细化和智能化，确保企业资金的合理运用，降低财务风险。同时，企业还应根据市场状况和企业发展战略，合理编制财务预算，为企业发展提供有力支撑。

综上所述，企业要想应对激烈的市场竞争，必须关注市场动态、加强与合作伙伴的协作、优化产品和服务、关注新兴市场和潜在竞争对手、提升企业内部管理水平。只有不断调整战略，适应市场变化，企业才能在竞争中不断发展壮大。

4. 人才培养与激励

在数字经济背景下，企业对人才的要求越来越高。这是因为数字化和智能化发展对企业的运营模式提出了全新的要求。企业若想在这场变革中立足，就必须注重人才培养，提高员工的综合素质。

首先，企业需要重视人才的选拔和培养。人才是企业发展的核心竞争力，尤其是在数字经济背景下，拥有高素质的员工队伍才能保证企业在激烈的市场竞争中立于不败之地。企业应当投入更多的资源，为员工提供培训和学习的机会，帮助他们不断提升技能，以适应数字化、智能化发展的需求。

其次，企业要建立合理的激励机制。激励机制是激发员工积极性和创新活力的重要手段。企业应当根据员工的贡献和绩效，给予相应的奖励，让员工在努力工作的同时，能获得应有的回报。这样的激励机制有助于提高员工的工作满意度，从而降低人员流失率，保障企业的稳定发展。

最后，企业还需关注员工的心理健康和职业发展。在数字经济背景下，员工面临着更大的工作压力。企业应当关注员工的心理健康，提供心理辅导和关爱，帮助他们调整心态，以更好地应对工作挑战。同时，企业还需关注员工的职业发展，为他们提供晋升通道和事业发展空间，使他们在工作中获得成就感和归属感。

在数字经济背景下，企业要想实现可持续发展，必须重视人才的选拔和培养，建立合理的激励机制，关注员工的心理健康和职业发展。只有这样企业才能在市场变革中脱颖而出，迈向更加辉煌的未来。

5. 企业文化建设与数字化转型

在当今数字化时代，数字化转型已经成为企业发展的必然趋势，企业文化建设面临着前所未有的挑战。为了顺利推进数字化转型，企业需要从以下几个方面着手，营造有利于转型和创新的文化氛围。

首先，企业要积极倡导创新精神。在数字化转型过程中，创新能力至关重要。企业应当鼓励员工勇于尝试，勇于破解难题，以创新思维应对各种挑战。此外，企业还需为员工提供充足的成长空间，帮助他们提升技能，以适应数字化时代的发展需求。

其次，企业要营造开放的文化氛围。数字化转型要求企业打破原有的组织壁垒，实现信息共享和资源整合。企业应当鼓励员工之间的交流与合作，让员工在互动中产生创意，实现共同成长。同时，企业要注重与外部合作伙伴的互动，积极开展产学研合作，吸收行业前沿的技术和理念。

再次，企业要强调团队协作。在数字化转型过程中，单个员工的力量是有限的。企业需要建立起高效的协作机制，让员工充分发挥各自的专长，共同完成项目任务。企业要注重团队建设，培养员工的团队意识和协作精神，让他们在协作中实现价值。

最后，企业要持续关注和调整企业文化。数字化转型是一个持续不断的过程，企业文化也需要不断优化。企业要定期评估现有文化对数字化转型的适应性，针对存在的问题进行调整和改进。同时，企业要树立正确的发展理念，确保企业文化与企业发展目标相一致。

在企业数字化转型过程中，企业文化建设至关重要。企业要积极创建创新、开放、协作的文化氛围，关注员工的心理健康，以及其工作和生活的平衡，持续优化企业文化，以助力企业顺利迈向数字化时代。

6. 环境保护与社会责任

在当今数字经济的浪潮下，企业的发展模式正在发生深刻变革。在这一变革过程中，企业不仅需要关注经济效益，更应重视环境保护与社会责任，它们不仅是企业长远发展的基石，也是企业赢得消费者信任的关键。

首先，在生产环节，企业应积极贯彻绿色发展理念。这意味着应采用环保的生产工艺和设备，降低能源消耗，减少环境污染。这不仅有助于企业降低成本、提高效益，更能为企业赢得可持续发展的先机。同时，绿色生产也是企业履行社会责任、回应社会关切的必然选择。

其次，在运营环节，企业也应注重绿色发展。这包括优化物流配送、提高运输效率、降低运输过程中的能源消耗和排放；在产品设计和服务提供方面，注重节能、环保。此外，企业还应关注产业链上、下游的环保问题，推动全产业链的绿色升级。

再次，在管理环节，要将绿色发展理念贯穿于企业战略规划、组织架构、人力资源等各方面。企业领导层要树立绿色发展意识，加大环保投入，推动技术创新，培育绿色企业文化。同时，企业还需建立健全环保管理体系，确保各项环保措施落到实处。

最后，除了绿色发展，企业还应积极履行社会责任。这包括参与社会公益事业,关爱弱势群体,助力精准扶贫;关注员工福利,营造和谐的劳动关系,提供良好的工作环境和待遇;遵守法律法规,诚信经营,为行业发展树立典范。

企业要在生产、运营、管理等环节贯彻绿色发展理念,降低能源消耗和环境污染,为企业的长远发展树立良好的口碑。同时,企业还需关注社会公益,履行社会责任,树立良好的社会形象。

1.3　数字经济环境下的企业可持续发展模式

1.3.1　企业可持续发展模式的内涵与构建

1. 企业可持续发展模式的定义和特征

（1）定义。

企业可持续发展模式是指企业在追求经济效益的同时,充分考虑社会、环境和资源等因素,形成的一种有利于企业长期、稳定、健康发展的经营模式。这种模式旨在实现企业与自然、社会的和谐共生,提高企业的核心竞争力,降低经营风险,实现企业价值的最大化。

（2）特征。

① 综合性。

企业可持续发展模式具有很强的综合性,要求企业在发展战略、经营策略、管理制度等方面,全面考虑经济、社会、环境等多方面的因素,实现企业内外部的协调发展。

② 长期性。

企业可持续发展模式强调企业的长期发展,要求企业制订战略规划时注重短期利益与长期利益的平衡,防止短视行为对企业发展的影响。

③ 系统性。

企业可持续发展模式要求企业从整体出发,系统地分析企业内外部环境,确保企业在各个层面都能实现可持续发展。

④ 创新性。

企业可持续发展模式强调创新,要求企业在技术、管理、文化等方面不断进行创新，以适应不断变化的市场环境和应对竞争压力。

⑤ 社会责任性。

企业可持续发展模式强调企业应履行社会责任，关注对员工、顾客、社会、环境等的影响，实现企业与利益相关方的共同发展。

⑥ 资源高效性。

企业可持续发展模式注重资源的高效利用，提倡节约、环保、低碳的发展理念，降低企业经营成本，提高企业经济效益。

⑦ 持续性。

企业可持续发展模式要求企业具备较强的抗风险能力，确保企业在面临市场、技术、政策等的变化时，仍能保持稳定的发展态势。

⑧ 个性化。

企业可持续发展模式是一种个性化的发展模式，有助于企业实现企业价值的最大化。在当前我国经济发展进入新常态的背景下，企业应积极探索适合自己的可持续发展模式，为我国经济社会的可持续发展贡献力量。

2. 企业可持续发展模式的构建要素

随着社会、经济和环境的不断变化，可持续发展已成为企业提升竞争力和保持成功的关键。为了构建有效的企业可持续发展模式，以下几个关键要素需要予以重视。

（1）明确可持续发展愿景和目标。

可持续发展是当今社会对企业运营的重要要求之一。为了应对激烈的市场竞争，企业必须明确自身的可持续发展愿景和目标，并在战略规划、运营管理和决策过程中始终围绕这一核心。这样企业才能在不断变化的市场环境中保持稳定的发展方向，实现长期繁荣发展。

首先，企业要明确可持续发展愿景和目标。这一愿景和目标应当充分体现企业对环境保护、社会责任和经济效益的关注，以确保企业在发展过程中能够实现全面、协调和可持续的增长。此外，企业还应将这一愿景和目标纳入企业的战略规划，使其成为企业发展的指导方针。

其次，企业的运营管理要紧密围绕可持续发展愿景和目标展开。这意味着企业要在生产、销售、研发等各个环节充分考虑资源利用、能源消耗和环境污染等问题，通过优化生产流程、提高资源利用率、降低污染排放等手段，实现经济效益和环境效益的协调发展。

再次，企业在决策过程中要充分考虑可持续发展愿景和目标。这意味着企业要在项目投资、产品研发、市场拓展等方面，优先选择符合可持续发展要求的项目和产品，以确保企业在长期发展中能够获得持续的竞争优势。同时，企业还应加强对员工的培训和激励，提高员工对可持续发展的认识和参与的积极性，形成企业内部共同的价值观和行为规范。

最后，企业还需要不断调整和优化可持续发展战略，以适应市场环境的变化。这要求企业具备敏锐的市场洞察能力，及时把握行业发展趋势，根据自身优势和市场需求调整发展战略，确保在竞争中始终保持领先地位。

通过实施可持续发展战略，企业不仅可以实现自身的长期繁荣，还能为我国经济社会的可持续发展做出积极贡献。

（2）创新。

创新是企业可持续发展的核心驱动力。在激烈的市场竞争中，企业应不断引进新技术、新理念，以提升产品和服务的质量与价值。技术创新在企业发展中发挥着重要作用，它可以降低生产成本、提高生产效率，为企业创造更多的竞争优势。此外，技术创新还能为企业开拓新的市场空间，帮助企业实现可持续发展。

首先，企业要积极引进新技术。新技术可以为企业带来更高的生产效率和更好的产品质量，提前布局市场，从而在竞争中占据优势。此外，新技术还可以帮助企业优化生产流程，实现绿色生产，减少环境污染。

其次，企业要注重引进新理念。新理念可以引导企业突破传统的思维模式，以更开放、创新的态度应对市场变化。企业应关注消费者的需求，以用户为中心，不断创新产品和服务，满足消费者多样化、个性化的需求。同时，新理念还可以帮助企业实现管理创新，提高企业管理水平，为企业的长远发展奠定基础。

最后，企业要加强技术创新。技术创新是企业核心竞争力的重要组成部分。企业应加大研发投入，培养技术创新人才，建立技术创新团队。通过自主研发和创新，企业可以形成具有自主知识产权的核心技术，从而提高市场竞争力。此外，企业还应加强与高校、科研院所的合作，充分利用外部资源促进技术创新成果的转化与应用。

（3）企业文化建设。

企业文化是企业可持续发展的基石。企业应积极培育和传承企业文化，使之成为员工共同遵循的价值观和行为规范。具有良好文化的企业能够更好地应对外部挑战，提高员工的凝聚力和企业的竞争力。

企业文化将员工紧密地联系在一起，形成强大的凝聚力，保持企业内部的稳定和团结，从而提高企业的竞争力。

企业文化影响着企业的创新和发展能力。健康的企业文化能鼓励员工敢于创新、勇于实践，为企业带来源源不断的活力和发展动力。

企业文化是企业对外展示的一张名片，它反映了企业的价值观、经营理念和管理水平。良好的企业文化有助于提升企业在客户、合作伙伴和员工心中的形象，从而增强企业的市场竞争力。

（4）人力资源管理。

人力资源是企业最重要的资源。企业应重视人才培养和激励机制，吸引、留住和激励优秀人才。人才是企业创新和发展的根本动力，也是实现企业可持续发展的关键因素。

（5）建立合作伙伴关系。

企业应建立稳定的合作伙伴关系，实现供应链、产业链的协同发展。通过与供应商、客户和竞争对手等建立良好的合作关系，共享资源，降低风险，提高整个产业链的竞争力。

（6）财务管理。

企业应加强财务管理，确保资金的合理运用和企业的财务安全。通过财务规划、风险管理和内部控制等手段，为企业可持续发展提供稳定的财务支持。

（7）创新能力评估与调整。

企业应定期评估自身的创新能力，根据市场变化和企业发展需求进行调整。通过持续改进和创新，确保企业在市场竞争中保持领先地位。

企业可持续发展模式的构建需要从多个层面进行系统思考和规划。企业只有在不断创新、优化人力资源管理等方面下功夫，才能实现可持续发展，迈向更加广阔的市场空间。

3. 企业可持续发展模式的实现路径

（1）确立可持续发展理念。

可持续发展作为一种全球共识，已经深入各个领域。对企业而言，确立可持续发展理念不仅是顺应时代发展的需要，更是承担社会责任的体现。企业在追求经济效益的同时，应当将可持续发展理念贯穿于企业经营的全过程，形成企业内部的共同价值观，从而实现企业与利益相关方的共同发展。

首先，在企业战略层面，要将可持续发展纳入长远发展规划，明确企业在经济、社会、环境等方面的可持续发展目标。企业领导层要充分认识到可持续发展的重要性，树立绿色发展、和谐发展的理念，引导企业走出一条具有可持续发展特征的发展道路。

其次，在企业运营层面，要注重绿色生产、节能减排、循环利用等可持续发展措施。企业应采用环保的生产工艺和技术，降低生产过程中的能耗和污染，努力实现低碳、绿色生产。同时，企业还需关注产业链上、下游企业的可持续发展问题，推动供应链和价值链的绿色升级。

再次，在企业文化建设层面，要将可持续发展理念融入企业文化，提升员工对企业可持续发展的认同感和参与度。企业应加强内部培训和教育，提高员工的环保意识和社会责任感，使可持续发展成为员工的自觉遵循。

复次，在企业社会责任层面，企业应积极履行社会责任，参与公益事业，为地区可持续发展做出贡献。企业可以投入资源，开展扶贫、教育、环保等公益项目，推动地区经济社会的可持续发展。

最后，在企业合作层面，要加强与政府、社会组织、其他企业等利益相关方的合作，共同推进可持续发展。企业间可以通过技术创新、资源共享等方式，实现产业协同发展，形成可持续发展的合力。

（2）制订可持续发展战略。

制订可持续发展战略是企业在现代社会中保持竞争优势的重要举措。企业需要在深入了解市场需求、资源配置、竞争态势等外部环境的基础上，制订出符合自身特点的可持续发展战略。

首先，企业在制订可持续发展战略之前要关注市场需求。市场需求是企业生存和发展的基石，因此，企业需要密切关注消费者需求的变化，以确保产品和服务能够满足市场的需求。此外，企业还应关注潜在的市场趋势，提前进行市场调研和分析，为制订可持续发展战略提供有力支撑。

其次，资源配置是企业制订可持续发展战略的关键环节。企业应充分发挥自身优势，合理配置各类资源，以提高资源利用率。在资源配置过程中，企业要注重以下几个方面：优化产业结构，发挥企业核心竞争力；强化技术创新，提高产品附加值；加强内部协同，提高企业运营效率；拓展合作渠道，实现优势互补。

最后，企业在制订可持续发展战略时要充分了解竞争态势。竞争态势分析有助于企业发现市场机会和威胁，为制订可持续发展战略提供依据。企业可以从以下几个方面进行分析：竞争对手的产品、技术和市场策略；行业市场规模、增长速度和市场份额；政策法规和行业标准对企业的影响；潜在进入者和替代品对市场竞争的影响。

在充分了解市场需求、资源配置和竞争态势的基础上，企业要结合自身特点制订可持续发展战略。企业在实施可持续发展战略的过程中，要不断监测市场变化、资源利用情况和竞争态势，以确保战略的有效性。企业应定期对战略进行评估和调整，以应对市场变化和竞争挑战。

（3）优化企业内部管理。

在激烈的市场竞争中，企业若想保持领先地位，实现可持续发展，必须不断优化内部管理体制。这是因为高效、科学的内部管理体制能够提高资源利用率，提升管理水平，为企业在市场竞争中保持优势提供有力保障。

① 体制创新：构建与现代企业制度相适应的内部管理体制。

企业应根据自身发展战略和市场需求，不断调整和完善内部管理体制。创新管理体制的关键在于建立灵活、高效的组织结构，打破传统的科层制，实现组织扁平化、流程简化，提高决策效率。此外，企业还需强化内部监督机制，确保企业合规经营，防范各类风险。

② 人力资源管理：激发员工潜能，提升整体素质。

企业应重视人力资源管理，优化人才选拔、培训、使用和激励机制，激发员工潜能，提升整体素质。企业要树立以人为本的管理理念，关注员工成长，为员工提供良好的工作环境和职业发展空间。同时，加强员工培训，提高员工的技能和素质，以适应不断变化的市场环境。

③财务管理：提高资金使用效率，降低成本。

企业应加强财务管理，提高资金使用效率，降低成本。企业要建立健全财务风险防控体系，确保资金安全。此外，企业还需合理安排资金使用，优化资本结构，降低财务成本。企业可通过科学的财务管理，为可持续发展提供财务支持。

④企业文化建设：形成企业核心竞争力。

企业文化是企业可持续发展的重要基石。企业应积极塑造健康、向上的企业文化，弘扬创新、务实、合作、共赢的核心价值观。企业文化建设的重点在于培育企业精神，形成独特的核心竞争力。企业要努力打造学习型组织，鼓励员工积极进取，为企业发展贡献智慧。

⑤信息化建设：提升管理水平，助力企业转型升级。

企业应加大信息化建设投入力度，运用现代信息技术手段提升企业管理水平。企业要实现业务流程的数字化、智能化，提高运营效率。同时，利用大数据、云计算等技术，深入挖掘企业内、外部数据价值，为企业决策提供有力支撑。信息化建设有助于企业实现产业升级，迈向高质量发展之路。

优化企业内部管理是推动企业可持续发展的重要途径。企业要从体制创新、人力资源管理、财务管理、企业文化和信息化建设等多个方面入手，不断深化内部改革，提升管理水平，为企业的长远发展奠定坚实基础。在激烈的市场竞争中，企业只有不断优化内部管理，才能勇立潮头。

（4）强化创新能力。

企业要想在激烈的市场竞争中脱颖而出，就必须注重科技创新、管理创新和文化创新。这是因为科技创新能够推动企业产品和技术的发展，提高企业的生产效率；管理创新有助于优化企业内部管理体系，提高企业的运营效率；文化创新能够强化企业的核心价值观，提高员工的凝聚力和归属感。三者相辅相成，共同提升企业的核心竞争力，为企业的可持续发展提供源源不断的动力。

首先，科技创新是企业发展的基石。在当今科技飞速发展的时代，企业必须紧跟科技潮流，充分利用新技术、新理念，不断优化产品和服务，以满足市场的多样化需求。企业应投入更多的资源进行研发，培养具有创新精神的科研团队，加强与高校、科研院所的合作，以加速科技成果的转化。

此外，企业还应重视知识产权保护，为企业的创新成果申请专利，确保企业在竞争中的优势地位。

其次，管理创新是提高企业运营效率的关键。企业要善于借鉴国内外先进的管理理念和方法，结合自身实际，不断优化内部管理体系。在这一过程中，企业要注重人才培养和激励机制的建设，调动员工的积极性和创造力；同时，加强信息化建设，运用大数据、云计算等现代信息技术，提高企业的管理效率和决策水平。此外，企业还应注重与企业外部合作伙伴的协同创新，实现产业链的共赢发展。

最后，文化创新是企业可持续发展的重要保障。企业要明确自己的核心价值观，将企业文化与员工的价值观相结合，增强员工的凝聚力和归属感。企业应注重创新氛围的营造，鼓励员工敢于创新、勇于担当；同时，加强责任担当，积极履行企业的社会义务，树立良好的企业形象。企业文化创新还包括对优秀传统文化的传承和发展，将中华民族优秀传统文化融入企业经营管理，为企业发展注入源源不断的活力。

（5）构建绿色生产体系。

企业应积极采用环保技术和绿色的生产方式，降低生产过程中的能源消耗和环境污染，实现经济效益和环境效益的协调发展。

1.3.2　数字经济环境下企业可持续发展模式的创新与实践

1. 数字化转型在企业可持续发展中的作用

在当今数字化时代，企业面临着前所未有的挑战和机遇。数字化转型已经成为企业可持续发展的重要推动力。

（1）提高运营效率。

数字化转型已经成为当今企业发展的重要趋势，它所带来的优势并不局限于提高企业的运营效率，更在于推动企业实现全面升级，迈向更高的竞争层次。在数字化转型的过程中，企业通过引入先进的技术和智能化系统，实现了生产、销售、采购等环节的自动化和智能化，从而降低了成本，缩短了周期，提高了产值。

首先，从生产环节来看，数字化转型极大地提高了生产效率。借助智能化设备和数据分析，生产过程中的各项参数可以得到实时监控和调整，使得生产过程更加精细化、高效化。此外，通过物联网技术，企业可以实现设备之间的互联互通，进一步优化生产流程、降低生产成本。

其次，在销售环节，数字化转型助力企业更好地把握市场动态。通过大数据分析和人工智能技术，企业可以精准预测消费者的需求，实现个性化定制和精准营销，从而提高销售额。同时，企业实施数字化转型，能够加强与供应商、客户之间的协作，提高供应链管理水平，降低库存成本。

最后，在采购环节，数字化转型可以提高企业的采购效率。企业可以通过电子采购平台，实现采购流程的自动化、透明化，降低采购成本。同时，借助供应链金融等手段，企业可以更好地管理供应商，优化采购策略，提高采购效益。

此外，数字化转型还为企业带来了更深层次的变革，即实现资源的优化配置。通过对各类数据的挖掘和分析，企业可以更准确地了解自身资源和外部市场的情况，从而做出更为明智的决策。数字化转型有助于企业发现潜在的资源浪费，从而通过智能化手段实现资源的合理调配，提高资源利用率，进一步降低成本。

数字化转型对企业运营效率的提升具有显著作用。在我国新基建政策的推动下，企业应抓住历史机遇，加快数字化转型的步伐，以提高运营效率，降低成本，实现可持续发展。同时，企业还需不断探索数字化转型的新技术、新应用，培养具备数字化思维的人才，为企业的长远发展奠定坚实的基础。

（2）创新业务模式。

数字化转型已经成为当今企业发展的重要趋势，它以创新为动力，引领企业迈向更高水平。在数字化技术的支持下，企业不仅能够研发出更具市场竞争力的产品和服务，还能深入挖掘客户的个性化需求，实现精准营销。此外，数字化转型还为企业提供了更多的发展机遇，企业通过跨界合作、线上线下融合等多元化方式，拓宽了业务领域，提升了抗风险能力。

① 数字化技术助力企业创新产品和服务。

科技的快速发展正在深刻地改变着企业的运营方式和经营理念。越来越多的企业开始认识到数字化技术在产品和服务创新中的关键作用。大数据、人工智能、物联网等先进技术的广泛应用为企业提供了实时收集和分析客户需求信息的能力，从而使企业能够精准地把握客户需求，为客户提供更加个性化、智能化的产品和服务。

首先，大数据技术是企业数字化创新的重要基础。通过大数据分析，企业可以深入了解客户的行为习惯、消费偏好和需求变化，进而为客户量身定制产品和服务。此外，大数据技术还有助于企业优化内部管理流程，提高运营效率，降低成本。

其次，人工智能技术的应用使企业能够实现客户服务的智能化。借助人工智能技术，企业可以搭建智能客服、智能推荐等系统，为客户提供实时、精准、高效的服务。同时，人工智能技术还可以辅助企业进行产品研发和创新，提高产品的智能化水平。

最后，物联网技术为企业提供了实现产品和服务互联的可能性。通过物联网技术，企业可以将实体产品与数字化服务相结合，打造全新的业务模式。例如，企业可以推出基于物联网的智能家居系统，实现家庭设备的互联互通，为客户提供便捷、舒适的生活体验。

在数字化技术的驱动下，企业将不断创新业务模式，实现业务增长。一方面，企业可以通过数字化技术拓展新的市场空间，开发新的客户群体。另一方面，企业还可以利用数字化技术优化产业链，实现与上、下游企业的协同发展。此外，企业还需注重提升客户的体验，以满足客户对个性化、智能化产品和服务的需求。

企业应抓住数字化技术带来的机遇，加大创新力度，提升市场竞争力，以实现可持续发展。同时，企业还需关注新兴技术的发展趋势，不断调整发展战略，以适应日新月异的市场环境。

②跨界合作拓展企业业务领域。

在数字化时代，企业的发展不再受限于传统的行业界限。相反，企业可通过跨界合作寻求新的发展空间，以适应不断变化的市场环境和客户需求。与其他行业的企业携手合作，不仅可以实现资源共享、技术交流，还能打破市场壁垒，共同开拓新的业务领域，为企业的可持续发展提供有力支撑。

首先，企业可以通过跨界合作实现资源共享。不同行业的企业各自拥有独特的资源和优势。通过合作，企业可以充分利用彼此的优势，降低成本，提高效率。例如，传统制造业企业可以与互联网企业合作，利用互联网企业在信息技术方面的优势，共同打造智能化生产线，从而提高生产效率，降低成本。

其次，跨界合作有助于企业之间的技术交流。在数字化时代，技术创新成为推动企业发展的关键动力。通过与其他行业的企业合作，企业可以获取最新的技术信息，加快技术创新的步伐。例如，传统制造业企业与互联网企业合作，可以研发出更具创新性的产品，满足市场的多样化需求。

最后，跨界合作有助于打破市场壁垒，共同开拓新的业务领域。在竞争激烈的市场环境下，企业需要不断寻求新的业务增长点。不同行业的企业合作，可以充分利用各自在市场、技术和管理等方面的优势，共同开发新的市场，实现业务拓展。例如，金融企业与科技企业联手，可以开发出更多创新的金融产品，满足客户的多元化需求，进一步提高市场份额。

在数字化时代，跨界合作已成为企业谋求新发展的必然选择。企业应把握时代潮流，积极寻求与其他行业的企业合作，以提高竞争力、赢得市场份额。

③线上、线下融合提升企业抗风险能力。

在市场竞争日趋激烈的今天，如何提高自身的抗风险能力以应对不断变化的市场环境，成为摆在企业面前的重要课题。数字化转型作为一种全新的发展模式，为企业提供了线上、线下融合的契机。通过线上、线下的融合，企业不仅能够实现业务多元化，降低对单一市场的依赖，还能优化供应链，提高运营效率，进一步降低成本。这将有助于企业在面临市场波动时保持稳定的发展，提高整体的抗风险能力。

首先，数字化转型促使企业实现业务多元化。在传统的发展模式下，企业往往过度依赖某一市场或业务，一旦市场发生变化，企业将面临巨大的风险。通过数字化转型，企业可以充分利用互联网技术拓展线上市场，实现线上、线下业务的深度融合。这样一来企业不仅能够降低对单一市场的依赖，还能在多个市场中实现业务拓展，提高抗风险能力。

其次，数字化转型有助于企业优化供应链。通过数字化转型，企业可以实现供应链的智能化、可视化，提高供应链的透明度，从而使企业能够快速应对市场变化，确保供应链的稳定运行，降低风险。

再次，数字化转型可以提高企业的运营效率。通过数字化转型，企业可以实现信息的快速传递和共享，提高决策效率。此外，企业还可以运用大数据、人工智能等技术进行精细化管理，降低运营成本，进一步提高抗风险能力。

最后，数字化转型有助于企业应对市场波动。在市场环境不断变化的情况下，企业需要具备较强的应变能力。通过数字化转型，企业可以实时掌握市场动态，迅速调整经营策略。

数字化转型已成为企业提高抗风险能力的重要途径。企业应抓住这一历史机遇，积极进行线上、线下融合，实现业务多元化，优化供应链，提高运营效率，以应对市场波动，确保稳定发展。同时，社会各界也应为企业数字化转型提供有力支持，共同推动我国企业高质量发展。

（3）提升客户体验。

数字化转型已经成为当今企业发展的重要趋势，它对于提升客户的体验具有深远的意义。通过对客户数据的深度挖掘和分析，企业能够更加精准地把握客户的需求，进而为客户提供个性化、智能化的产品和服务。这不仅有助于提高客户的满意度，还可以为企业赢得一批忠诚的客户，从而增强企业的核心竞争力。

首先，数字化转型有助于企业实现客户数据的深度挖掘和分析。在互联网时代，客户数据的获取变得更加容易，但这些数据往往分散在各个系统中，难以有效利用。通过数字化转型，企业可以整合各类客户数据，运用先进的数据分析技术，深入了解客户的行为、喜好和需求，为客户打造更加贴心的产品和服务。

其次，数字化转型有助于企业提供个性化、智能化的产品和服务。借助大数据、人工智能等技术，企业可以根据客户的个性化需求，为客户提供量身定制的产品和服务。此外，企业还可以通过智能化的手段，提高产品和服务的安全性、便捷性和实用性，使客户在使用过程中获得前所未有的体验。

再次，数字化转型有助于改善客户与企业之间的沟通渠道。数字化转型可以通过线上平台、社交媒体等渠道，实现客户与企业之间的实时互动。这样一来客户在遇到问题时能够得到及时的解答和帮助，对企业产生更高的满意度。

最后，数字化转型有助于企业赢得忠诚的客户。在竞争激烈的市场环境下，客户的忠诚度是企业生存和发展的关键。通过数字化转型，企业能够为客户提供优质的产品和服务，进而提高客户的满意度和忠诚度。只有拥有忠诚的客户，企业才可以在市场竞争中立于不败之地。

数字化转型对于提升客户的体验具有重要意义。企业应抓住这一历史机遇，加快数字化转型的步伐，以提高客户的满意度、赢得忠诚的客户、增强核心竞争力为目标，不断优化产品和服务，为客户创造更大的价值。在数字化转型过程中，企业还需关注技术创新、人才培养、组织变革等方面的问题，确保数字化转型能够顺利推进，最终实现企业的可持续发展。

（4）强化产业链协同。

数字化转型正在深入产业链的各个环节，为上、下游企业带来前所未有的机遇。在现代经济体系中，产业链的协同发展至关重要，数字化转型的推进为其协同发展提供了强大动力。

随着互联网技术的飞速发展，企业通过搭建产业互联网平台，可以将供应链、物流等环节进行整合，实现信息共享、资源优化配置。在这一过程中，企业可以运用大数据、云计算、物联网等先进技术，对生产、销售、物流等环节进行智能化改造，提高产业链的整体竞争力。

数字化转型有助于打破信息壁垒，让产业链内部各个环节的企业更好地了解彼此的需求和资源，从而实现资源的共享。企业在数字化转型过程中，可以通过平台实现订单、产能、技术等资源的共享，降低企业间的交易成本，提高资源利用率。

产业链内部的资源共享不仅可以提高产业链整体的竞争力，还可以促进风险的分散。企业在数字化转型过程中，可以通过大数据分析、风险评估等技术手段，提前预警潜在的风险，并采取相应措施进行防范。此外，企业还可以通过数字化平台实现业务模式的不断创新，提高市场应变能力，降低经营风险。

（5）培养核心竞争力。

数字化转型已经成为当今企业发展的重要趋势，它有助于企业培养核心竞争力，实现产业的升级和转型。在数字化转型过程中，企业需要通过不断研发和创新，引进先进技术，提高自身的技术水平和创新能力。这样企业才能在激烈的市场竞争中立于不败之地，开发出具有自主知识产权的核心产品。

首先，企业要明确数字化转型的目标，即提高市场竞争力、实现业务增长。为此，企业应加大研发和创新力度，不断优化生产流程和管理模式。通过引进先进技术，提升企业的技术水平和创新能力，从而为企业创造更多的价值。

其次，企业在数字化转型过程中，要重视人才培养和技术储备。企业应当加强对员工的培训和教育，提高员工的数字化技能和素质，为企业的创新发展提供人才支持。同时，企业还需关注技术前沿，把握行业发展动态，为数字化转型提供技术保障。

再次，企业应积极开展跨界合作，拓展业务领域。通过与不同行业、不同领域的企业合作，企业可以借鉴先进的管理经验和技术，进一步丰富自身的产品线，提高市场占有率。此外，企业还可以通过并购、投资等方式，引入优质资源和核心技术，加快数字化转型的步伐。

最后，企业在追求数字化转型的过程中，要关注可持续发展。企业应充分利用数字化技术，提高资源利用率，降低能源消耗和环境污染。同时，企业还需关注国家政策和行业标准，合规经营，确保数字化转型的顺利进行。

数字化转型是企业提升核心竞争力、实现可持续发展的重要途径。企业应抓住数字化转型的历史机遇，持续研发和创新，培养具有自主知识产权的核心产品。同时，企业还需关注人才培养、技术储备、跨界合作和可持续发展等方面，确保数字化转型取得成功。在激烈的市场竞争中，企业唯有不断创新，才能赢得未来。

（6）应对气候变化和环境挑战。

数字化转型在应对气候变化和环境挑战方面具有重要意义。在当前全球环保意识不断提高的背景下，企业需要积极承担社会责任，通过引入绿色技术、节能减排技术等，降低生产过程中的能耗和污染。这不仅有助于企业实现可持续发展，提高市场竞争力，还能为我国实现碳减排目标做出贡献。

首先，企业应重视绿色技术的研发和应用。通过技术创新，不断优化生产流程，降低能源消耗和污染物排放。例如，采用清洁能源替代传统化石能源，推广高效节能设备，提高能源利用率。此外，企业还可以加大对废弃物处理技术的研发，实现生产过程中的循环利用，减少环境污染。

其次，数字化转型是企业实现绿色发展的关键。借助大数据、人工智能等先进技术，企业可以对生产过程进行实时监控和分析，发现降低能耗和减少污染的瓶颈所在，有针对性地进行改进。数字化转型还能帮助企业实现生产过程的优化，提高资源利用率，从而减少对环境的负面影响。

最后，社会各界应加大对数字化转型的支持力度。通过政策引导、资金扶持等手段，鼓励企业进行绿色数字化转型。同时，还应建立健全碳排放权交易市场，为企业提供碳排放数据和信息，帮助企业更好地了解自身的碳排放状况，有针对性地开展减排工作。

社会各界应共同努力，推动绿色数字化转型的深入开展，为我国绿色发展贡献力量。在应对全球气候变化和环境挑战的道路上，我国企业任重道远，但充满信心。随着数字化转型的深入推进，我国企业将在全球绿色发展中发挥越来越重要的作用。

2. 企业可持续发展模式的创新点与实践案例

（1）企业可持续发展模式的创新点。

① 创新点一：将环保理念融入企业战略。

随着全球环境问题的日益严重，越来越多的企业开始将环保理念融入企业战略，以实现可持续发展。这一创新点不仅有助于企业降低生产过程中的环境污染，还可以提高企业的社会责任感和塑造品牌形象。例如，某知名服装品牌通过采用环保材料和绿色生产工艺，成功地将环保理念融入了企业的整个生产链条，不仅减少了生产过程中的碳排放和污水排放，还得到了消费者的高度认可。这一成功案例表明，将环保理念融入企业战略是一种双赢的做法，既有利于环境保护，又有利于增加企业的经济效益。

② 创新点二：绿色技术的研发与应用。

绿色技术的研发与应用是企业可持续发展模式的重要创新点之一，企业越来越意识到环境保护和可持续发展的重要性。绿色技术的研发与应用能够帮助企业降低生产过程中的环境污染，提高资源利用率，减少能源消耗，从而实现可持续发展。例如，太阳能、风能等可再生能源的研发与应用，使企业能够更高效地利用清洁能源，减少对传统化石能源的依赖；同时，企业通过采用环保材料和绿色生产工艺，推广循环经济和低碳经济模式，助力实现绿色发展。

③创新点三：循环经济的实践与推广。

循环经济是一种以资源循环利用为主的经济模式，旨在减少资源消耗和环境污染，实现可持续发展。在实践中，循环经济通过废弃物的减量化、资源化和无害化处理，实现经济活动的生态化，这一创新点对于企业可持续发展具有重要意义，不仅有助于降低生产成本、提高资源利用率，还可以增强企业的社会责任感。例如，某知名家电企业通过推行循环经济模式，将废弃的家电产品进行回收再利用，既节约了原材料成本，又减少了废弃物对环境的污染。同时，该企业还通过与供应商的合作，推广绿色供应链，确保原材料的环保。这一系列的实践措施不仅提高了企业的经济效益，还为整个社会的可持续发展做出了贡献。

为了更好地推广循环经济模式，企业需要采取一系列的措施。首先，企业应该加强技术创新，研发更加高效、环保的生产技术和设备，提高资源利用率和废弃物的处理能力。其次，企业应该建立完善的废弃物回收利用体系，将生产过程中产生的废弃物进行分类处理和资源化利用，减轻对环境的负担。此外，企业还应该加强与供应商、客户和相关方的合作，共同推进绿色供应链和循环经济的发展。社会各界也应该提供相应的政策支持，进行宣传推广，鼓励更多的企业加入循环经济的实践中。

④创新点四：社会责任的担当与履行。

社会责任的担当与履行是企业可持续发展模式的重要创新点之一。在现代社会，企业不仅要追求经济效益，更要关注对社会的贡献和影响。担当与履行社会责任已经成为企业提高核心竞争力的重要组成部分，对于提升企业形象、增强品牌影响力、吸引优秀人才等具有重要意义。

企业社会责任的担当与履行需要从多个方面入手。首先，企业要关注环境保护，积极参与环保公益活动，推进绿色生产，降低能耗和减少污染物排放，实现可持续发展。其次，企业要关注员工的福利和职业发展，提供良好的工作环境和培训机会，提高员工的工作积极性和满意度。最后，企业还要关注社区发展和社会稳定，积极参与扶贫济困、捐资助学等公益活动，为社会做贡献。

为了更好地履行社会责任，企业可以采用多种分析模型和方法。例如，利益相关者分析可以帮助企业了解各利益相关者的需求和期望，从而更好地满足他们的需求；企业社会责任指标体系则可以为企业提供一套科学的评价体系，帮助企业评估自身在履行社会责任方面的表现。

实践证明，积极履行社会责任的企业更容易获得社会的认可和支持。例如，某知名跨国公司通过捐资助学、提供职业培训等举措，赢得了广泛的社会赞誉和较大的市场份额。

企业可持续发展模式的创新点在于将社会责任融入企业的战略和日常经营中。通过积极履行社会责任，企业不仅可以提升自身形象和品牌影响力，还可以吸引更多的优秀人才和资源，实现可持续发展。

（2）企业可持续发展模式的实践案例。

① 案例一：某绿色能源企业的可持续发展实践。

某绿色能源企业将环保理念融入企业发展战略规划，致力于开发可再生能源，减少对传统能源的依赖。通过大力投资研发，该企业成功开发出高效太阳能电池板和风力发电机组，有效降低了能源成本并减少了碳排放。同时，该企业还推行循环经济，实现了废弃物的减量化、资源化和无害化处理，提高了资源利用率。这一系列的创新举措不仅提升了企业的核心竞争力，也为其在可持续发展道路上树立了良好的企业形象。

该绿色能源企业通过创新技术手段，实现了对太阳能和风能的高效利用。例如，采用先进的光电材料和空气动力学设计，提高了太阳能电池板和风力发电机组的能量转换效率。同时，通过智能电网技术的应用，实现了对分布式能源的优化调度和有效管理，进一步提高了能源利用率。这些技术创新不仅有助于降低企业自身的运营成本，也为整个社会的可持续发展做出了贡献。

该绿色能源企业在可持续发展实践中，还注重与政府、社区和利益相关方的合作与沟通。通过与政府合作，参与行业标准制定，推动可再生能源行业的发展。同时，与社区和其他企业合作，共同参与可再生能源项目，实现互利共赢。这种合作模式不仅有助于解决企业在可持续发展过程中面临的问题和挑战，也为企业赢得了更多的支持和资源。

② 案例二：某环保科技企业的技术创新之路。

某环保科技企业作为致力于环保技术研发和应用的企业，通过不断创新和突破，实现了从传统企业向环保科技企业的转型。该企业的技术创新之路主要体现在以下几个方面。首先，在技术研发方面，该企业不断投入大量的人力和物力资源，引进和培养了一批高素质的研发团队，通过自主研发和合作开发等方式，不断推出具有自主知识产权的环保技术。据统计，该企业每年在研发方面的投入占其总销售额的 10% 以上，这为企业的技术创新提供了强有力的支持。其次，在技术应用方面，该企业注重将研发成果转化为实际的生产力，通过与上、下游企业的合作，将环保技术应用到实际生产中，实现了从技术研发到技术应用的良性循环。再次，该企业还注重与政府、行业协会等的合作，积极参与国家和地方的环境保护项目，推动环保技术的普及和应用。最后，在企业文化方面，该企业注重培养员工的环保意识和创新意识，通过举办各种形式的环保宣传活动和技术创新竞赛，激发员工的创新热情，提高员工的参与度。正是这种以技术创新为核心的发展战略，使得该企业在环保科技领域取得了显著的成绩和突破。

③案例三：某循环经济产业园区的建设与运营。

循环经济产业园区是一种新型的经济发展模式，它通过资源循环利用和能源高效利用，实现经济和环境的双重效益。某循环经济产业园的建设与运营是一个成功的案例，它不仅提高了资源利用率，还减少了环境污染，为区域经济发展注入了新的活力。该循环经济产业园区采用先进的生产技术和设备，对废弃物进行分类处理和再利用，实现了资源利用的最大化。同时，该循环经济产业园区还注重能源的循环利用，通过余热回收、沼气利用等方式，提高了能源的利用率。这种模式不仅降低了企业的生产成本，还为区域经济的可持续发展做出了贡献。

该循环经济产业园区通过合理的规划和管理，实现了资源的有效配置和共享。园区内的企业之间形成了紧密的产业链条，废弃物和副产品得到了充分利用，减少了浪费和污染。同时，该循环经济产业园区还建立了完善的环境监测和治理体系，确保了环境质量和生态安全。这种模式有助于推动区域经济的绿色转型和升级，提高区域经济的竞争力和可持续发展能力。

该循环经济产业园区还注重技术创新和人才培养，不断推动产业技术的升级。园区内聚集了一批高科技企业，通过产学研用相结合的方式，开展了一系列的技术研发和创新活动。这些创新不仅提高了园区的生产效率和资源利用率，还为园区带来了更多的商机和市场份额。同时，该循环经济产业园区还积极开展国际合作和交流，引进国外先进的循环经济理念和技术，推动园区的国际化发展。

该循环经济产业园区在建设与运营过程中，还注重与当地社区的互动与合作。通过与社区居民的沟通与交流，了解他们的需求和意见，积极参与到社区建设中。例如，提供就业机会和培训课程，帮助当地居民提高技能水平；开展环保宣传和教育活动，增强社区居民的环保意识。这些举措不仅有助于园区的可持续发展，还有助于促进社区的和谐与繁荣。

该循环经济产业园区通过资源循环利用、能源高效利用、技术创新和人才培养、国际合作与交流，以及与当地社区合作等方式，实现了经济和环境的双重效益。这种模式具有很大的推广价值和广阔的发展前景，可以为更多地区和企业提供借鉴和参考。

④案例四：某跨国公司的可持续发展战略。

某跨国公司的可持续发展战略是一个值得深入研究的案例。该跨国公司在我国的业务发展迅速，但同时也面临着环境和社会责任等方面的挑战。为了实现可持续发展，该跨国公司采取了一系列创新措施。首先，在环保方面，该跨国公司积极采用绿色生产技术，优化生产流程，降低能耗和减少排放，同时加强废弃物回收和利用，推动循环经济发展。其次，在社会责任方面，该跨国公司注重员工福利和培训，提高员工的满意度和归属感，同时积极参与公益事业，回馈社会。最后，该跨国公司还加强与政府、行业协会和当地社区的沟通与合作，共同推动可持续发展目标的实现。这些措施不仅有助于该跨国公司自身的可持续发展，也为整个社会带来了积极的影响。

为了评估该跨国公司可持续发展战略的实施效果，可以采取一些关键的绩效指标进行衡量。例如，可以考察公司的能源消耗、排放量、废弃物回收利用率等环境指标，以及员工的满意度、社区投资等社会责任指标。通过对比实施前后的数据，可以较为准确地评估该跨国公司可持续发展的效果。同时，可以采用一些分析法，如SWOT分析法［又称"优劣势分析法"，是用来确定企业自身的优势（strengths）、劣势（weaknesses）、机会（oppor-tunities）和威胁（threats）的一种综合分析方法］等，对该跨国公司可持续发展战略的优势、劣势、机会和威胁进行全面分析，为进一步优化和改进发展战略提供参考。

总之，某跨国公司在华的可持续发展战略是一个成功的案例，为其他企业在华实现可持续发展提供了有益的借鉴。未来，随着我国政府对环境保护和社会责任的要求越来越高，企业必须不断创新和完善可持续发展战略，以适应市场变化和满足社会期望。

3. 企业可持续发展模式的未来发展方向

随着社会经济的不断发展，可持续发展已成为企业提高竞争力和生存能力的关键因素。企业可持续发展模式的未来发展方向可以从以下几个方面进行探索和实践。

（1）绿色环保发展。

在当今社会，环境保护已成为国家政策和企业发展的核心议题。随着环境保护意识的日益增强，绿色环保发展成为企业可持续发展的必由之路。为了在这条道路上取得领先地位，企业应积极采取以下措施。

首先，加大绿色技术和绿色产品的研发投入。通过引入先进的技术和创新的理念，企业可以降低生产过程中的污染排放，提高资源利用率。这不仅有助于减轻环境负担，还可以为企业带来经济效益。因此，企业应重视绿色技术和产品的研发，以实现可持续发展。

其次，关注产业链上、下游企业的环保问题。企业在追求经济效益的同时，应当关注环境保护，确保整个产业链的绿色化发展。这意味着企业要与上、下游合作伙伴建立良好的环保合作关系，共同推进绿色发展。企业尤其要注意加强对供应商的环保监管，确保供应商符合绿色环保要求。

再次，建立健全企业内部环保管理体系。企业应制定完善的环保规章制度，确保在生产过程中环保措施得到有效执行。同时，企业还需加强对员工的培训，提高员工的环保意识，使绿色生产成为企业文化的一部分。

最后，积极落实国家和地方政府的环保政策。企业应主动向政府部门反映环保诉求，争取政策支持。同时，企业还可以通过行业协会等渠道，与政府部门共同推动环保政策的实施，为绿色环保发展创造良好的政策环境。

（2）创新驱动。

创新是驱动企业可持续发展的核心动力，它关乎企业的生存与发展、繁荣与衰落。在当前激烈的市场竞争中，企业若想保持领先地位，就必须紧紧抓住创新这个关键词，不断探索，积极进取。

首先，企业应持续关注市场需求的变化及科技创新的发展趋势。市场是企业生存的基础，了解市场需求有助于企业确定正确的战略方向，以满足消费者的需求。同时，紧跟科技创新趋势，可以使企业及时把握行业发展的脉搏，为企业创新提供有力支撑。

其次，加大研发投入是企业创新的关键。企业应充分认识到研发的重要性，不断增加研发投入，为创新提供强有力的经济保障。同时，企业还需注重研发团队的建设，吸引和培养一批具有创新精神的研发人才，形成具有竞争力的研发团队。

再次，企业创新离不开创新型企业文化的打造。企业文化是企业的灵魂，积极向上的企业文化能够激发员工的创新意识，鼓励员工勇于创新。企业应努力营造尊重创新、包容失败的企业氛围，让员工在宽松的环境中自由发挥，为企业创新提供源源不断的动力。

最后，企业创新涉及多个方面，包括技术创新、产品创新、管理创新等。技术创新是企业提高生产力的手段，产品创新是提升消费者体验的关键，管理创新则是提高企业运营效率的保障。企业应全面提升创新能力，多方面推进创新，以提升企业的核心竞争力。

（3）承担社会责任。

在当今社会，企业作为经济发展的重要支柱，其可持续发展能力受到广泛关注。承担社会责任，作为企业可持续发展的重要组成部分，日益成为衡量企业品质和竞争力的重要指标。企业在追求经济效益的同时，必须关注社会发展需求，积极履行社会责任，投身公益事业，以实现企业与社会的和谐共生。

①改善员工待遇：关爱员工，提升企业凝聚力。

企业是社会的基本组成部分，员工是企业发展的基石。企业应当重视员工的权益保障，改善员工待遇，为员工提供良好的工作环境和发展机会。通过薪酬优化、福利保障、职业培训等方式，关爱员工，激发员工的积极性和创造力，提升企业的凝聚力和竞争力。

关爱员工不仅体现在薪酬待遇方面，还应关注员工的心理和身体健康。

企业应提供心理咨询服务，帮助员工解决工作中可能遇到的困扰，提高员工的心理健康水平。同时，加强体育锻炼的推广，举办各类体育活动，鼓励员工积极参与，增强身体素质，为企业的长远发展奠定基础。

企业还应注重员工的个人成长，鼓励员工接受继续教育，为员工提供更多的学习机会和资源。通过内部培训、外部进修等多种形式，提升员工的职业技能和综合素质，使员工在不断进步中实现个人价值，为企业带来更多的创新和突破。

企业要建立健全员工激励机制，对表现优秀、成绩突出的员工给予表彰和奖励，激发员工的工作热情。同时，注重员工的职业生涯规划，为员工提供晋升通道，让员工看到明确的职业发展前景，增强员工对企业的归属感和忠诚度。

企业应当树立以人为本的管理理念，尊重员工的主体地位，充分发挥员工的潜能。加强企业文化建设，倡导团队合作，营造积极向上的工作氛围。通过开展丰富多样的文化活动，提高员工的文化素养，促进员工之间的交流与互动，增强企业的凝聚力。

企业要想持续发展，必须重视员工的权益保障，关爱员工成长，为员工创造良好的工作环境和发展平台。只有这样员工才能充分发挥自己的才能，为企业带来更多的价值，实现企业与员工的共同发展。从长远来看，这也有利于社会的和谐与进步。

②保护消费者权益：诚信经营，提升消费者的满意度。

消费者是企业产品的最终使用者，保护消费者权益是企业应尽的社会责任。企业应诚信经营，严格遵守消费者权益保护的相关法律法规，确保产品质量，提供优质服务，为消费者创造安全、便利、舒适的消费环境。通过优化消费体验、加强售后服务等方式，提升消费者的满意度，为企业赢得良好的口碑。

在此基础上，企业还应提高消费者的自我保护意识。企业可以积极向消费者普及相关法律法规和消费知识，帮助消费者掌握正确选购产品的方法，避免购买假冒伪劣商品。同时，企业应主动加强与消费者的沟通，倾听消费者的意见和建议，及时解决消费者的疑问和问题，让消费者感受到企业的诚信和关爱。

另外，企业还需关注消费者的心理健康，提升消费者的幸福感。企业应关注消费者的情感需求，提供符合消费者个性化和多元化需求的产品和服务。在售后服务中，企业要关注消费者的心理感受，以真诚、热情的态度解决消费者的问题，让消费者感受到尊重和关怀。通过这些举措，企业能够提升消费者的幸福感，从而增强消费者的忠诚度。

③ 支持社区发展：回馈社会，共建美好家园。

企业作为社会的一分子，肩负着推动社区发展、促进社会和谐的重要责任。为了实现这一目标，企业应关注社区发展，积极参与公益事业，为社区创造价值。接下来将从资金支持、项目合作、志愿服务、关注弱势群体、共建美好家园 5 个方面探讨企业如何推动社区基础设施建设、文化教育、环境保护等领域的发展，促进社会实现公平正义。

一是资金支持。企业可以通过捐赠资金，支持社区建设基础设施和开展公共服务项目。例如，资助贫困地区的道路修建、供水供电设施改善，以及教育、医疗等公共服务设施的提升。此外，企业还可以设立专项基金，用于支持社区内的文化、体育、科技等领域的创新发展，激发社区活力，提高居民的生活质量。

二是项目合作。企业可以与社区、政府部门等合作，开展各类公益项目。例如，企业可以参与社区养老服务，为老年人提供照料和关爱；支持社区教育，设立奖学金、开展课外活动，提高学生的综合素质；参与环境保护，推动垃圾分类、绿化造林等环保工程。通过项目合作，企业可以充分发挥自身优势，与社区共同解决实际问题，实现共赢发展。

三是志愿服务。企业可以组织员工参与志愿服务活动，为社区提供人力支持。企业员工可以利用业余时间，参与社区支教、环保等活动，传播正能量。同时，企业可以鼓励员工积极参与社区治理，发挥专业技能，为社区发展出谋划策。

四是关注弱势群体。企业应关注社区内的弱势群体，为他们提供实质性的帮助。例如，对贫困家庭进行对口帮扶，提供生活必需品、教育资源等；为残疾人提供康复训练、就业指导等服务；关注留守儿童，提供关爱和教育支持。通过关爱弱势群体，企业能够促进社会实现公平正义，营造和谐共生的社区环境。

五是共建美好家园。企业应积极参与社区文化建设，举办各类文化活动，丰富居民的精神文化生活。同时，企业可以倡导绿色生活方式，促进节能减排，提高居民的环保意识。在此基础上，企业还应关注社区的安全、环境卫生等方面，与居民共同维护社区的良好环境，共建美好家园。

总之，企业应关注社区发展，积极参与公益事业，为社区创造价值。

④ 保护环境：绿色发展，促进生态文明建设。

作为人类生存的基础，环境对于人类的生活和企业发展起着至关重要的作用。环境保护已经成为全球共同关注的焦点。企业作为社会的重要组成部分，自然应当承担起保护环境的责任。为了履行这一神圣使命，企业必须秉持绿色发展理念，全力以赴地致力于环保事业。

首先，企业应当严格遵守环保法规。环保法规是保护环境、维护生态平衡的有力武器。企业应当全面了解并严格遵守国家和地方出台的各项环保法规，确保生产活动在法律允许的范围内进行。只有这样才能从源头上杜绝环境污染，为生态文明建设奠定基础。

其次，企业应着力加强节能减排。能源消耗和污染物排放是环境污染的主要源头。为了减轻环境负担，企业必须努力提高能源利用率，降低生产过程中的能耗。同时，企业还需加大减排力度，采用先进的技术、工艺和设备，减少污染物排放。这样既有利于提高企业的经济效益，也有助于实现环境的可持续发展。

再次，企业应通过技术创新和管理优化，提高资源利用率。技术创新是推动企业绿色发展的重要动力。企业应不断研发环保、高效的生产技术，降低资源消耗。同时，管理优化也是提高资源利用率的关键。企业要建立健全环保管理体系，将环保指标纳入企业绩效考核，激发员工积极参与环保工作的热情。

最后，企业还应为生态文明建设贡献力量。生态文明建设是关系中华民族永续发展的根本大计，企业作为社会的一分子，应当积极参与其中。企业可以通过捐赠、合作、自主减排等多种方式，为生态文明建设提供支持。同时，企业还应注重培养员工的环保意识，提高员工的生态文明素养，使他们在生产生活中自觉地践行绿色发展理念。

保护环境是企业应尽的责任，企业要始终坚持绿色发展理念，严格遵守环保法规，加强节能减排，提高资源利用率，积极参与生态文明建设。只有这样企业才能实现可持续发展，为构建美丽中国、实现人与自然和谐共生贡献力量。

（4）精细化管理。

在当今社会，市场竞争日趋激烈，企业面临着巨大的压力和挑战。因此，企业必须强化内部管理，实现精细化、高效化运作。

① 完善管理制度。

企业是社会经济发展的重要组成部分，其管理水平直接影响到企业的生存和发展。在日新月异的市场环境中，企业应不断优化管理制度，使之适应市场变化和企业发展。完善的制度可以为员工提供明确的工作指南，确保各项工作有序进行，从而提高企业的运行效率。

首先，企业要建立健全组织架构，明确各部门的职责和权限，实现各职能部门的协同作战。在此基础上，企业还需不断完善各项管理制度，如人力资源管理、财务管理、市场营销管理等，以确保企业在各个方面都能保持高效运作。

其次，企业要重视员工培训和激励机制的建立。员工是企业发展的基石，企业应关注员工的成长和发展，提供丰富的培训和学习机会，使员工不断提高自身素质。同时，企业还需设立合理的激励机制，让员工在工作中获得成就感，从而激发员工的积极性和创造力。

再次，企业还需加强内部沟通与协作，提高团队的凝聚力。企业内部的良好沟通可以增进员工之间的了解，减少矛盾和误解，使员工更好地协同工作。企业要鼓励员工积极参与企业的决策和创新，充分发挥员工的主观能动性，为企业的长远发展出谋划策。

最后，企业要不断创新管理理念和方法，与时俱进。随着市场环境的变化，企业要及时调整管理策略，积极引进先进的管理理念和方法，提高企业的管理水平。同时，企业要善于总结自身的管理经验，形成具有企业特色的管理模式，为企业的发展提供源源不断的动力。

② 优化管理流程。

在发展过程中，管理流程的优化是企业一项至关重要的任务。为了适应日新月异的市场环境、提高工作效率，企业应审视现有管理流程，消除不必要的环节，简化审批流程。这样的调整有助于提高企业的竞争力，降低成本，实现可持续发展。

首先，企业应当对现有管理流程进行全面审视。管理者需要认真分析各个环节，找出其中存在的冗余、低效等结构性问题。在此基础上采取措施使管理流程更加简洁、高效。这一过程可能涉及组织架构的调整、人员职责的重新分配，以及业务流程的整合。通过这些改革，企业能够降低管理成本，提高运营效率。

其次，简化审批流程是提高工作效率的关键。企业应充分了解内部审批流程的现状，找出其中的痛点和瓶颈。可以通过下放审批权限、优化审批流程、运用现代信息技术等方式，提高审批效率。这样一来企业能够更快地响应市场变化，抓住商机，提升竞争力。

最后，现代信息技术的运用对于实现管理流程的透明化和智能化具有重要意义。企业应充分利用大数据、云计算、人工智能等先进的技术，实现业务数据的实时共享和分析，从而提高决策效率。同时，这些技术手段还能够帮助企业实现内部管理的精细化，进一步降低成本，提高运营效率。

③ 提高管理和工作效率。

企业要想在激烈的市场竞争中立于不败之地，就必须注重提高管理和工作效率。这不仅包括对内部运营的优化，如调整优化战略规划、组织架构、人力资源管理等，还需要对外部市场进行敏锐洞察，如市场营销策略的调整和创新。

首先，企业应进行全面的战略规划，以确保发展方向的正确性。战略规划是对企业长期发展目标的明确和细化，包括市场定位、核心竞争力、产业发展趋势等方面的分析。通过战略规划，企业可以明确自身的发展路径，提高资源配置的效率，为提高工作效率奠定基础。

其次，优化组织架构是提高企业管理水平和工作效率的关键。企业应根据业务发展需要，调整部门设置、岗位职责和权限划分，形成扁平化、矩阵式的灵活的组织结构。这将有助于提高信息传递的速度和准确性，降低决策成本，提高组织的协调效率。

再次，人力资源管理对于提高企业的工作效率至关重要。企业应重视人才引进和培养，选拔具备专业技能和团队协作精神的员工。通过定期的培训和激励机制，提高员工的综合素质，激发团队活力。同时，企业还需关注员工的福利和心理健康，营造积极向上的工作氛围。

最后，市场营销策略的创新也是提高企业工作效率的重要途径。企业需不断关注市场动态，以客户需求为导向，研发新产品、新技术。通过线上、线下相结合的方式，拓宽市场渠道，提升品牌知名度和市场占有率。

企业要从多个层面入手，实现管理和工作效率的提升。在战略规划、组织架构、人力资源管理和市场营销策略等方面的全面优化下，企业将具备更强的竞争力和发展潜力。在这一过程中创新是推动企业不断前进的动力，只有不断探索、突破，企业才能在激烈的市场竞争中脱颖而出，实现可持续发展。

④降低运营成本。

企业运营的核心在于充分发挥内部资源的优势，实现资源的合理配置。在这一过程中人力、物力、财力等资源的优化利用是关键。企业需要通过科学的管理手段实现开源节流，降低运营成本，提高资源利用率。这将有助于增强企业的营利能力，为企业的可持续发展奠定基础。

首先，企业应当注重内部的人力资源管理。招聘优秀人才，培训现有员工，提高员工的工作效率，从而降低人力成本。同时，企业还需关注员工的福利待遇和职业发展，以提高员工的满意度和忠诚度，进一步降低人员流动率，降低招聘和培训成本。

其次，物力资源的合理配置同样重要。企业应充分利用现有设备、设施，通过技术创新和流程优化，提高生产效率，降低资源消耗。此外，企业还需关注设备的维护和更新，确保生产过程的安全性和稳定性，降低事故风险和损失。

再次，财力资源的优化配置也是企业提高营利能力的关键。企业应合理安排资金的使用，优化财务结构，确保资金的流动性。通过合理的投资和风险管理，实现资金的增值。同时，企业还需关注税收政策，合理利用税收优惠，降低税收成本。

最后，除了内部资源的优化利用，企业还应密切关注外部市场变化。市场调研和分析是企业制订战略的重要依据。企业需准确把握市场动态，抓住市场机遇，调整产品结构和策略。此外，企业还应加强与合作伙伴的沟通与协作，共同开拓市场，实现共赢。

企业要实现内部资源与外部市场的有效对接，需要充分发挥各类资源的优势，降低运营成本，提高营利能力。通过科学的人力、物力、财力资源配置，加强内、外部协作，企业才能够在激烈的市场竞争中立于不败之地。

⑤强化企业文化建设和团队凝聚力。

企业文化是企业的灵魂，具有凝聚员工、提高企业核心竞争力的作用。企业应注重培育和传播企业文化，使之成为员工共同遵循的价值观念。同时，加强团队建设，提高团队凝聚力，形成齐心协力、共同发展的良好氛围。

a. 深入开展企业文化培训。

为了使企业文化深入人心，企业应开展丰富多样的文化培训活动，包括内部讲座、座谈会、团队建设活动等，旨在让员工深入了解企业的历史、愿景、价值观和经营理念。通过持续的文化培训，员工能够更好地理解企业文化的内涵，从而提升归属感和忠诚度。

b. 加强企业文化传播。

企业应充分利用各种渠道和载体，如企业内部网络、宣传栏、期刊等，传播企业文化。此外，企业还可以通过组织企业文化主题活动，如庆典、仪式等，强化企业文化在员工日常生活中的影响力。企业间的文化交流与合作也是传播企业文化的重要途径，通过与其他企业共同举办活动，可以提升企业文化的知名度和美誉度。

c. 营造良好的企业文化氛围。

企业应关注员工的精神需求，营造积极向上的企业文化氛围，包括关爱员工、注重员工成长、提供良好的工作环境等。企业还应倡导团队合作，鼓励员工相互支持、互相学习。同时，企业要重视员工的意见和建议，建立健全企业文化反馈机制，不断优化企业文化。

d. 强化企业文化与企业战略的融合。

企业文化是企业发展的重要支撑，企业应将企业文化与战略目标紧密结合，确保企业文化在企业发展中发挥实际作用。企业要明确企业文化在战略实施中的作用，将企业文化转化为实际行动，推动企业战略目标的实现。此外，企业还要不断审视和调整企业文化，以适应市场变化和企业发展的新需求。

e. 加强企业文化的领导力。

企业领导是企业文化的倡导者和践行者，其具有较强的领导力对企业文化的建设至关重要。企业领导要身体力行，践行企业文化，树立榜样。同时，领导层要注重培养具有相同价值观的团队成员，形成统一的企业文化理念。此外，领导层还需关注企业文化的传承与创新，确保企业文化与时俱进。

（5）实施全球化战略。

经济全球化进程加速，为企业提供了诸多发展机遇。为了在激烈的国际市场竞争中立于不败之地，我国企业应当勇敢地走出国门，积极参与全球经济治理，实施全球化战略。在此过程中企业需根据自身的核心竞争力、资源配置及市场需求，灵活调整产品结构和市场布局，以适应不断变化的国际市场环境。

首先，企业应充分了解国际市场的特点和趋势，找准目标市场。企业可以根据产品特性、目标客户群体等因素，有针对性地开拓不同国家和地区的市场。此外，企业还需关注国际贸易政策、汇率、税收等方面的变化，以确保跨国经营活动的顺利进行。

其次，企业要加强研发和创新，提升产品竞争力。在国际市场上，企业需要提供具有高附加值和创新性的产品，以满足各国消费者的需求。此外，企业还应加强与国内外企业的合作，共同开发新技术、新市场，实现互利共赢。

再次，企业要注重人才培养和文化交流。跨国经营意味着企业需要面对具有不同文化背景的员工和客户。企业应当重视员工跨文化沟通能力的培养，加强员工对各国文化差异的理解和适应。同时，企业还可以通过赞助文化活动、开展公益事业等方式，树立企业在国际市场上的形象和声誉。

最后，企业要关注可持续发展。在全球范围内，企业需承担社会责任，遵守各国环保、劳工等方面的法律法规。企业可以通过采用绿色生产、提高资源利用率、减少污染排放等方式，实现经济效益和社会效益的双赢。同时，企业还应关注全球经济发展态势，积极参与国际合作，共同应对全球性挑战。

实施全球化战略是企业在国际化进程中应对挑战、把握机遇的关键。企业要根据自身优势和市场需求，灵活调整战略方向和运营模式，努力在国际市场占据一席之地。通过跨国经营，企业不仅可以实现市场多元化、降低市场风险，还能推动企业可持续发展，为全球经济增长贡献力量。在这个充满挑战和机遇的时代，我国企业应勇敢地走上世界舞台，积极参与国际竞争，书写新的发展传奇。

（6）培养与激励人才。

人才是企业可持续发展的基石，这一观点已经得到了广泛认同。为了在激烈的市场竞争中立于不败之地，企业必须重视人才培养，不断优化人才选拔、培训、使用和激励机制。

首先，人才选拔是企业培养人才的第一步。企业应该建立健全选拔机制，确保选拔出具备专业能力、综合素质和潜力的人才。通过人才选拔，企业可以吸引到一批优秀的候选人，为后续的人才培养奠定基础。

其次，培训是提升员工素质和技能的关键环节。企业应根据员工的岗位职责和发展需求，制订个性化的培训计划。培训形式可以包括内部培训、外部培训、在线学习等多种方式。通过持续不断的培训，员工可以不断提升自己的专业素养，为企业创造更大的价值。

再次，在人才利用方面，企业应充分发挥员工的潜力，让其在合适的岗位上发挥最大的作用。这就需要企业了解员工的特长和兴趣，进行合理的人岗匹配。同时，企业还应为员工提供充分发挥才能的空间，让他们在实践中不断成长和进步。

最后，激励机制是留住优秀人才的重要手段。企业应设计科学、合理的薪酬体系，确保员工的付出得到应有的回报。除了物质激励，企业还应重视精神激励，如表彰、晋升、关怀等。通过多元化的激励措施，激发员工的积极性和创造力，为企业发展注入源源不断的动力。

企业可持续发展模式的未来发展方向涉及多个方面。企业需根据自身特点和市场环境，探索适合的可持续发展路径，方能应对未来的挑战，实现持续、健康、稳定地发展。

1.3.3　数字经济环境下企业可持续发展的相关政策与建议

1. 政府在推动企业可持续发展中的作用

在 21 世纪这个充满挑战和机遇的时代，可持续发展已经成为国内外企业关注的焦点。在我国，政府在推动企业可持续发展中发挥着至关重要的作用。以下将从政策法规、产业引导、创新驱动、公共服务，以及国际交流与合作等方面，探讨政府在推动企业可持续发展中的举措和成果。

（1）政策法规。

政府在推动企业走可持续发展道路方面发挥着关键作用。为了实现这一目标，政府通过制定和实施一系列政策法规，对企业进行引导和规范。近年来，我国政府在节能减排、环境保护、安全生产等方面制定了一系列严格的政策法规，旨在提高企业的环保和安全水平。

首先，在节能减排方面，政府鼓励企业采用节能技术，提高能源利用率，降低能源消耗。同时，政府加大对新能源产业的支持力度，为企业提供优惠的政策，促进绿色能源的发展。

其次，在环境保护方面，政府要求企业严格遵守污染物排放标准，加强对企业的环境监管，确保企业的生产活动对环境的影响降到最低。此外，政府还鼓励企业开展环保公益活动，提高企业的社会责任感。

最后，在安全生产方面，政府强化对企业安全生产的监管，要求企业落实安全生产责任制，加强安全生产培训，提高员工的安全意识。政府还对企业的违法违规行为采取零容忍态度，严厉打击各类安全生产事故，确保人民生命财产安全。

对于严重违法违规的企业，政府依法严厉查处，确保企业承担应有的责任。同时，政府还鼓励企业自觉开展内部审计，防范企业风险，实现企业可持续发展。

（2）产业引导。

在现代社会，政府和企业之间的紧密合作对于产业发展至关重要。为了推动我国产业结构的优化升级，政府采取了多种措施，其中包括制定和实施一系列产业政策和提供资金支持，以鼓励企业加大研发投入，旨在激发企业的创新活力，促使企业不断研发新技术、新产品，从而为我国产业结构调整和优化提供强大动力。

政府在推动产业结构调整和优化的过程中，高度重视企业向高附加值、高技术含量、低能耗的方向发展。这一发展方向有利于提高企业的核心竞争力，减少对传统产业的依赖，同时也有助于缓解资源约束和环境压力。

为了实现这一目标，政府加大对战略性新兴产业的支持力度，为企业提供技术创新、人才培养等方面的政策扶持，以促进企业的健康发展。

此外，政府还鼓励企业积极开展国际产能合作，以拓展海外市场、提高国际竞争力。这一举措有助于我国企业在全球范围内优化资源配置，提高产业附加值，同时也有利于推动我国与沿线国家的互利共赢合作，实现共同发展。政府为企业"走出去"提供政策引导、金融支持等多方面的保障，帮助企业应对国际市场的不确定性，增强抗风险能力。

（3）创新驱动。

政府在推动企业可持续发展方面高度重视科技创新的核心地位。为了激发企业的创新活力，政府采取了多种措施，包括加大科技投入、优化创新环境、推动产学研一体化、重视人才培养等。

首先，政府在科技投入方面发挥主导作用。通过增加科研经费、支持关键技术研发和推动重大科技创新，政府为企业提供了强有力的科技支撑。这不仅有助于提升企业的核心竞争力，还有助于推动整个产业的转型升级。

其次，政府致力于优化创新环境。政府为创新型企业提供政策扶持、财政补贴和税收优惠等措施，降低企业的创新成本。同时，政府还加强知识产权保护，为创新成果提供法律保障。这些举措有助于为企业营造公平竞争的创新氛围，激励企业加大研发投入。

再次，政府积极推动产学研一体化。政府通过政策引导、资金支持和项目推动等方式，鼓励企业与高校、科研院所开展深度合作。这种合作模式有利于将科研成果转化为实际的生产力，促进产业创新和发展。

最后，政府高度重视人才培养。政府为企业提供创新人才支持，培育一批具有创新精神和创造力的高素质人才。政府还通过完善社会保障体系和优化人才政策，吸引国内外优秀人才加入企业，助力企业转型升级。

综上所述，政府在创新驱动方面发挥着积极作用，为企业可持续发展提供有力支撑。在政府政策的引导和推动下，企业将不断创新，为我国经济发展注入新的活力。

（4）公共服务。

政府在推动企业可持续发展方面发挥着至关重要的作用。为了给企业创造有利条件，我国政府通过提供优质的公共服务，全方位地支持企业在各个方面的发展。下面将从基础设施、金融服务、市场开拓、知识产权保护4个方面阐述政府如何为企业提供支持。

首先，在基础设施方面，政府高度重视基础设施建设对企业发展的重要意义。基础设施建设是企业生产经营的基础，政府通过完善基础设施建设，提高公共服务水平，降低企业运营成本，为企业提供良好的发展环境。例如，政府加大投入，改善交通、能源、通信等基础设施，为企业产品运输和市场拓展提供便利条件。

其次，在金融服务方面，政府积极推动金融改革，优化金融体系，为企业提供多元化的金融服务。政府鼓励金融机构创新金融产品，改善企业融资环境，降低融资成本，缓解企业的资金压力。此外，政府还通过政策性贷款、补贴、税收优惠等手段，引导金融资源向重点领域和优势企业倾斜，助力企业快速发展。

再次，在市场开拓方面，政府积极推动国内外市场一体化，为企业拓展市场空间。政府通过深化"放管服"改革，简化行政审批流程，提高贸易便利化水平，降低市场准入门槛。同时，政府积极参与国际经济合作，签订双边和多边贸易协定，为企业"走出去"提供政策支持，帮助企业扩大国际市场份额。

最后，在知识产权保护方面，政府高度重视知识产权保护对企业创新的重要作用。政府通过完善知识产权相关法律法规，提高知识产权的审查和保护效率，为企业创新提供法治保障。政府还鼓励企业加大研发投入，建立健全技术创新激励机制，为企业创新发展提供支持。

（5）国际交流与合作。

政府在积极参与国际事务方面发挥着至关重要的作用。通过加强与其他国家和地区的合作与交流，政府能够为企业创造更多的商机，促进我国经济持续健康发展。在这一过程中，政府积极推动企业参与国际市场竞争，以提升我国在全球经济格局中的地位。

为了帮助企业更好地"走出去"，政府提供全方位的政策支持、信息服务和风险保障。在政策支持方面，政府制定了一系列优惠政策和措施，如税收优惠、金融支持等，以降低企业在国际市场中的运营成本。在信息服务方面，政府通过搭建各类平台，为企业提供国际市场动态、行业趋势、政策法规等方面的信息，帮助企业及时了解国际市场环境，提高市场竞争力。在风险保障方面，政府与企业共同应对国际市场风险，通过政策引导、保险服务等方式，为企业提供风险防范和应对措施，确保企业在国际市场中稳定发展。

通过政府的积极引导和支持，我国企业逐步扩大在国际市场上的份额，全球竞争力得到了显著提升。在国际市场的竞争中，我国企业不仅锻炼了自身实力，还带动了国内产业结构的优化升级，为我国经济发展注入了新的活力。同时，政府积极参与国际事务，加强与其他国家和地区的友好往来，为我国企业"走出去"创造了有利的外部环境。

政府在推动企业可持续发展中发挥着不可替代的作用。在新的时代背景下，政府将继续履行职责，通过深化改革、创新政策手段，为企业可持续发展提供有力支撑。企业也应主动承担社会责任，把握发展机遇，实现绿色、低碳、可持续发展。只有政企共同努力，才能推动我国经济持续健康发展，实现高质量发展目标。

2.政策对企业可持续发展的影响

在当今时代，可持续发展已成为全球各国共同关注的焦点。在我国，政府高度重视企业的可持续发展，通过制定和实施一系列政策，为企业创造良好的发展环境。

（1）财政政策。

政府在促进企业发展方面扮演着重要的角色，政府采取的一项关键措施就是通过调整税收、补贴等手段，为企业提供财务支持。这种支持方式旨在降低企业的运营成本，从而激励企业加大研发投入，推动技术创新，提高企业的核心竞争力。

首先，政府为企业提供的财务支持有助于缓解企业的经济压力，使企业能够将更多的资金投入研发领域。这样一来企业就可以积极寻求技术创新，不断提升自身的核心竞争力。同时，这种支持也有助于培养一批具有创新精神的企业家，推动整个行业的健康发展。

其次，政府为企业提供的税收优惠和补贴等政策有利于引导企业走可持续发展道路。在政策导向下，企业会更加注重创新研发，提高资源利用率，降低环境污染。这样既可以提升企业的市场竞争力，也有利于实现绿色发展，促进生态文明建设。

再次，政府为企业提供的财务支持有助于促进产业结构调整和优化。政府可以根据国家发展战略和产业政策，对重点产业和企业给予有针对性的支持，引导资金流向高附加值、高技术含量和高环保的产业。这样既可以提升我国产业链的整体水平，也有助于提高其国际竞争力。

最后，政府为企业提供的财务支持可以增强企业的科技创新能力。政府可以通过设立科研项目基金、资助科技创新平台建设等方式，支持企业开展核心技术攻关和人才培养。这将有助于企业掌握更多的核心技术和自主知识产权，提升在全球价值链中的地位。

（2）产业政策。

政府在国民经济中的角色之一就是对产业结构进行有意识的调整，以引导我国企业向高附加值、高技术含量、高效益的产业转型。这种转型不仅能够提升企业的经济效益，更能推动整个产业的升级换代，提高我国产业的整体竞争力。

为了实现这一目标，政府采取了一系列的政策措施，其中之一就是引导企业优化资源配置。这意味着企业需要根据自身的优势和市场需求，合理分配资源，提高资源利用率。这样既能降低生产成本，提高经济效益，又能促进产业结构优化，为我国经济发展注入新的活力。

此外，政府还积极推动企业进行技术创新，以提高产品的技术含量。在这一过程中企业需要不断研发新产品、新技术，以满足市场的需求。这对于提升我国产业在国际市场上的竞争力具有重要意义。通过技术创新，我国企业可以生产出更具竞争力的产品，进一步扩大市场份额，为我国经济发展做出更大贡献。

在此基础上，政府还鼓励企业进行跨区域、跨行业的合作与重组，以实现产业融合发展。这种融合发展可以提高产业的整体竞争力，促进我国经济的高质量发展。同时，企业还需要注重人才培养，提高员工的综合素质，为产业转型提供人才支持。

政府还通过优化营商环境，降低企业运营成本，为企业转型创造有利条件。政府采取简化行政审批流程、减轻企业税收负担、提供金融支持等政策措施，都是为了激发企业的活力，推动产业结构调整。

企业需要积极响应政府的号召，主动进行转型升级，为我国经济持续繁荣做出贡献。政府也将继续为企业提供政策支持，创造良好的发展环境。

（3）环保政策。

环境保护已经成为全球关注的焦点。我国政府高度重视环境保护工作，致力于构建美丽中国。为了实现这一目标，政府加大环境保护监管力度，推动企业积极履行环保责任，加大环保投入，提升环保水平，从而降低环境污染，实现绿色发展。

首先，政府强化环保法律法规的制定和实施，为企业增强环保意识提供法治保障。政府通过严格执法，对环境违法行为进行严厉打击。此外，政府还出台了一系列优惠政策，鼓励企业采用环保技术和清洁生产工艺，以实现绿色发展和转型升级。

其次，政府加大环保基础设施建设和投入，支持企业改进生产工艺，降低污染物排放。政府投资建设污水处理、废气治理、固体废物处理等环保设施，提高环境保护能力。同时，政府鼓励企业研发和推广环保技术，以技术创新推动绿色发展。

再次，政府积极引导企业履行社会责任，推动企业自主开展环保工作。政府与企业建立环保信用体系，对环保表现优秀的企业给予奖励，对环保不达标的企业进行惩戒，从而激发企业自觉加强环保投入，降低环境污染。

最后，政府还加强环保宣传教育，提高全民环保意识，形成绿色发展共识。政府通过举办各类环保活动，普及环保知识，倡导绿色生活方式，引导公众关注环保问题，共同参与环境保护。

政府充分发挥引导、支持和监管的作用，为企业绿色发展提供有力保障。企业也应积极响应政府号召，主动承担环保责任，为建设美丽中国贡献力量。

（4）人才政策。

政府在推动经济发展的过程中，高度重视人才队伍建设，尤其是高层次人才的培养和引进。为了提高我国企业的竞争力，政府鼓励企业积极培养和引进高层次人才，以提升员工的整体素质，从而激发企业的创新活力，促进企业可持续发展。

首先，政府强调企业要立足于自身发展需求，制订科学的人力资源规划，有针对性地培养和引进高层次人才。这包括鼓励企业加强与高校、科研院所的合作，以项目合作、兼职、顾问等形式，吸引高层次人才为企业创新和发展提供智力支持。

其次，政府鼓励企业加大投入，为员工提供培训和学习的机会，提高员工的素质。企业要充分利用政府提供的培训资源，如职业技能培训、创新创业培训等，使员工不断提升自身的能力，为企业发展做出更大的贡献。

再次，政府为企业和高层次人才提供更多的优惠政策和支持，如在税收、住房、子女入学等方面给予高层次人才一定的优惠，以减轻他们的生活压力，使他们更好地为企业创新和发展贡献力量。

复次，政府鼓励企业建立内部激励机制，激发员工的创新活力。企业要充分尊重和保障员工的知识产权，对员工的创新成果给予奖励，激发员工积极参与企业创新。

最后，政府加强宣传引导，提升社会对企业人才培养和引进的重视程度。通过媒体、网络等渠道，大力宣传企业人才培养和引进的重要性，提高全社会对企业人才队伍建设的关注和支持。

（5）支持创新政策。

在当今时代，创新已成为推动经济发展的核心驱动力。我国政府高度重视企业创新能力的培养，致力于为企业创造良好的创新环境，助力企业实现高质量发展。为了激发企业的创新活力，政府鼓励企业开展技术创新、管理创新、商业模式创新等多方面的探索，并为企业提供全方位的政策支持，以促进企业可持续发展。

首先，在技术创新方面，政府鼓励企业加大研发投入，推动企业与科研院所、高校的合作，加强产学研一体化，提高科技成果的转化能力。同时，政府通过设立各类专项资金，对企业的技术创新项目给予资金扶持，为企业创新提供有力保障。

其次，在管理创新方面，政府倡导企业借鉴国际先进的管理理念和模式，推行现代企业制度，优化企业的组织结构，提高企业的运营效率。政府还通过培训、提供咨询服务等方式，帮助企业提升管理水平。

最后，在商业模式创新方面，政府鼓励企业紧跟市场需求，不断创新商业模式，以满足消费者多样化、个性化的需求。政府支持企业实现线上、线下融合，开展跨界合作，拓展业务领域，扩大市场份额。

我国政府秉持创新驱动发展战略，全力支持企业开展技术创新、管理创新、商业模式创新等，以提高企业的核心竞争力，推动经济高质量发展。在政府的大力支持下，我国企业必将不断壮大，为我国经济持续繁荣做出更大贡献。

第2章　企业可持续发展战略研究

2.1　企业可持续发展战略的制订与实施

2.1.1　企业可持续发展战略的制订

1. 明确企业可持续发展战略的目标与愿景

21 世纪，全球企业面临前所未有的挑战。企业必须思考如何在确保经济效益的同时，实现社会、环境和生态的可持续发展。为此，明确企业可持续发展战略的目标与愿景至关重要。

（1）可持续发展战略的目标。

① 提高经济效益。

在当今社会，追求可持续发展已成为企业的发展趋势。在这一过程中，获得良好的经济效益是企业实现可持续发展的关键。为了实现这一目标，企业需要在以下几个方面付出努力。

a. 提高生产效率。

提高生产效率不仅需要关注生产流程和人力资源，还应重视技术创新和设备更新。企业应定期评估现有设备和技术，紧跟行业发展趋势，引进先进的生产设备和技术。这有助于提高生产效率，降低生产成本，从而增强企业的市场竞争力。

企业在追求生产效率的同时，还需关注环境保护和员工福利。在生产过程中，强化环保意识，实施绿色生产，降低污染物排放，以实现可持续发展。

同时，关注员工培训和福利，提高员工的工作技能和综合素质，激发员工的工作积极性，进而提高生产效率。

此外，企业应加强与国内、外同行业企业的合作与交流，借鉴先进企业的经验，不断提升自身的生产管理水平。通过技术创新、管理创新和人才培养，形成企业的核心竞争力，为企业的可持续发展奠定坚实基础。

在此基础上，企业还需注重市场开拓和产品创新。深入了解市场需求，调整产品结构，研发符合市场需求的新产品，以扩大市场份额。同时，加强品牌建设，提升企业的品牌形象和知名度，为企业带来更多的商业机会。

b. 降低成本。

降低成本作为增加经济效益的重要途径，企业应高度重视并全面实施。接下来将对原材料采购、生产制造、销售等环节进行深入探讨，力图通过技术创新和工艺改进，降低能耗，提高资源利用率，从而挖掘降低成本的空间。

首先，原材料采购环节是成本控制的关键一步。企业应合理安排采购计划，与供应商建立长期稳定的合作关系，以获取优惠的价格和优质的资源。此外，企业还需对市场行情进行充分了解和分析，预测原材料的价格波动，制定相应的应对措施，降低采购成本。

其次，在生产制造环节，企业应加强生产过程的管理和控制。通过优化生产流程、提高生产效率，减少浪费和损耗，从而降低生产成本。此外，企业还需关注设备维护和保养，确保设备运行稳定，降低故障率，从而节省维修成本。

最后，销售环节也是降低成本的重要环节。企业应制订合理的销售策略，优化销售渠道，扩大产品的市场份额，实现规模经济效应。同时，企业还需关注市场需求变化，及时调整产品结构，提高高附加值产品的比重，提升产品竞争力，降低销售成本。

此外，技术创新和工艺改进也是降低生产成本的有效手段。企业应加大对科研技术的投入，鼓励技术创新，推动产业升级。通过引进新技术、新工艺，提高资源利用率，降低能耗，从而降低生产成本。同时，企业还需加强人才培养和引进，提高员工的整体素质，提升企业的竞争力。

c. 优化产业结构。

产业结构优化是企业可持续发展的重要保障。在市场经济中，企业需要根据市场需求和行业发展趋势，不断调整产品结构，以满足消费者的需求。同时，企业应注重培育核心竞争力，以提升自身在竞争激烈的市场中的地位。

为了实现可持续发展，企业还应加强与产业链上、下游企业的协同合作。通过与上、下游其他企业建立紧密的合作关系，企业可以实现产业优势互补，提高整个产业链的竞争力。这种协同合作有助于企业降低成本、提高生产效率、创新技术及扩大市场影响力。

首先，企业应关注产业链上游的供应商。与优质供应商建立长期稳定的合作关系，有助于企业保证原材料和设备的供应，降低采购成本，并提高生产效率。此外，企业还应关注产业链下游的客户，紧密跟踪市场的需求变化，以便及时调整产品结构和销售策略。

其次，企业应加强技术创新和人才培养。通过不断提高自身的技术水平，企业可以巩固核心竞争力，并在产业链中发挥引领作用。此外，企业还应重视知识产权保护，确保自身的技术和产品不被侵犯，从而维护市场竞争优势。

最后，企业应积极参与政策制定和行业标准制定。通过参与政策制定，企业可以推动产业政策的完善，为自身发展创造有利条件。同时，参与行业标准制定有助于企业引领行业发展，提高产业的整体竞争力。

d. 创新技术。

创新技术是推动企业可持续发展的强大动力。企业应加大研发投入，注重人才培养，建立技术创新体系。通过自主研发、合作研发等多种途径，掌握核心技术和关键技术。同时，企业还应关注新技术、新工艺的应用，加快技术改造，提升企业的竞争力。

首先，企业要树立创新意识，将技术创新作为企业发展的重要支柱。企业领导层要充分认识到技术创新对企业发展的重要作用，积极鼓励员工参与技术创新活动，营造有利于创新的企业文化氛围。

其次，企业应加强与高校、科研院所的合作，充分利用企业外部的创新资源。通过产学研合作，企业可以更快地获取先进的技术，提高自身的创新能力。此外，企业还可以通过技术转让、专利授权等方式，引进核心技术和关键技术，提升企业竞争力。

再次，企业要重视人才培养和激励机制。企业应加强与人才培养机构的合作，选拔和培养具有创新精神的研发团队。同时，企业要建立健全激励机制，让技术创新人才在为企业创造价值的过程中获得合理的回报，从而激发员工的创新积极性。

复次，企业还需关注产业链上、下游的创新趋势，寻求跨行业合作。通过与上、下游企业的合作，企业可以拓展技术创新的空间，实现产业链的协同发展。同时，跨行业合作可以使企业接触到不同领域的创新理念和技术，为企业创新提供新的思路。

最后，企业要关注国家政策和行业标准，确保技术创新符合国家战略发展方向。企业应积极响应国家政策，争取政府支持，为技术创新提供有力保障。同时，企业还要关注行业标准，确保技术创新的实用性和可行性。

e.加强企业文化建设。

企业文化建设在现代企业发展中占据至关重要的地位，它不仅是推动企业可持续发展的重要支柱，更是塑造企业独特形象和核心竞争力的重要组成部分。在激烈的市场竞争中，企业要想脱颖而出，就必须重视企业文化建设，以诚信、创新、共赢等积极向上的价值观引导企业的发展方向，激发员工的创造力和潜能。

首先，企业应注重培育和传播积极向上的企业文化。这种文化应以人为本，强调人的价值和作用，关注员工的成长和发展。企业通过深入开展文化教育，使员工深刻理解和认同企业的价值观，从而形成企业精神。这将有助于提高员工的归属感和忠诚度，促进员工之间的团结协作，形成强大的凝聚力和向心力。

其次，企业应强调诚信经营，树立良好的企业形象。诚信是企业生存和发展的基石，只有以诚信为本，企业才能在市场竞争中取得优势，赢得客户的信任和支持。同时，企业还应注重创新，鼓励员工勇于创新、敢于突破，为企业的发展注入源源不断的活力。创新不仅体现在产品和服务上，还应包括管理模式、经营策略等方面的创新，以适应不断变化的市场环境。

再次，企业应追求共赢，积极构建和谐的合作关系。企业应与员工、客户、供应商等各方建立良好的合作关系，实现互利共赢。企业要关注员工的福利待遇和职业发展，提高员工的满意度，从而提高员工的工作积极性和效率。同时，企业还应承担社会责任，积极参与社会公益事业，为构建和谐社会贡献力量。

最后，企业文化建设需要企业领导层的坚定执行和全体员工的积极参与。领导层要树立正确的企业文化理念，为企业文化建设提供有力保障。全体员工要共同努力，将企业文化融入日常工作和生活中，使之成为推动企业发展的强大动力。

企业文化建设是实现企业可持续发展的重要支撑。只有打造积极向上的企业文化，强化诚信、创新、共赢等价值观，激发员工的潜能，提高员工的满意度，企业才能在激烈的市场竞争中立于不败之地，为长期稳定发展奠定坚实基础。从这个意义上说，企业文化建设是企业发展的永恒主题，也是企业在不断变革中走向成功的关键因素。

② 承担社会责任。

企业作为社会的一部分，不仅要以追求经济效益为目标，还应关注社会发展，积极承担社会责任。这既是企业自身发展的需要，也是构建和谐社会的必然要求。从这个意义上说，企业应当从以下几个方面积极履行社会责任，以树立良好的企业形象。

a. 保障员工权益。

员工是企业发展的基石，保障员工权益是企业应尽的社会责任。企业要严格遵守国家法律法规，确保员工的合法权益得到有效维护。这包括提供安全、健康的工作环境，给予平等的就业机会，按时足额支付工资，以及尊重员工的尊严和人格。

b. 促进就业。

就业是民生之本，企业应当充分发挥自身优势，为社会创造更多的就业岗位。企业要不断发展壮大，拓展产业领域，为求职者提供多样化的工作选择。此外，企业还应关注就业歧视问题，提倡公平竞争，让更多人享受到就业的红利。

c. 提高员工福利。

员工福利是企业吸引人才、留住人才的重要手段。企业应在法律法规允许的范围内，尽量提高员工福利，包括提供养老保险、医疗保险、工伤保险、失业保险等。此外，企业还应关注员工的精神文化需求，举办丰富多彩的文化活动，提升员工的幸福感和归属感。

　　d. 回馈社会。

　　企业在发展壮大的过程中，要时刻关注社会需求，积极回馈社会。企业可以通过捐赠和参加志愿服务、公益事业等多种形式，参与社会扶贫、环保、教育、科技创新等方面的工作。这样既能承担社会责任，又能提升企业的品牌形象。

　　③ 保护环境。

　　生态环境保护是我国社会发展的重要议题，企业作为国民经济的主体，应当对其高度重视。在生产过程中，企业应当采取积极措施降低污染排放，提高资源利用率，实现可持续发展。此外，企业还应积极参与环境保护项目，为建设美丽绿色家园贡献力量。

　　首先，企业要认识到生态环境保护的重要性。生态环境是人类生存和发展的基础，保护生态环境就是保护人类自己。对企业而言，生态环境保护不仅是一种社会责任，也是实现企业长远发展的必要条件。只有关注生态环境，企业才能实现绿色发展，提高市场竞争力。

　　其次，企业在生产过程中要降低污染排放。污染排放是生态环境恶化的主要原因之一，企业应当采用先进的技术和设备，优化生产流程，减少污染物的产生。同时，企业还需加强对废弃物的处理和资源化利用，减轻对环境的负担。

　　再次，提高资源利用率是企业生态环境保护的重要方面。企业应充分发挥科技创新的引领作用，提高资源利用率，降低资源消耗。通过节能、减排、循环利用等手段，实现资源的高效利用，为绿色发展提供有力支撑。

　　最后，企业还应积极参与环境保护项目。环境保护项目有助于改善生态环境，提高人民的生活质量。企业可以通过资金投入、技术支持、人才培养等方式，参与环保项目，为建设美丽绿色家园贡献力量。同时，企业还可以发挥自身优势，与政府、社会组织等合作，共同推进生态环境保护工作。

　　④ 节约资源。

　　企业在现代社会中扮演着举足轻重的角色，不仅关乎国家经济的发展，还直接影响到人们的日常生活。在快速发展的同时，企业也面临着资源紧张、环境恶化等问题。因此，倡导节约资源的理念、提高资源利用率、减少浪费、实现绿色生产与消费，已成为企业不可忽视的责任。

首先，企业应向管理层、基层员工普及节约资源的理念。通过培训、宣传等多种形式，让员工深刻认识到资源的可贵和资源浪费的危害。在此基础上，企业还需制定相应的规章制度，鼓励员工在日常工作中节约用水、用电，将节约理念贯穿于生产、销售、管理等各个环节。

其次，提高资源利用率是实现绿色生产与消费的关键。企业应不断引进先进的技术和设备，淘汰高耗能、高污染的产业，提高资源利用率。同时，加大研发投入，培养创新能力，开发绿色、环保的新产品，满足市场和消费者日益增长的需求。

最后，企业还需关注产业链上、下游的资源利用情况，加强与供应商、客户之间的合作，共同减少浪费。通过优化供应链、提高物流效率等措施，减少资源在流转过程中的损耗。同时，加强与政府、社会组织、公众的沟通与协作，共同推动绿色生产与消费的普及。

实现绿色生产与消费，既是企业自身发展的要求，也是对国家、社会和子孙后代的担当。企业应充分发挥自身优势，倡导节约资源的理念，不断提高资源利用率，减少浪费，为构建美丽中国、促进全球绿色发展贡献力量。

⑤ 创新驱动。

企业在现代社会中扮演着至关重要的角色，不仅是经济发展的引擎，也是技术创新的主力军。在竞争激烈的市场环境中，企业必须注重技术创新，以研发绿色、环保、高效的产品与服务为核心，满足不断变化的市场需求，从而引领整个行业的发展。

首先，注重技术创新是企业生存和发展的基石。在科技日新月异的今天，企业必须紧跟时代步伐，不断研发新产品、新技术，以适应市场的需求。

其次，研发绿色、环保、高效的产品与服务是企业应尽的社会责任。随着人们对环境保护意识的不断提高，绿色、环保、高效的产品与服务越来越受到市场的青睐。企业通过研发这类产品与服务，不仅能够满足消费者的需求，还能为我国环保事业做出贡献，实现经济效益和社会效益的双重提升。

再次，满足市场需求是企业发展的关键。市场需求是多样化的，企业需要通过深入了解消费者的需求，不断优化产品与服务，以满足不同消费者的个性化需求。此外，企业还应密切关注市场动态，及时调整发展战略，确保企业在市场中的竞争优势。

最后，引领行业发展是企业肩负的重要使命。企业应充分发挥技术创新优势，不断提高行业整体水平，推动行业朝着更先进、更环保、更高效的方向发展。同时，企业还应加强与同行业其他企业的合作，共同推动行业标准的制定，规范市场秩序，为行业的长期发展奠定基础。

（2）可持续发展战略的愿景。

① 成为行业领军企业。

企业作为市场经济的主体，肩负着推动行业发展、促进社会进步的重要使命。要想在激烈的市场竞争中脱颖而出，企业必须立志成为行业的领军者，从而在竞争中立于不败之地，实现可持续发展。

要实现这一目标，企业需以卓越的业绩、先进的技术、优质的产品与服务作为核心竞争力。

首先，卓越的业绩是企业健康发展的基石，也是企业在市场竞争中最有力的武器。企业要不断追求更好的业绩，通过优化资源配置、提高生产效率、降低成本等手段来实现营利目标。

其次，先进的技术是企业保持竞争优势的关键。企业不断研发和创新，以确保自身的技术水平始终保持在行业前沿。企业还应重视人才培养和引进，打造高素质的研发团队，为企业的技术进步提供源源不断的动力。

最后，优质的产品与服务是企业赢得市场和口碑的保障。企业要始终坚持质量第一，以客户需求为导向，生产出符合市场需求的高品质产品。同时，企业还需关注售后服务，为消费者提供专业、周到的服务，以提升客户的满意度和忠诚度。

企业应树立良好的企业形象，积极履行社会责任，为行业发展树立榜样。企业要勇于承担环保、公益等方面的责任，与社会共同发展，为行业的繁荣做出贡献。

② 打造绿色产业链。

绿色产业链是企业发展的必然选择，强调在生产、流通、消费、回收等各个环节，建设资源节约、环境友好的绿色发展体系。为了构建绿色产业链，企业需秉持创新、协调、绿色、开放、共享的发展理念，优化产业结构，提高产业链内部资源的高效利用，促进产业链的协同发展。

首先，企业应加强技术创新，推动绿色生产。通过研发绿色产品、采用绿色工艺、提高资源利用率、降低能耗和污染物排放，从而实现生产环节的绿色化。此外，企业还需关注供应链的管理，在供应商筛选、采购、仓储、运输等环节确保绿色环保要求得到贯彻。

其次，优化物流配送体系，促进绿色流通。企业应充分利用现代物流技术，优化配送网络，减少无效运输，降低物流成本。同时，推广绿色包装，减少包装材料的使用，提高包装的回收率，减少废弃物污染。

再次，倡导绿色消费，引导消费者转变观念。企业应通过宣传、教育等手段，提高消费者对绿色产品的认知度，培养其绿色消费习惯。此外，企业还需关注产品生命周期评价，确保产品在整个使用过程中对环境的影响降至最低。

最后，建立完善的回收体系，实现资源循环利用。企业应积极开展废弃物回收、再利用、再生资源化等业务，减少资源浪费，降低环境污染。通过绿色产业链的构建，实现产业发展与环境保护的和谐共生。

企业构建绿色产业链是贯彻新发展理念的生动实践，有利于提高资源利用率、提升产业核心竞争力、促进经济社会发展。企业应积极响应国家号召，勇担社会责任，全面推动绿色产业链的构建，为全面建设社会主义现代化国家、实现中华民族伟大复兴的中国梦贡献力量。

③ 构建和谐的劳动关系。

企业要致力于营造和谐的劳动关系，提高员工的幸福感，促进员工与企业共同成长。这是一个既符合时代发展趋势，又具备现实意义的话题。

首先，要明确劳动关系和谐的重要性。劳动关系是企业内部最基本的关系，关系到企业的长远发展和员工的切身利益。和谐的劳动关系有助于提高员工的工作积极性、创造性和创新能力，进而提高企业的核心竞争力。因此，企业要始终将构建和谐的劳动关系作为工作的重中之重，切实保障员工的合法权益，让员工在和谐的环境中为企业发展贡献力量。

其次，提高员工的幸福感是企业应尽的责任。员工是企业发展的基石，企业要关注员工的生活和心理需求，提供舒适的工作环境和优厚的待遇，使员工在工作中获得成就感和归属感。企业还要注重员工的个人成长，为员工提供良好的职业发展空间，让员工在不断学习和进步中实现人生价值。

最后，促进员工与企业共同成长是实现企业可持续发展的重要途径。企业要树立以人为本的发展理念，关注员工的成长与发展，将员工的个人目标与企业的发展目标紧密结合，形成互利共赢的发展格局。在这一过程中，企业要不断优化管理模式，创新人才培养机制，激发员工的潜能，使员工在企业发展过程中不断提升自身素质和能力。

④ 实现绿色发展。

绿色发展是我国当前乃至今后较长一段时间内的重要发展理念。企业作为国民经济的主体，应当积极响应国家号召，主动参与到绿色发展的行列中来。推动生产方式和生活方式的绿色化，既是企业应尽的社会责任，也是实现可持续发展的重要途径。

首先，企业要树立绿色发展理念。在生产经营过程中，要把环保、节能、低碳作为首要目标，努力减少生产过程中的污染物排放，提高资源利用率。通过技术创新和产业升级实现绿色生产，为生态文明建设贡献力量。

其次，企业要创新绿色技术。在产品研发、生产、销售、回收等各个环节都要注重绿色技术的应用。通过研发环保型产品，提高产品的绿色程度，满足市场和消费者的绿色需求。同时，加大绿色工艺、绿色材料、绿色包装等方面的投入，降低生产成本，提高企业竞争力。

再次，企业要推广绿色生活方式。企业应引导员工树立绿色消费观念，倡导低碳、环保、节能的生活方式。从日常办公、出行、用餐等方面入手，减少能源消耗和环境污染。通过企业内部的绿色生产实践，影响和带动周围人群，共同为建设生态文明做出贡献。

最后，企业要加强绿色产业合作。企业之间要打破地域、行业的界限，积极开展绿色产业合作，实现资源共享、技术交流、市场拓展等多方面的共赢。同时，企业要与政府、社会组织、消费者等各方建立良好的合作关系，共同推动绿色产业的发展。

⑤ 引领行业可持续发展。

企业作为社会经济活动的主体，不仅要在市场竞争中寻求自身的发展途径，更应承担起社会责任，引领行业走上可持续发展道路。在我国，可持续发展理念已经深入人心。企业作为国家经济的重要支柱，应当积极响应国家政策，为全球可持续发展贡献力量。

首先，企业要树立正确的可持续发展观念。这意味着企业在追求经济效益的同时，应关注环境保护、员工福利和社会责任。企业应将可持续发展理念融入企业文化，使之内化为自觉行动。

其次，企业要在生产经营过程中充分发挥技术创新的优势，降低能源消耗和环境污染。通过采用绿色生产方式、提高资源利用率，实现产业发展与环境保护的和谐共生。

再次，企业应加强产业链上、下游的协作，推动整个行业实现可持续发展。这包括与供应商建立绿色供应链，鼓励供应商采用环保的生产工艺；同时，与下游企业携手，共同研发绿色产品，满足市场对环保产品的需求。

复次，企业还要关注人才培养，提高员工的可持续发展意识。企业可以通过内部培训、交流合作等途径，提升员工在环保、社会责任等方面的素养，使他们在工作中能够自觉地践行可持续发展理念。

最后，企业应积极参与国际合作，与国际同行共同推动全球可持续发展。在国际市场上，我国企业要展现出负责任的大国企业形象，推动国际市场朝着更加公平、可持续的方向发展。

总之，明确可持续发展战略的目标与愿景，有助于企业在发展中克服困难，实现经济、社会、环境等多方面的共赢。企业应根据自身实际情况，制订符合可持续发展要求的战略规划，以期在全球可持续发展浪潮中立足、发展、壮大。

2. 分析企业内、外部环境，识别优势与劣势

企业要想在激烈的市场竞争中脱颖而出，实现可持续发展，必须对企业内、外部环境进行全面而深入的分析，识别自身的优势与劣势。

（1）分析企业外部环境。

① 宏观环境。

分析企业外部环境是企业制订和执行战略的重要环节，其中，宏观环境分析尤为关键。宏观环境主要包括政治、经济、社会、技术和法律等方面的环境，这些方面的变化会对企业产生深远的影响。因此，企业需要密切关注宏观环境的变化，以便及时调整战略，适应市场变化。

首先，政治环境对企业有着直接和间接的影响。政治稳定与否直接影响到企业的经营活动，政策的变化也会导致企业面临不同的市场环境。企业

需要关注政策动态，以便预判政策走向，做好应对策略。

其次，经济环境是影响企业运营的重要因素。经济周期波动和国家财政政策、经济政策变化等都会对企业经营产生影响。企业需要对经济环境进行全面分析，以便在经济周期波动中保持稳定发展。

再次，社会环境的变化也会对企业产生影响。随着社会进步和消费者需求的变化，企业需要不断调整产品和服务策略，以满足市场需求。此外，企业还需要关注社会文化背景的变化，以便更好地融入当地市场。

复次，技术环境则是企业创新和发展的重要驱动力。技术的不断进步带来了新的商业模式和市场机会，同时也对企业提出了更高的要求。企业需要紧跟技术发展趋势，抓住机遇，提升自身的竞争力。

最后，法律环境对企业经营也有着重要影响。企业需要了解和遵守国家法律法规，以确保经营活动的合法性。同时，企业还需要关注法律法规的变化，以便及时调整战略，降低法律风险。

②行业环境。

在当今不断变化的市场环境中，企业要想取得成功，就必须对行业发展趋势、竞争态势、市场规模及市场需求等方面有深入的了解。这些信息对于企业制订战略至关重要，它们可以帮助企业抓住机遇、规避风险，从而确保可持续发展。

首先，研究行业发展趋势是企业制订战略的基础。通过对行业整体情况的了解，企业可以明确自身在行业中的定位，找到发展方向。例如，了解行业新技术、新产品、新业务模式的发展状况，以及政策法规对行业的影响等，将为企业提供宝贵的决策依据。

其次，竞争态势分析是企业制订战略的关键。企业需要了解行业内主要竞争对手的情况，包括其市场份额、产品优劣势、战略意图等。通过竞争态势分析，企业可以找到自身的竞争优势所在，制订有针对性的竞争策略，从而在激烈的市场竞争中立于不败之地。

再次，市场规模研究对于企业制订战略具有重要意义。企业需要对目标市场进行深入调查，了解市场规模、增长速度等因素，从而制订合适的市场拓展策略，确保企业在市场中的份额不断增长。

最后，市场需求分析是企业制订战略的核心。企业需要了解客户的需求特点、消费习惯、购买意愿等，以便制定出更符合市场需求的产品和服务。通过市场需求分析，企业可以准确把握市场动态，调整生产和营销策略，从而实现业务的持续增长。

③ 客户需求。

了解目标客户的消费习惯、需求特点、消费偏好等，对于企业而言至关重要。这不仅有助于企业精准地推出符合消费者需求的产品和服务，还能提高企业的市场竞争力。消费者的需求和喜好在不断变化，因此，企业需要不断调整和优化自身的产品和服务，以满足消费者的需求。

首先，消费习惯是指人们在日常生活中所形成的消费行为模式。企业了解目标客户的消费习惯，可以更好地把握消费者的需求，从而提高产品的市场占有率。例如，对于喜欢网上购物的人群，企业可以加大线上业务的投入，提供便捷的购物体验；而对于喜欢在实体店消费的客户，企业可以优化实体店布局，提升服务水平。

其次，需求特点是指消费者在购买商品或服务时所关注的核心因素。企业需要针对目标客户的需求特点，提供有针对性的产品和服务。例如，对于注重品质的消费者，企业可以加大产品研发力度，提升产品品质；而对于关注环保的消费者，企业可以推出绿色、环保的产品，满足其需求。

最后，消费偏好是指消费者在众多商品和服务中倾向于选择的消费类型。企业可以通过了解目标客户的消费偏好，调整自身的产品结构和营销策略。例如，对于喜欢某类特定产品的消费者，企业可以加大该类产品的生产和推广力度，以满足消费者的喜好。

企业需要密切关注市场动态和消费者需求，不断优化自身的产品和服务，以满足消费者的期望。在日趋激烈的市场竞争中，企业只有紧跟消费者需求，才能赢得消费者的青睐，实现可持续发展。

④ 供应商状况。

在全球经济一体化的背景下，供应链管理对企业的重要性不言而喻。供应链的稳定性和竞争力直接关系到企业的生存与发展。因此，对供应商的实力、信誉、合作关系等进行全面、深入的分析，以确保供应链的稳定性和竞争力，已成为企业管理供应链的重要任务。

首先，供应商的实力是衡量供应链稳定性的关键因素。强大的供应商具备稳定的生产能力、技术研发能力和市场应变能力，能够为企业提供稳定、高质量的产品和服务。企业应通过收集供应商的财务报表、产能数据、技术水平等信息，对其实力进行全面评估。

其次，信誉是供应商在市场中的品牌形象和口碑。信誉良好的供应商能够为企业带来良好的信誉传递，提高企业的市场竞争力。企业应关注供应商在行业内的口碑、客户评价、信用评价等方面的信息，以确保供应链的稳定性和竞争力。

最后，合作关系是供应商之间协同发展的基础。良好的合作关系有助于提高供应链的运作效率，降低供应链风险。企业应关注供应商之间的合作状况，鼓励供应商之间的战略合作，以增强供应链的稳定性和竞争力。

为了确保供应链的稳定性和竞争力，企业应建立一套完善的供应商评价体系，定期对供应商的实力、信誉、合作关系等进行评估。此外，企业还应注重与供应商的沟通与合作，建立长期稳定的合作关系，共同应对市场变化。

⑤ 竞争对手。

对企业而言，研究竞争对手的产品、策略、市场份额等，发现其竞争优势与不足，已成为提升竞争力、确保可持续发展的重要手段。

a. 竞争对手的产品分析。

首先是产品的特点与优势。研究竞争对手产品的功能、性能、外观设计等方面，找出其独特之处，以便本企业可以借鉴或超越。

其次是产品的创新与更新。关注竞争对手的新品研发及更新速度，评估其对市场需求的反应能力，以确保本企业产品的竞争力的持续性。

最后是产品线布局。分析竞争对手产品线的广度和深度，以便本企业制订相应的产品策略，满足不同细分市场的需求。

b. 竞争对手的策略分析。

首先是市场定位。研究竞争对手的市场定位，了解其在目标客户群中的形象和地位，为本企业制订差异化战略提供参考。

其次是营销策略。分析竞争对手的营销手段，如广告、促销、渠道等，借鉴其成功经验，避免犯同类错误。

最后是价格策略。探讨竞争对手的价格策略，包括定价原则、折扣政策、促销活动等，为本企业制订价格策略提供依据。

c. 竞争对手的市场份额分析。

首先是市场份额占比。了解竞争对手在所属行业或目标市场中所占的市场份额，评估其在行业中的地位。

其次是市场增长趋势。分析竞争对手所占市场份额的变化趋势，预测未来市场的竞争格局，为本企业制订长远发展战略提供参考。

最后是地域分布。研究竞争对手在不同地区的市场份额，为本企业拓展市场提供数据支持。

d. 竞争对手的竞争优势与不足的分析。

首先是竞争优势。深入挖掘竞争对手的优势资源，如技术、品牌、渠道等，分析其核心竞争力，以便本企业取长补短。

其次是竞争不足。识别竞争对手的不足之处，如管理不善、产品缺陷、服务不到位等，为企业发挥自身优势、抢占市场份额提供机会。

通过全面、深入研究竞争对手，企业可以更好地了解市场环境，发现自身优、劣势，制订有针对性的竞争策略，从而在激烈的市场竞争中立于不败之地。同时，企业还应时刻关注竞争对手的动态，不断调整自身发展战略，以适应市场变化，确保可持续发展。

（2）分析企业内部环境。

① 资源配置。

审视企业的人力、物力、财力等资源的配置情况，评估企业的核心竞争力，是企业在发展过程中必不可少的一项任务。这需要企业对自身的资源状况、市场竞争力及未来发展潜力进行全面而深入的剖析。以下将从 3 个方面进行分析，以帮助企业更好地理解并提升自身的核心竞争力。

a. 人力资源的挖掘与优化。

人力是企业最重要的资源之一，企业的核心竞争力在很大程度上取决于人才的质量和数量。企业应关注人才的招聘、培养、使用和激励等，以确保人力资源的最大化利用。此外，企业还需关注员工的满意度、企业文化等因素，以提高员工的归属感和忠诚度。

b. 物力资源的合理配置与利用。

物力资源是企业生产和运营的基础，企业应充分了解自身物力资源的状况，确保设备、设施、场地等资源的合理配置和高效利用。在此基础上，企业还需关注供应链管理、库存控制等方面的内容，以降低成本、提高生产效率。

　　c.财力资源的保障与优化。

　　财力资源是企业发展的动力，企业应建立健全财务管理体系，确保资金的合理筹集、运用和监督。企业还需关注财务风险防范、投资决策等方面，以实现财务资源的可持续增长。此外，企业应注重资本运作和融资渠道的拓展，为企业的扩张和创新发展提供资金支持。

　　②组织结构。

　　企业组织结构的合理性与高效性对于企业战略的顺利实施具有重大影响。健全的组织结构能够促进企业内部资源的整合，提高工作效率，进而保障企业战略目标的顺利实现。反之，不合理、低效的组织结构将会导致资源浪费、沟通不畅、执行力不足等问题，严重影响企业战略的实施效果。

　　首先，企业组织结构的合理性体现在合理的部门划分、职责明确及清晰的层级关系等方面。合理的部门划分能够使企业内部各个部门专注于自己的业务领域，提高专业性和工作效率。职责明确有助于防止职责交叉导致出现推诿现象，使企业在面对市场变化时能够迅速做出反应。清晰的层级关系有助于企业内部信息的传递和决策的执行。

　　其次，企业组织结构的高效性主要表现在企业内部沟通、协作及决策等方面。高效的沟通能够确保企业内部信息畅通，降低信息传递的失真程度，使企业能够迅速应对市场变化。良好的协作机制有助于各部门之间的资源共享，提高企业整体的竞争力。此外，高效的决策机制能够使企业在面临不确定性时，迅速做出正确的决策，为企业发展指明方向。

　　在我国，随着市场经济的发展，企业面临着竞争日益激烈的压力。因此，对企业组织结构进行合理调整和优化，提高组织效率，成为企业实现战略目标的关键因素。企业应当根据自身发展需求，不断优化组织结构，使之更加合理、高效。

　　③企业文化。

　　企业文化是企业的灵魂，它凝聚了企业的价值观、行为准则和经营理念。积极向上的企业文化对企业战略的实施具有至关重要的影响。企业文化是指在企业内部形成的，为员工所共同认可和遵循的价值观、行为规范和思维方式。企业文化包括企业的精神风貌、管理水平、员工素质等多个方面。积极向上的企业文化能够激发员工的积极性、主动性和创造性，从而为企业战略的实施提供强大的动力。

积极向上的企业文化对企业战略实施的影响体现在以下几个方面。

a. 提高员工的凝聚力。

良好的企业文化能够强化员工的归属感和认同感，使员工紧密地团结在一起，形成强大的凝聚力，在企业实施战略的过程中，能够更好地协同合作，共同为实现企业目标而努力。

b. 增强企业的竞争力。

积极向上的企业文化能够激发员工的创新精神，鼓励员工勇于挑战、敢于突破。在激烈的市场竞争中，具备创新精神的企业更容易适应环境变化，抢占市场先机，从而提高竞争力。

c. 促进战略落地。

企业文化是企业战略实施的基础和保障。清晰明确的战略只有得到全体员工的认同和支持，才能顺利落地。积极向上的企业文化能够促进员工对战略的理解和认同，使战略实施得更加顺畅。

d. 塑造良好的企业形象。

企业文化不仅影响着企业内部，还关系到企业的外部形象。企业拥有积极向上的企业文化，往往能够树立良好的品牌形象，赢得客户、合作伙伴和投资者的信任，为企业的长远发展奠定基础。

e. 加强企业文化传播。

企业应积极向外宣传和推广企业文化，让更多的人了解和认可企业的价值观和经营理念。企业可以通过网络、媒体等多种渠道，展示企业的良好形象。

④ 管理制度。

企业的内部管理制度是否健全、执行力度如何，影响企业运营效率的高低。健全的内部管理制度有助于提高企业的管理水平，降低管理成本，增强竞争力。因此，深入了解内部管理制度的完善程度和执行效果，对于企业可持续发展具有重要意义。

首先，从组织架构层面来看，企业内部管理制度应明确各部门的职责，实现各司其职、协同高效。合理的组织架构有助于企业快速响应市场变化，提高决策效率。此外，企业还需注重内部沟通与协作，促进信息共享，消除部门之间的壁垒，形成合力。

其次，在制度建设方面，企业应制定完善的管理制度，确保各项业务有序开展。这包括人力资源管理、财务管理、生产管理、销售管理等方面。制度建设不仅要有针对性，还要具有可操作性和实用性。此外，企业应定期对制度进行修订和完善，以适应不断变化的市场环境和企业发展需求。

再次，在执行力方面，企业要确保内部管理制度的有效执行，加强监督检查，建立健全考核机制。对违反规定的行为严肃处理，以营造遵纪守法的良好氛围。同时，企业还需注重培养员工的执行力，提高员工对管理制度的认同感和执行力，形成全员参与、共同维护的管理格局。

最后，企业内部管理制度的建设与完善还需注重与企业文化的融合。企业文化是企业的灵魂，具有凝聚人心、激发创新的作用。将企业文化与内部管理制度相结合，有助于提高员工的归属感，促使员工自觉遵守企业规定，推动企业可持续发展。

⑤ 创新能力。

在当今激烈的市场竞争中，企业的可持续发展能力成为衡量其竞争力的重要指标。企业在技术、产品、管理等方面的创新能力，是影响企业可持续发展能力的关键因素。

a. 技术创新能力。

技术创新能力是企业在研发、生产和运营过程中，不断推陈出新、优化技术工艺的能力。企业应加大研发投入，引进高素质的研发人才，建立完善的研发体系，以保持技术领先地位。此外，企业还需注重技术成果转化，加强与高校、科研院所的合作，将先进技术迅速应用于实际生产，提升产品的竞争力。

b. 产品创新能力。

产品创新能力是企业在满足消费者需求的基础上，不断研发新产品、改进现有产品的能力。企业应密切关注市场动态，了解消费者的需求，以市场需求为导向，开展产品创新。此外，企业还需注重产品品质，提升品牌形象，通过创新产品设计、功能和服务，提高消费者的满意度和忠诚度。

c. 管理创新能力。

管理创新能力是企业在组织结构、人力资源、运营模式等方面不断改革、创新的能力。企业应优化组织结构，建立激励机制，激发员工的创新潜能。同时，企业还需注重人才培养和引进，提升员工的整体素质，为创新发展提供人力资源。在运营模式方面，企业应积极探索新的商业模式，利用信息技术提升运营效率、降低成本。

（3）识别优势与劣势。

① 优势分析。

企业核心竞争力的构建和独特之处的发掘至关重要。核心竞争力是企业在同等条件下，相较于竞争对手具备的突出优势，它有助于企业实现可持续发展，提高市场地位，并赢得客户信任。独特之处则是指企业所拥有的非同寻常的资源、技能或优势，可使企业在行业内具有较高的竞争壁垒，进一步巩固市场地位。

首先，从企业的核心竞争力来看，其主要包括以下几个方面。

a. 技术研发能力。强大的技术研发能力使企业在产品创新、工艺改进等方面具有竞争优势，可满足不断变化的市场需求。

b. 品牌影响力。知名品牌能够为企业带来良好的口碑和较高的客户忠诚度，提高市场占有率。

c. 市场营销能力。高效的市场营销策略和执行能力有助于企业扩大市场份额，提高产品知名度。

d. 供应链管理。优化供应链管理可以降低企业成本，提高生产效率，进一步增强竞争力。

e. 企业文化。健康、积极的企业文化能够提高员工的凝聚力和工作效率，促进企业可持续发展。

其次，从资源配置来看，企业应合理配置各类资源，使之发挥最大效益。

a. 人力资源。选拔和培养优秀人才，为企业发展注入源源不断的动力。

b. 财务资源。合理进行融资、投资和预算管理，确保企业拥有充足的资金支持。

c. 物资资源。优化库存管理和采购策略，降低成本，提高企业运营效率。

d. 信息资源。充分利用信息技术，实现信息共享和数据驱动决策，提升企业管理水平。

最后，从市场地位来看，企业应努力提升自身在行业内的竞争地位。

a. 产品质量。保证产品质量，满足客户需求，树立行业口碑。

b. 客户服务。提供优质的售后服务，建立长期稳定的客户关系。

c. 市场份额。通过拓展市场渠道、优化产品结构等手段，不断扩大市场份额。

d. 行业地位。积极参与行业标准制定，占据行业领导地位。

e. 合作伙伴。与其他企业建立良好的合作关系，提高企业的影响力。

② 劣势分析。

企业在运营过程中，发现问题和不足之处是不可避免的。为了提高企业的竞争力、提升管理水平并实现可持续发展，企业对这些问题和不足进行梳理，从而制定出具有针对性的改进措施，显得尤为重要。

首先，企业应建立一套完善的问题发现机制。这包括定期进行内部审计、设立举报热线、开展员工满意度调查等。通过这些途径，企业可以及时发现潜在的问题和不足，为改进措施的制定提供依据。

其次，企业需要对收集到的问题和不足进行分类整理。这些问题可以分为管理制度类、业务流程类、人力资源类、企业文化类等。对于每个类别的问题，企业应分析其产生的原因、可能带来的影响及解决方案。这样有助于企业有针对性地解决问题，提高改进措施的有效性。

再次，企业应制订具体的改进计划。针对每个问题，企业应明确改进的目标、实施步骤、责任人及完成的时间等。此外，企业还需确保改进计划与整体发展战略相一致，以实现可持续发展。

复次，在改进措施的实施过程中，企业要加强监督与评估。通过设立专门的监督机构或部门，对改进措施的执行情况进行跟踪，确保各项措施得以有效落实。同时，企业还应定期对改进效果进行评估，以便及时调整措施，使之更加符合实际情况。

最后，企业应总结经验教训，形成长效机制。对于成功解决的问题和不足，企业应总结经验，为今后解决类似问题提供借鉴。同时，企业还应不断优化问题发现、梳理和改进的流程，形成一套完善的长效机制。

3. 企业制订可持续发展战略的具体措施与计划

企业制订可持续发展战略的具体措施与计划可以从以下几个方面展开。

（1）明确可持续发展目标。

企业应明确自身在经济、社会和环境等方面的可持续发展目标，确保这些目标在长期内能够实现企业综合价值的最大化。

① 经济效益。

实现盈利增长，提高企业的市场竞争力，为股东创造价值。

② 社会效益。

关注员工福利，履行企业的社会责任，促进社会和谐。

③ 环境生态效益。

降低能源消耗和污染物排放，保护生态环境，实现绿色发展。

（2）完善企业治理结构。

完善企业治理结构是企业可持续发展的重要基石。为了实现这一目标，需要从以下几个方面进行深入研究和改革。

① 优化组织架构。

组织架构是企业运行的基础，所以建立现代化的企业制度至关重要。企业应该简化管理层级，提高组织效率，降低管理成本。同时，要注重企业文化建设，形成良好的团队合作氛围，使组织更加灵活、敏捷，以适应不断变化的市场环境。

② 加强内部控制。

内部控制是企业防范风险、保障财务报告的真实性的重要手段。企业管理者应该完善内部控制体系，确保企业财务报告的准确性和合规性。此外，要加强对子公司、分支机构的管控，防范潜在风险，保障企业整体稳健发展。

③ 强化激励机制。

激励机制是激发员工潜能、推动企业创新的关键。企业应该建立科学、合理的绩效考核体系，将员工的个人成长与企业的利益紧密结合起来。通过提供具有竞争力的薪酬福利、晋升机会及培训发展项目，激发员工的积极性和创造力，为企业的创新和发展注入源源不断的动力。

④ 增强企业的透明度。

透明度是企业治理水平的重要体现。企业应该加强信息披露，提高运营透明度，便于投资者、监管部门和社会公众了解企业的实际情况。同时，企业要加强与利益相关者的沟通与合作，增进彼此信任，共同推动企业可持续发展。

⑤ 提升治理水平。

企业治理是企业发展的核心手段。企业应该完善治理结构，强化董事会、监事会、高管团队等治理主体的责任，确保企业决策的科学性和有效性。同时，要加强企业治理制度建设，规范企业行为，防范利益输送、关联交易等不当行为。

⑥ 注重承担社会责任。

承担社会责任是企业长远发展的基石。企业应该关注环境保护、员工权益保障、消费者权益保护等方面，积极履行企业的社会责任。通过参加公益活动、扶贫帮困等途径，回馈社会，为企业树立良好的社会形象。

总之，完善企业治理结构是一项系统、长期的工程。企业要紧紧围绕以上 6 个方面，持续深化改革，创新管理，为企业高质量发展奠定坚实基础。

（3）推进文化创新。

在当今时代，企业竞争已逐渐从硬实力竞争转向软实力竞争，因此，企业文化的重要性日益凸显。为了在激烈的市场竞争中立于不败之地，企业需要在以下 3 个方面进行文化创新，提升企业的核心竞争力。

① 塑造企业的核心价值观。

企业的核心价值观是企业文化的灵魂，是员工共同遵循的行为准则。具有独特的企业文化品牌形象不仅能够吸引消费者，还能提高企业的软实力，为企业发展创造有利条件。在塑造企业的核心价值观时，应注重以下几个方面。

a. 确立企业愿景和使命。

明确企业发展方向，激发员工为实现企业目标而努力奋斗。

b. 打造特色企业文化。

通过举办文化活动、培训等形式，传承和弘扬企业精神，形成独特的企业文化品牌形象。

c. 强化价值观传播。

利用各种渠道，传播企业的核心价值观，提高企业的知名度。

② 倡导绿色办公。

随着公众环保意识的不断提高，绿色办公已成为企业发展的必然趋势。企业应采取以下措施，实现绿色办公。

a. 节能减排。

加强能源管理，提高能源利用率，降低碳排放。

b. 绿色采购。

优先采购环保产品，减少对环境的负面影响。

c. 节约资源。

提倡节约用水、用电等，提高资源利用率。

d. 环保设施。

配备环保设施，如垃圾分类、废气处理等设备，减少环境污染。

e. 营造绿色办公的氛围。

加强环保宣传，提高员工的环保意识，形成绿色办公的氛围。

③ 加强企业与社会、企业与生态环境的和谐共生。

企业不能仅关注经济效益，还需积极履行社会责任，实现企业与社会、企业与生态环境的和谐共生。具体措施如下。

a. 关注社会责任。

将社会责任纳入企业发展战略，推动企业可持续发展。

b. 参与公益事业。

积极参与公益事业，为社会做出贡献。

c. 关爱员工。

关注员工的福利，营造和谐的劳动关系。

d. 绿色发展。

推动绿色生产、绿色消费，降低对环境的负面影响。

（4）优化资源配置。

优化资源配置是企业可持续发展的重要保障。为了实现这一目标，企业可从以下 3 个方面进行改革。

① 强化供应链管理。

建立与供应商的长期合作关系是实现供应链绿色化的关键。通过与供应商保持紧密合作，企业可以确保原材料和产品的质量，降低采购成本，同时减少环境污染。供应链绿色化要求企业在采购、生产、物流等环节充分考虑环保因素，采用环保材料、节能工艺和绿色包装等，从而降低整个供应链的碳排放。

② 提高研发创新能力。

加大研发投入是推动企业技术进步，以及开发绿色、低碳、高效的产品和技术的重要手段。企业应关注行业技术发展趋势，积极投入绿色技术研发，以满足市场和政策需求。此外，企业还可以通过技术创新提高资源利用率，降低生产成本，进一步增强市场竞争力。

③ 拓展市场渠道。

开拓国内、外市场是实现市场份额持续增长的关键。企业应根据市场需求，制订合理的市场战略，积极拓展国内、外市场。在国内市场，企业可以通过品牌建设、市场营销等手段提高知名度，扩大市场份额；在国际市场，企业应了解国际贸易规则，合理利用政策资源，提高产品的国际竞争力。

（5）实施可持续发展战略的规划。

可持续发展是我国经济社会发展的重要战略方向。为了更好地推进可持续发展，企业需要制订详细的可持续发展规划，明确时间表、路线图和责任分工，以确保各项任务有序推进。

① 要制订详细的可持续发展规划。

这一规划应当涵盖经济、社会、环境等多个领域，确保各项发展指标的平衡和协调。在规划中，需要明确各项任务的实施时间表，以便对各项工作进行有序管理。同时，还要绘制清晰的路线图，指出各项任务的具体实施步骤和目标。此外，明确责任分工也非常重要，这样可以确保各级部门和单位齐心协力，共同推进可持续发展。

② 加强监测与评估是确保可持续发展推进的关键。

企业需要建立完善的指标体系，对可持续发展的各项任务进行量化评估。这有助于企业及时发现存在的问题，从而采取具有针对性的措施进行改进。同时，定期评估可持续发展的进展，有助于企业了解各项任务的实施效果，为下一阶段的规划提供有力支撑。

③ 不断调整和优化可持续发展战略。

外部环境和内部条件都在不断变化，企业需要根据这些变化适时调整可持续发展战略。这样可以确保企业的发展思路始终与实际需求相适应，从而更好地推动可持续发展。

（6）加强企业间的合作。

企业之间通过合作可以实现资源共享、技术交流和管理经验互换，从而提高整体的竞争力。以下是加强企业间合作的 3 种有效途径。

① 建立战略联盟，实现共赢发展。

与其他企业建立战略联盟是提高本企业竞争力的重要手段。通过战略联盟，企业可以共享合作伙伴的资源、技术和市场渠道，实现优势互补和共同发展。具体措施包括以下几项。

a. 明确战略联盟的目标。

企业应明确战略联盟的目标，以实现资源共享、市场拓展和技术创新等方面的优势互补。

b. 选择合适的合作伙伴。

企业应充分了解潜在合作伙伴的优势和不足，以确保战略联盟的稳定和可持续发展。

c. 签订合作协议。

明确双方在战略联盟中的权利和义务，确保合作的公平性和可持续性。

d. 深化合作内容。

在战略联盟的框架下，不断拓展合作领域和深度，实现互利共赢。

② 参与行业协会和政府部门的政策制定，为行业可持续发展提供建议。

企业应积极参与行业协会和政府部门的政策制定，为行业的可持续发展提供有益建议。具体做法包括以下几种。

a. 了解政策动态。

关注国家和地方政策变化，掌握行业发展趋势。

b. 参与政策讨论。

积极参与政策制定，提出建设性意见和建议。

c. 加强与政府部门和行业协会的沟通。

建立良好的政企关系，促进政策落实和行业健康发展。

③ 推动行业绿色发展，引领行业走上可持续发展道路。

绿色发展是当今时代的重要主题，企业应积极承担社会责任，推动行业绿色发展。具体举措包括以下几项。

a. 强化环保意识。

提高员工的环保意识，将绿色发展理念贯穿于企业生产经营全过程。

b. 采用绿色生产技术。

积极研发和应用绿色生产技术，降低能耗和污染物排放。

c. 建立绿色供应链。

加强对供应商的环保要求和考核，推动产业链的绿色发展。

d. 参与绿色产业政策制定。

为政府提供产业政策建议，推动行业绿色发展政策的制定。

加强企业间的合作是企业提高竞争力和实现可持续发展的重要途径。企业应善于利用各种合作机制，不断拓展合作领域和深度，为行业的绿色发展和国家的繁荣做出贡献。

4. 评估与调整可持续发展战略

为了确保可持续发展战略的有效性和适应性，定期评估和调整可持续发展战略成为必要举措。

（1）监测与评估。

确定可持续发展战略的监测指标是一项至关重要的任务。为了确保战略的有效实施和成果评估，企业需要设定一系列具有代表性、可量化的监测指标。这些指标有助于衡量我国可持续发展战略在环境、社会和经济 3 个方面的实施效果。

首先，在环境方面，需要关注空气质量、水资源、土壤、生态系统和生物多样性等方面的指标。这些指标可以反映我国在环境保护和治理方面的成果，为政策制定者提供依据。

其次，在社会方面，需要关注教育、医疗、社会保障、就业和人口老龄化等方面的指标。这些指标有助于评估我国在民生保障和社会公平方面的进展，为政策调整提供参考。

最后，在经济方面，要关注国内生产总值（GDP）的增长率、产业结构、创新能力、能源利用效率和碳排放等方面的指标。这些指标可以反映我国经济发展的质量和效益，以及绿色低碳转型的成效。

为了确保监测指标的科学性和实用性，企业需要建立健全指标体系，包括：确定指标的权重和优先级，以反映各项指标在可持续发展战略中的重要性；设定具体的监测方法和数据来源渠道，确保指标的可获得性和准确性；建立定期报告和评估机制，及时发现问题和提出改进措施；加强对国际标准和经验的借鉴，提高我国可持续发展战略的国际竞争力；鼓励各地区、各部门和企事业单位根据自身的实际情况，确定符合当地特色的监测指标。

（2）企业数据的收集与分析。

在当今信息时代，数据已成为企业的核心竞争力。对企业数据的收集与分析，有助于揭示企业的真实面貌，挖掘潜在商机，为企业决策提供有力支撑。为了全面、深入地了解企业，可以通过多种途径收集相关数据，包括官方统计数据、问卷调查、实地考察等，从而为企业发展提供有力保障。

①官方统计数据：权威性的数据来源。

官方统计数据是国家或地方政府部门依据法律法规，通过对企业进行调查、统计和分析所得的数据。这些数据具有权威性、准确性和可靠性，能够直观地反映企业的基本状况和发展趋势。例如，可以通过查阅国家统计局、工商行政管理局等部门发布的数据，了解我国企业的总体规模、行业分布、地区发展等情况。

②问卷调查：倾听企业的声音。

问卷调查是一种直接向企业收集信息的方法。通过设计针对性强的问卷，可以了解企业在生产经营、市场拓展、人力资源等方面的问题和需求。问卷调查具有广泛性、及时性和互动性，能够为企业提供一线员工的观点和建议，有助于企业改进管理、提高效益。

③实地考察：深入了解企业的运营状况。

实地考察是深入企业内部，对企业的生产、管理、销售等环节进行全面了解的过程。通过实地考察，可以直观地了解企业的生产经营状况、员工的福利待遇、企业文化建设等情况。实地考察有助于发现企业潜在的问题和风险，为企业提供有针对性的解决方案。

在收集了丰富多样的数据后，企业需要对这些数据进行全面、深入的分析。通过对数据进行挖掘、整理和解读，可以发现企业发展的规律和趋势，为企业战略决策提供有力支撑。此外，数据分析还能帮助企业优化资源配置、提高运营效率、降低成本，从而提升企业的核心竞争力。

企业数据的收集与分析是企业在发展过程中不可或缺的一环。通过多元化途径收集相关数据，并进行全面、深入的分析，我们将能更好地了解企业的发展状况，为企业决策提供有力保障。在激烈的市场竞争中，善于运用数据的企业，才能把握时代的机遇，不断前行。

（3）调整与优化。

① 目标调整。

根据评估结果，调整可持续发展战略的具体目标，确保其可行性和适应性。

② 策略调整。

针对存在的问题和面临的挑战，制订相应的策略，以促进战略的顺利实施。

③ 资源配置。

优化资源配置，加大重点领域的投入，确保可持续发展战略的有效实施。

（4）协同与创新。

① 跨部门协同。

可持续发展是经济社会发展的重要战略，为了实现这一目标，政府、企业、社会组织和公众需要共同参与到这一进程中来，加强四者之间的合作，形成推动可持续发展战略的强大合力，是当前面临的重要任务。

首先，政府发挥了引导和推动作用。政府在制定和实施相关政策时，会充分考虑到各方利益，发挥宏观调控的作用，引导企业、社会组织和公众共同推动实施可持续发展战略；同时，确保相关政策落地生根，为企业和社会组织提供明确的发展方向。

其次，企业要承担起社会责任。企业在追求经济效益的同时，要充分认识到可持续发展的重要性，将环保、社会责任纳入企业发展战略，积极参与绿色生产、节能减排等方面的工作。企业还应加强与政府、社会组织和公众的合作，共同推动产业链的绿色升级。

再次，社会组织要发挥桥梁和纽带作用。社会组织要关注社会公众的需求，积极动员和组织公众参与可持续发展相关活动，提高公众的环保意识和参与能力。同时，社会组织要与企业、政府紧密合作，共同推动社会公益事业的发展。

最后，公众要树立绿色生活理念。每一个公民都要意识到自己对于可持续发展的重要性，从日常生活做起，节约资源、保护环境。公众还需通过各种渠道，监督企业和社会组织的行为，确保其履行可持续发展责任。

政府、企业、社会组织和公众之间的紧密合作，是推动我国可持续发展战略实施的关键。只有各方共同努力，形成合力，才能让可持续发展理念深入人心，转化为实际行动，为我国经济社会发展做出更大贡献。

② 科技创新。

我国政府一直高度重视企业科技创新，认为这是实现经济高质量发展的重要支撑。企业应加大科技创新投入，培养高素质人才，搭建创新平台，优化创新环境，以提高生产效率、降低能源消耗和环境污染。

首先，企业应将科技创新作为核心竞争力，加大研发投入。企业是科技创新的主体，只有不断研发新技术、新产品，才能在激烈的市场竞争中立于不败之地。此外，企业还应加强与高校、科研院所的合作，充分利用产学研一体化的优势，加快科技成果的转化。

其次，社会各界应加大对科技创新的扶持力度，落实研发费用加计扣除等优惠政策，激励企业加大研发投入。同时，社会各界还需完善科技创新人才培养机制，提高人才待遇，鼓励优秀人才投身科技创新事业。

再次，搭建科技创新平台，促进资源共享。企业、高校和科研院所应充分利用国家科技创新平台，开展协同创新，实现资源共享。此外，企业还可通过参加创新创业大赛等活动，展示科技创新成果，拓宽合作渠道。

最后，优化创新环境，营造良好的氛围。社会各界要切实保护知识产权，严厉打击侵犯知识产权的行为，为企业科技创新提供法治保障。同时，社会各方要共同营造尊重创新、鼓励创新的良好氛围，让企业敢于创新、乐于创新。

（5）传播与推广。

① 加强宣传教育。

可持续发展是一种注重长远发展目标，强调全面、协调、可持续发展的理念。我国政府高度重视可持续发展，将其作为国家战略纳入经济社会发展总体布局。为了进一步提高公众对可持续发展理念的认识和参与程度，形成良好的社会氛围，需要从以下几个方面着手。

首先，加大宣传力度，提高公众对可持续发展理念的认知。通过各种媒体平台，广泛传播可持续发展的理念、目标和相关政策，让广大群众深入了解可持续发展的重要性。同时，加强教育培训，培养具有可持续发展意识和能力的各类人才，为可持续发展战略的实施提供人才支持。

其次，强化政策引导，推动社会各界积极参与、推动可持续发展。社会各界利用有利于可持续发展的政策措施，激励企业、社会组织和公民积极参与可持续发展实践。例如，通过财政税收政策鼓励企业采用环保技术、绿色生产方式，引导消费者绿色消费；加强对社会组织和公民的引导，鼓励他们参与生态环境保护、社区可持续发展等项目。

再次，加强顶层设计，完善可持续发展体制机制。在法律法规、发展规划、政策制度等方面，强化对可持续发展的保障。例如，修订相关法律法规，提高环境保护、资源节约等方面的法治水平；在发展规划中明确可持续发展的目标和要求，确保各项经济社会发展指标符合可持续发展要求；完善政策制度，推动经济社会发展与生态环境保护协调共进。

复次，深化国际合作，共同应对全球可持续发展挑战。我国应积极参与联合国可持续发展目标（SDGs）的实施工作，加强与世界各国的交流与合作，共享可持续发展经验，共同应对全球性问题，如气候变化、能源安全等。

最后，注重地方实践，发挥各地区的优势。各地区要结合自身实际情况，制订符合本地区特点的可持续发展规划和措施，发挥各自的优势，形成特色鲜明的可持续发展模式。同时，地区间加强交流合作，互相学习借鉴，共同推动全国范围内的可持续发展。

② 经验交流。

可持续发展战略是我国提出的一项重要发展规划，旨在推动经济社会的持续健康发展，促进人与自然的和谐共生。为了更好地实施这一战略，我国在政策制度、产业转型升级、生态环境保护等多个方面都进行了积极的探索和实践。在这一过程中，不仅积累了丰富的经验，也与国际上的许多国家和地区进行了广泛的合作与交流。

首先，政策制度的创新。我国在实施可持续发展战略的过程中，制定了一系列具有前瞻性和可操作性的政策法规，如《中共中央　国务院关于加快推进生态文明建设的意见》等。这些政策法规为我国可持续发展提供了有力的制度保障。同时，我国不断调整和完善相关政策，以适应经济社会的发展变化。

其次，产业转型升级。我国经历了从传统工业到现代服务业的转型，高度重视高能耗、高污染的产能过剩问题，积极推动产业结构调整，鼓励发展绿色低碳产业。这种转型不仅提高了我国经济的整体竞争力，也有效缓解了资源环境压力。

最后，生态环境保护。我国在实施可持续发展战略的过程中，大力推进生态文明建设，明确提出"绿水青山就是金山银山"的理念，全国范围内开展生态环境保护行动，严厉打击生态环境违法行为。这些举措有力地保护了生态环境，改善了人居环境，也为我国经济社会发展创造了良好的条件。

在国际层面，我国积极参与全球气候治理，认真履行国际公约，推动构建公平合理的全球气候治理体系。在国内层面，推动区域协调发展，鼓励各省市区根据自身优势发展绿色经济，实现共同发展。

③ 案例推广。

可持续发展战略是我国经济社会发展的重要指导方针，旨在实现经济、社会、环境的协调发展，构建人与自然和谐共生的美丽中国。为了进一步提高可持续发展战略的影响力，可以选取具有代表性的成功案例进行宣传和推广。

首先，选取的成功案例应当具有显著的经济、社会效益。这些案例应当在资源利用、环境保护、生态修复等方面取得显著成果，为当地经济社会发展提供了有力支撑。宣传这些案例，可以向社会展示可持续发展战略的实际效果，增强社会各界对可持续发展理念的认同感。

其次，选取的成功案例应当具有创新性和可复制性。这些案例应当在发展战略、技术创新、管理制度等方面具有一定的创新性，可为其他地区和企业提供借鉴。推广这些案例，可以激发更多地区和企业探索适合自己的可持续发展道路，推动全国范围内的可持续发展实践。

再次，选取的成功案例应当具有广泛的社会关注度和影响力。这些案例应当引起社会各界对可持续发展问题的关注，引导公众参与到可持续发展实践中来。宣传这些案例，可以提高公众的环保意识和社会责任感，形成全社会共同推进可持续发展的良好氛围。

最后，在宣传和推广成功案例的过程中，政府部门、企业、媒体和社会组织等多方应共同参与。政府部门要充分发挥组织协调作用，为企业提供政策支持和资金扶持；企业要积极承担社会责任，推动技术创新和产业升级；媒体要充分发挥舆论引导作用，加大对可持续发展理念的宣传力度；社会组织要积极参与，推动社会各界共同关注可持续发展问题。

2.1.2　企业可持续发展战略的实施

1. 建立可持续发展战略的组织架构与团队

在当今社会，企业面临着日益严峻的市场竞争和可持续发展挑战。为了在激烈的市场竞争中立于不败之地，企业必须关注可持续发展，制订并实施相应的战略。在此过程中，建立符合可持续发展理念的组织架构与团队至关重要。

（1）明确企业可持续发展战略的目标。

企业应明确自身的可持续发展目标，包括环境保护、社会责任、经济效益等方面的目标，在此基础上，确定组织架构和团队建设的方向，确保各项举措符合企业可持续发展战略的要求。

（2）优化组织架构。

① 设立可持续发展部门。

企业作为社会经济发展的重要支柱，其可持续发展能力直接影响整个社会的可持续发展。为了更好地实施可持续发展战略，企业可以考虑设立专门负责可持续发展事务的部门，以加强企业可持续发展战略的实施力度。

首先，设立专门负责可持续发展事务的部门有助于企业将可持续发展理念融入企业发展战略规划。部门负责人和员工可以专注于研究企业可持续发展的相关问题，如环境保护、承担社会责任、企业治理等，从而在企业内部形成可持续发展文化，这种文化将引导企业在经济、社会、环境等多个层面实现可持续发展目标。

其次，专门负责可持续发展事务的部门可以为企业提供专业的可持续发展建议。在制订企业战略、规划和决策时，该部门可以为企业领导层提供有关可持续发展方面的专业意见，确保企业在追求经济效益的同时，充分考虑社会和环境因素，实现可持续发展。

再次，设立专门负责可持续发展事务的部门有助于企业跟踪和评估可持续发展绩效。该部门可以定期对企业的可持续发展绩效进行监测和评估，以便发现企业在可持续发展过程中存在的问题和不足。通过对绩效的评估，企业可以及时调整战略方向和措施，以确保可持续发展目标的实现。

最后，专门负责可持续发展事务的部门可以加强企业与政府、社会组织、利益相关者之间的沟通与合作。企业可以通过与政府部门、社会组织和产业链上、下游企业建立合作关系，共同推动可持续发展，实现多方共赢。

企业设立专门负责可持续发展事务的部门，既可以加强企业可持续发展战略的实施力度，又有利于提高企业整体的可持续发展能力。同时，也有助于提升企业形象，增强企业在市场竞争中的软实力，实现长远发展。

②跨部门合作。

在当今激烈的市场竞争中，企业要想实现可持续发展，必须充分发挥各部门之间的协同作用，形成跨部门合作机制。跨部门合作不仅可以提高企业内部资源的配置效率，还可以促进信息、知识和技能的共享，为企业的长远发展奠定坚实基础。为此，企业应采取以下措施加强跨部门合作。

a. 建立常态化沟通平台。

为了促进跨部门之间的沟通与交流，企业应设立固定的沟通平台，如定期召开跨部门联席会议、组织座谈会等。在这些平台上，各部门负责人和员工可以就工作中遇到的问题、合作需求和资源互补等充分讨论，寻求解决方案，达成共识。

b. 设立跨部门项目小组。

针对特定项目或任务，企业可以组建跨部门项目小组，以确保各部门之间的协同配合。项目小组成员来自不同部门，可以充分发挥各自的专业优势，共同推进项目的开展。同时，项目小组成员之间的互动也有助于加强部门间的了解和信任。

c.推进信息化建设。

企业应充分利用现代信息技术手段，搭建内部信息共享平台，实现各部门之间信息的快速传递、查询和交流。通过信息化手段，企业可以打破部门壁垒，提高工作效率，为跨部门合作提供便捷条件。

d.强化人员培训与交流。

企业应加大对员工的培训力度，提高员工的专业素质和跨部门协作能力。此外，企业还可以通过内部调岗、轮岗等方式，促进不同部门的员工的交流，促进其相互了解，为跨部门合作奠定基础。

e.建立健全激励机制。

企业应设立合理的绩效考核体系，鼓励跨部门合作。对于在跨部门合作中表现突出的个人和团队，企业应给予相应的奖励，以激发员工的积极性和创造力。

（3）组建专业化团队。

① 招聘具备可持续发展知识和技能的员工。

在招聘过程中，注重选拔具备可持续发展知识和技能的员工，为企业注入新鲜血液。

② 培训在岗员工。

定期组织内部培训，提升员工对可持续发展理念的认识和技能，使其更好地为企业贡献力量。

③ 激励机制。

建立与可持续发展绩效挂钩的激励机制，激发员工积极参与企业可持续发展工作的积极性。

（4）建立健全可持续发展制度与流程。

① 制定可持续发展政策。

企业应制定一系列可持续发展政策，为企业可持续发展战略的实施提供制度保障。

② 完善内部管理流程。

优化企业内部管理流程，确保企业在决策、生产、销售等环节均能遵循可持续发展原则。

③ 监测与评估。

建立可持续发展指标体系，对企业可持续发展绩效定期进行监测和评估，以便及时调整战略和措施。

（5）加强企业文化建设。

① 传播可持续发展理念。

在当今这个快速发展的时代，企业面临着前所未有的挑战，如何实现可持续发展已成为企业关注的焦点。为了深化可持续发展理念，企业应通过内部媒体、培训等形式，加强可持续发展理念的传播，提高员工的认同感。

首先，企业内部媒体是传播可持续发展理念的重要途径。企业可以通过内部报纸、杂志、电视、广播等多种形式，定期发布有关可持续发展的新闻、资讯、案例分析等内容，让员工在日常工作之余，深入了解和掌握可持续发展理念。同时，企业还可以利用企业内部网络平台，设立专门的可持续发展专栏，为员工提供丰富的学习资源，方便员工随时随地学习。

其次，企业培训是提高员工对可持续发展的认同感的有效手段。企业可以定期组织可持续发展培训课程，邀请专家、学者或具有丰富经验的企业管理者进行授课，帮助员工系统地学习可持续发展理论、方法和实践。此外，企业还可以鼓励员工参加相关的外部培训和研讨会，拓宽视野，汲取行业良好的实践经验。

再次，企业在加强可持续发展理念传播的过程中，还需注重与员工个人的成长和发展相结合。企业可以设立可持续发展奖学金，鼓励员工积极参与可持续发展相关项目，为员工提供更多实践的机会。同时，企业还可以将可持续发展知识与员工的绩效考核挂钩，激发员工学习的积极性。

最后，企业应营造良好的企业文化，推动可持续发展理念的内化。企业可以通过举办丰富多彩的文化活动，如征文比赛、知识竞赛、演讲比赛等，让员工在参与过程中深刻理解和接纳可持续发展理念。此外，企业还可以在企业核心价值观中明确提出可持续发展理念，使其成为员工共同遵循的行为准则。

② 举办可持续发展相关活动。

可持续发展是当今世界发展的重要趋势，也是企业长远发展必须关注的核心议题。为了在内部深化可持续发展理念，企业需要通过组织各类活动，让员工在实践中感受可持续发展的重要性，形成良好的企业氛围。

首先，要加强对员工的培训和教育，提高他们对可持续发展的认识。通过专业讲师授课、座谈会等形式，让员工了解可持续发展在企业运营中的具体含义和价值。此外，还可以组织员工参加外部培训和研讨会，与行业领先企业和专业人士交流，汲取其在可持续发展方面的经验。

其次，将可持续发展理念融入企业内部管理制度。制定相关政策和措施，鼓励员工积极参与节能减排、资源循环利用等工作。通过建立绿色办公体系，提高员工的环保意识，使他们在日常工作中自觉遵循可持续发展原则。

再次，举办丰富多样的实践活动，让员工在实践中体验可持续发展的魅力。比如，组织员工参加公益活动，关注环保、扶贫等社会议题，让他们亲身体验到企业社会责任的重要性。同时，开展绿色出行活动，鼓励员工使用公共交通工具上下班，降低私家车的出行比例，减轻城市交通和环境压力。

复次，还要加强企业文化建设，培育可持续发展价值观。通过举办内部知识竞赛、悬挂宣传标语等形式，提醒员工时刻关注可持续发展。同时，发挥企业内部社交媒体的作用，分享可持续发展案例和成果，激发员工的自豪感和参与热情。

最后，强化考核与激励机制，鼓励员工为企业可持续发展做出贡献。将员工在可持续发展方面的表现纳入绩效考核体系，给予优秀员工相应的奖励和表彰。这样既能激发员工的积极性，也有利于企业整体可持续发展目标的实现。

通过以上措施，可以在企业内部营造出浓厚的可持续发展氛围，让员工深刻认识到可持续发展对企业及社会的重要意义，从而激励他们积极参与，共同为实现企业的可持续发展目标而努力。

③ 倡导绿色生活方式。

绿色生活方式是一种注重环保、可持续发展的生活方式，强调在个人生活中减少对环境的负面影响，提高资源利用率，从而实现人与自然的和谐共生。我国政府高度重视绿色生活方式的推广，提倡全员积极参与，将可持续发展理念融入家庭和生活。要将绿色生活方式融入日常生活，可以从以下几个方面入手。

首先，需要增强环保意识。员工应认识到环境保护对人类生存和发展的重要性，自觉在生活中节约资源、减少污染。可以通过参加环保培训、阅读环保资料等方式，提高自己的环保知识水平，为绿色生活打下坚实基础。

其次，员工要在家庭生活中发挥示范作用，带动家庭成员共同践行绿色生活方式。例如，节约用水、用电，减少不必要的购物和消费；选择绿色出行方式，如骑自行车、乘坐公共交通工具，减少使用私家车；分类处理生活垃圾，减少废弃物排放，促进循环经济发展。

再次，企业也应积极构筑绿色办公氛围，为员工提供绿色办公环境。企业可以采购节能环保的办公设备，合理规划办公空间，减少纸张消耗，推广无纸化办公；加强垃圾分类和回收，减少办公场所的环境污染。

最后，员工还可以积极参与社会公益活动，关注环保事业。员工可以参加环保志愿者队伍，参与环保项目，为绿色发展贡献自己的力量。同时，可以通过社交媒体、朋友圈等渠道，宣传绿色生活方式，影响更多的人加入环保行动。

2. 制订实施方案，明确责任分工与考核标准

企业可持续发展战略的实施是一项系统、全面的工程，涉及企业经营的方方面面。为了确保可持续发展战略的有效推进，企业需制订具体的实施方案，明确责任分工与考核标准，确保各个部门和员工在实施过程中各司其职，共同为实现企业可持续发展目标而努力。

（1）制订实施方案。

① 分析现状。

企业在追求可持续发展的道路上，全面了解自身的现状至关重要。可持续发展涉及多个方面，包括资源消耗、污染物排放、经济效益和社会责任等。为了确保企业的长期繁荣，以及与社会的和谐共生，企业有必要对这些问题进行深入剖析，找出存在的不足，从而制定具有针对性的改进措施。

首先，在资源消耗方面，企业应关注能源、原材料和人力等资源的利用效率。企业需认真评估自身的资源消耗水平，对照行业标准，找出浪费和

冗余之处，通过技术创新、管理优化等手段降低资源消耗，提高资源利用率。

其次，在污染物排放方面，企业要关注温室气体、废水、废气和固体废物等排放物的减排。企业应采取严格的环保措施，降低生产过程中对环境的污染，同时投资研发绿色产品和服务，推广清洁生产技术，实现生产过程的低碳、环保、可持续。

再次，在经济效益方面，企业要关注营利能力、成本控制和投资回报等指标。企业应审视自身的营利模式，寻求创新途径，提高附加值，优化业务结构，确保经济效益的持续增长。此外，企业还需关注现金流管理、财务风险控制等方面，确保企业的财务健康。

最后，在社会责任方面，企业要注重对员工、客户、供应商和社会的关爱。企业应积极履行社会责任，提供良好的工作环境，保障员工权益，关注员工培训和发展。同时，企业要关注客户需求，提供优质的产品和服务，诚信经营，维护消费者权益。此外，企业还需关注供应链管理，确保供应商的合法权益，推动供应链的可持续发展。

②设定目标。

可持续发展是我国经济社会发展的重要方向，也是企业长远发展的必然选择。为了在节能减排、资源利用率、员工福利等方面实现可持续发展，企业需根据国家法律法规、行业标准和自身实际情况，设定明确的具体目标，并采取有效措施推进实施。

首先，在节能减排方面，企业应充分认识到能源消耗和环境污染对经济社会发展的制约作用。通过技术创新、管理优化等手段，降低能源消耗和污染物排放，努力实现生产过程的绿色化。此外，企业还应定期对生产设施进行能源审计，以挖掘节能潜力，提高能源利用率。

其次，在资源利用率方面，企业应坚持节约优先、循环利用的原则，提高资源利用率。这包括优化生产流程，降低原材料消耗；加强废弃物处理和资源化利用，实现物质流的封闭循环；采购绿色、可循环利用的办公用品，降低单位产品的资源消耗。

最后，在员工福利方面，企业应关注员工的权益，提高员工的满意度。这要求企业严格遵守国家有关劳动法规，确保员工的工资待遇合法合规；加强对员工的培训，提升员工的职业技能和综合素质；完善员工的社会保障制度，关心员工的身心健康；开展丰富多样的文化活动，提升员工的归属感和自豪感。

社会各界也应关注企业的可持续发展，为企业提供政策支持、技术指导和市场机遇，共同推动经济社会的绿色、低碳、循环发展。

③ 制订实施方案。

可持续发展是企业在长期发展过程中兼顾经济效益、社会效益和环境效益的一种发展模式。为了实现这一目标，企业在分析现状和设定目标的基础上，应制订详细的可持续发展实施方案，明确实施的步骤、时间表、所需的资源和投入等。

首先，企业应进行全面而深入的现状分析，包括内部资源、外部市场环境、政策法规要求等方面的分析。这有助于企业了解自身在可持续发展方面的优势和不足，为制订实施方案提供依据。

其次，企业应明确可持续发展目标。可持续发展目标应具有可衡量性、可行性和激励性，以确保企业在实现经济效益的同时，也能实现社会和环境效益。例如，企业可以设定减少能耗、降低污染物排放、提高资源利用率等具体目标。

再次，企业需制订详细的可持续发展实施方案。实施的步骤应具有明确性，确保各项工作有序推进；时间表应具有合理性，确保项目按期完成；所需的资源和投入应充分评估，以确保项目的顺利实施。此外，企业还需建立监测和评估机制，对实施方案的执行情况定期进行跟踪和评估，以便及时调整和改进。

复次，企业应注重与各方利益相关者的沟通与合作，共同推进可持续发展。这包括与供应商、客户、政府部门等建立良好的合作关系，共同探讨和解决可持续发展过程中的难题。

最后，企业还需加强内部培训和宣传，提高员工对可持续发展的认识和参与度。企业可以通过举办各类培训、座谈会等，让员工了解可持续发展理念、政策和措施，从而提高其在工作中的积极性和主动性。

（2）明确责任分工。

① 设立专门的机构。

企业应设立可持续发展领导小组或专门的部门，负责统筹协调企业内部资源，推动可持续发展战略的实施。

②各部门职责划分。

在企业运营过程中，各部门扮演着不同的角色。为了实现企业的整体目标，各部门应根据实施方案和责任分工，分别承担相应的任务。以下是各部门应承担的主要任务。

a.生产部门：负责节能减排。

生产部门作为企业的核心部门之一，肩负着生产产品或提供服务的重要任务。在生产过程中，应注重节能减排，降低能源消耗和环境污染。具体措施包括：

优化生产流程，提高生产效率，减少资源浪费。

采用节能设备和技术，提高能源利用率。

强化环保意识，加强对废弃物处理和污染物排放的控制。

定期开展节能减排培训，提高员工的环保意识和技术水平。

b.人力资源部门：负责员工的培训和福利待遇。

人力资源部门对于企业的发展起着关键作用，应关注员工的培训和福利待遇。具体职责包括：

制订员工培训计划，针对不同岗位需求开展专业技能和素质培训。

关注员工的职业发展，提供晋升机会和职业规划指导。

落实员工福利政策，保障员工合法权益，提高员工的满意度和忠诚度。

营造企业文化，促进员工之间的沟通与交流，增强团队凝聚力。

c.其他部门：协同合作，共同发展。

除了生产部门和人力资源部门之外，其他部门也应明确各自的职责，为企业发展提供支持。例如：

市场部门：负责产品推广、客户拓展和市场分析，为企业创造更多商机。

财务部门：合理规划企业资金的运用，确保企业财务状况健康，为企业提供有力保障。

采购部门：优化供应链管理，降低采购成本，保障生产原料的质量和供应。

研发部门：关注行业动态，开展技术创新，为企业产品升级和市场竞争力提升提供支持。

企业各部门应根据实施方案和责任分工，分别承担相应的任务，密切协作，共同推动企业实现可持续发展。

③强化沟通协调。

企业应加强各部门之间的沟通协调，确保各部门在实施可持续发展战略的过程中能够密切配合，共同推进各项任务的完成。

首先，企业要加强内部沟通。各部门之间的密切沟通是实现可持续发展战略的基础。企业应定期组织各部门召开座谈会，交流在实施可持续发展战略的过程中遇到的问题和困难，共同探讨解决方案。此外，企业还可以通过设立专门的政策宣讲团，对相关政策进行解读，促进员工对可持续发展理念的认识和理解。

其次，企业要注重部门之间的协作。在实施可持续发展战略的过程中，各部门之间的协作至关重要。企业应建立健全跨部门协作机制，明确各部门的职责和协作要求，确保各项任务有序推进。同时，企业还需对各部门的协作效果进行定期评估，提出改进措施，以提高协作效率。

再次，企业要关注与外部合作伙伴的关系。与产业链上、下游的相关企业建立良好的合作关系，共同推进可持续发展。企业可以通过参加行业联盟、研讨会等形式，加强与外部合作伙伴的交流与合作，共享资源和技术，实现共赢发展。

最后，企业要建立健全可持续发展考核指标体系。企业应设立一套科学、合理的可持续发展考核指标体系，对各部门的实施情况进行全面评估。通过对各部门的考核，激励员工积极参与可持续发展工作，提高企业整体的可持续发展能力。

（3）设定考核指标。

首先，企业应根据可持续发展目标和实施方案，设定具体、可量化的考核指标，以便对各部门和员工的实施情况进行客观评价。

其次，制定考核办法。企业应制定完善的考核办法，明确考核周期、考核方式和奖惩措施，确保考核工作的公正、公平和有效。

最后，落实考核结果。企业应对考核优秀的部门和个人给予表彰和奖励，对考核不合格的部门和个人进行督促整改，确保可持续发展战略得到有效落实。

3. 持续监测与评估战略实施效果，及时调整优化

在当今激烈的市场竞争中，企业要想保持领先地位，实现可持续发展，必须重视可持续发展战略的制订和实施。战略的制订只是第一步，更为关键的是对战略实施过程的持续监测和评估，以及根据评估结果及时调整和优化战略。

（1）企业持续监测与评估战略实施效果的重要性。

① 确保战略方向的正确性。

企业战略是为了实现企业的长期发展目标，其在实施过程中可能会受到外部环境变化和内部资源制约等因素的影响。通过持续监测和评估，企业可以及时发现战略在实施过程中存在的问题和偏差，确保战略方向的正确性。

② 提高资源配置效率。

企业资源是有限的，如何在众多的战略举措中找到最适合的方向，实现企业目标，成为管理者关注的焦点。在这一过程中，监测和评估战略实施效果成为关键环节。通过对战略实施效果的评估，企业可以了解各项战略举措的实际效果，从而调整资源配置，提高资源利用率，进一步实现可持续发展。

首先，企业需要建立一套完善的监测和评估体系，确保各项战略举措能够按照预定的目标和进度实施。这套体系应包括明确战略目标、确定关键绩效指标、实时的数据收集与分析，以及定期评估。通过建立该体系，企业可以全面了解战略实施的进度和效果，为后续调整提供依据。

其次，企业应注重战略实施过程中的沟通与协作。各部门和员工是战略实施的主体，其积极参与和配合对战略目标的实现至关重要。企业需要搭建有效的沟通平台，确保信息畅通，让员工了解战略目标和实施进度。同时，也要倾听员工的意见和建议，及时调整战略举措。

再次，企业要善于利用数据分析来评估战略实施效果。通过对各项战略举措所涉及的数据进行深入分析，企业可以发现潜在的问题和机遇，为战略调整提供有力支撑。此外，数据分析还可以帮助企业预测市场趋势，进一步优化资源配置，提高资源利用率。

最后，企业需要不断调整和优化战略部署。在监测和评估战略实施效果的基础上，企业要对现有的战略举措进行适时调整，确保资源配置能够最

大限度地满足企业发展目标。同时，企业还要关注行业动态和竞争态势，抓住市场机遇，提高资源利用率，保证企业持续拥有竞争优势。

③激发企业的创新能力。

企业要想实现可持续发展，必须不断调整自身的战略，以适应瞬息万变的市场。这其中包括创新业务模式、调整经营策略，以及积极寻找潜在的创新点和机会。在这一过程中，企业应注重监测和评估市场动态，以便更好地把握市场趋势，进一步推动企业可持续发展。

首先，企业在实施战略的过程中要具备敏锐的市场洞察能力，及时发现市场变化。市场变化对企业的经营发展具有重要影响，企业要善于从中捕捉机遇，应对挑战。通过密切关注行业动态、了解竞争对手的举措，以及关注政策法规的变化，企业可以更好地把握市场发展的大方向。

其次，企业要不断创新业务模式和经营策略。在市场环境日益复杂多变的背景下，企业若固守传统的业务模式和经营策略，很可能会面临发展困境。因此，企业要勇于创新，积极探索适应市场需求的新业务模式和经营策略。这不仅有助于提高企业的核心竞争力，还能为企业带来新的增长点。

再次，企业还需重视对潜在创新点和机会的挖掘。创新是企业发展的原动力，而潜在的创新点和机会往往隐藏在市场的细节之中。企业要通过深入的市场调研，发现这些创新点和机会，并将其转化为实际的发展优势，从而在市场竞争中始终保持领先地位。

最后，企业要建立健全监测和评估机制。通过对市场、企业内部及竞争对手等的全面监测和评估，企业可以更加准确地了解自身的优势和不足，为战略调整提供有力依据。同时，监测和评估还能帮助企业发现潜在的风险，提前制定应对措施，确保企业的稳健发展。

④提升企业竞争力。

企业战略实施效果的持续监测和评估是企业在发展过程中的至关重要的一环。在激烈的市场竞争中，企业必须对市场动态保持敏锐的洞察力，以便及时调整战略举措，从而提升企业的竞争力。

首先，企业战略实施效果的持续监测和评估有助于企业了解市场动态。市场是不断变化的，企业需要密切关注市场的最新动态，以便对市场变化迅速做出反应。通过定期对战略实施效果进行评估，企业可以了解自身的优势和劣势，发现潜在的市场机会和威胁。

其次，企业战略实施效果的持续监测和评估有助于企业调整战略举措。企业在实施战略的过程中，可能会遇到预期之外的问题和挑战。这时企业需要根据实际情况对战略进行调整，以应对市场变化。通过对战略实施效果的评估，企业可以发现现有战略的不足之处，从而有针对性地调整战略方向、目标和举措。

最后，企业战略实施效果的持续监测和评估有助于提升企业的竞争力。通过对战略实施效果的评估，企业可以了解哪些战略举措达到了预期效果、哪些战略举措需要进一步优化。在此基础上，企业可以充分发挥自身的优势，制订更具针对性和实效性的战略，从而提升企业的竞争力。

（2）企业进行战略实施效果监测与评估的步骤。

① 设定明确的评估指标。

企业应根据战略目标和实施计划，设定具体、可量化的评估指标，以便于对战略实施效果进行客观、全面的评价。

② 建立监测与评估机制。

企业应建立健全监测与评估机制，确保评估工作常态化、制度化。可以设立专门的评估小组或部门，负责组织开展评估工作。

③ 采用多种评估方法。

企业应综合运用定性和定量相结合的评估方法，从多个维度对战略实施效果进行评估。例如，问卷调查、访谈、数据分析、案例研究等。

④ 关注企业的内、外部信息。

企业在进行战略评估时，要充分关注企业的内、外部信息，特别是市场变化、竞争对手的动态、企业内部的执行力等方面的信息，以确保评估的准确性。

（3）根据评估结果及时调整、优化战略。

① 发现问题，分析原因。

企业应根据评估结果，找出存在的问题和不足，深入分析原因，为调整、优化战略提供依据。

② 制订调整方案。

企业应根据问题分析结果制订相应的调整方案，包括战略目标调整、战略举措调整、资源配置调整等。

③ 落实调整措施。

企业应将调整方案落到实处，确保各项调整措施的有效执行。同时，对调整过程中的问题及时进行解决。

④ 持续跟踪与评估。

企业在调整、优化战略后，还需继续进行监测与评估，以确保措施调整后的实施效果，并为下一轮战略调整提供依据。

企业持续监测与评估战略实施效果，及时调整、优化，是确保企业战略目标实现的关键环节。企业应高度重视这一环节，不断完善监测与评估体系，以实现企业的可持续发展。

2.2　数字经济环境下企业可持续发展的关键要素

企业需关注以下关键要素，以确保在数字经济环境下保持竞争优势并实现可持续发展。

2.2.1　技术创新与研发投入

在数字经济时代，技术创新已成为企业可持续发展的核心驱动力。企业若想在激烈的市场竞争中立于不败之地，必须加大研发投入，不断推动产品和服务的创新升级。这不仅有助于提高企业的核心竞争力，也是适应市场和客户需求变化的关键所在。

首先，企业应高度重视技术创新在可持续发展中的战略地位。只有不断创新，企业才能在激烈的市场竞争中保持竞争优势，为客户带来更好的产品和服务。此外，企业还需关注新兴技术的发展趋势，提前进行技术布局，以抢占市场先机。这需要企业具备敏锐的市场洞察力和强烈的技术创新意识。

其次，企业应建立健全技术创新体系，形成持续创新的能力。这包括优化研发组织结构，提升研发团队的创新能力；加强产学研合作，充分利用高校和科研院所的技术资源；完善激励机制，调动员工的创新积极性。通过这些措施，企业可以不断推动技术和产品的创新升级，满足市场和客户的需求。

再次，企业应注重技术创新的实用性。在数字经济时代，技术创新不仅要追求高精尖，还要注重实际应用。企业应将技术创新与市场需求相结合，以客户为中心，开发出更具竞争力的产品和服务。这样才能真正实现技术创新对企业可持续发展的推动作用。

最后，企业还需关注新兴技术所带来的产业变革。例如，人工智能、大数据、云计算等新兴技术正在改变传统产业，为企业提供了新的发展机遇。企业应主动拥抱这些技术，加快产业升级，实现高质量发展。同时，企业还应关注新兴技术所引发的社会问题和伦理挑战，积极履行社会责任，为可持续发展创造良好的社会环境。

2.2.2　数据资产管理与利用

数据已经渗透到企业的方方面面，成为企业最重要的资产之一。对于企业而言，加强数据资产管理显得尤为重要，它不仅能够提高数据的质量和价值，更是企业在数字经济时代立足的关键。数据资产管理并非一蹴而就，需要企业持续地投入和关注。

首先，数据资产管理的重点在于提高数据的质量和价值。数据质量的提升意味着企业可以更加准确地了解市场动态和客户需求，从而制定出更具针对性的战略和决策。运用先进的数据挖掘和分析技术，企业能够对海量数据进行深入挖掘，发现数据背后的规律和价值。这不仅有助于企业优化业务流程，提高运营效率，还可以为企业带来新的商业机会和发展空间。

其次，数据资产管理涉及数据安全和隐私保护。在数据驱动时代，信息安全已经成为企业面临的重要挑战。企业需要建立完善的数据安全防护体系，确保数据的安全性和完整性。同时，企业还需关注数据隐私保护，遵守相关法律法规，尊重用户的隐私权。

最后，企业应注重数据人才的培养和引进。在数据资产管理过程中，专业的人才队伍是关键。企业应当加强对员工的培训和教育，提高员工的数据素养和技能水平，为数据资产管理提供有力支撑。同时，企业还需积极引进外部优秀人才，为企业的发展注入新的活力。

数据资产管理既是一项长期、系统的工程，也是企业在数字经济中抢占先机的关键因素。

2.2.3 人才培养与技能提升

在当今数字经济环境下，企业竞争的实质已经发生了深刻的变化，从传统的资本、市场、产品竞争转向了人才竞争。人才，尤其是具备数字技能和创新能力的人才，已经成为企业发展的核心驱动力。因此，企业需高度重视人才培养工作，以提升整体竞争力。

1. 企业应将人才培养纳入战略规划

在数字化转型背景下，企业要明确人才队伍建设的目标和方向，制订出切实可行的人才发展规划。这包括提升现有员工的技能、招聘具备相关技能的新员工，以及培养具有创新精神的团队。通过实施人才战略，企业可以更好地应对外部环境变化，把握发展机遇。

2. 企业要加强员工的技能

在数字经济时代，技术的更新换代速度加快，企业必须关注员工的技能培训，确保员工具备适应数字化发展的能力。企业可以定期开展内部培训、邀请行业专家授课，或者与高校、科研院所合作，为员工提供学习交流的平台。通过不断学习，员工可以充实自己的知识储备，提高工作效率，为企业创造更大的价值。

3. 企业还需搭建创新人才培养机制

在激烈的市场竞争中，创新能力成为企业制胜的关键。企业要鼓励员工敢于尝试，积极参与技术创新和业务创新。为此，企业应设立创新基金、举办创新大赛，激发员工的创新意识和潜能。同时，要建立激励机制，对取得创新成果的员工给予奖励，营造浓厚的创新氛围。

4. 企业要关注人才队伍的稳定性

在竞争激烈的市场环境下，人才的流失可能会导致企业核心技术的泄露、业务的中断等严重后果。因此，企业要关注员工的福利待遇、职业发展等方面，提高员工的满意度和忠诚度。通过优化人才队伍结构，增强企业的凝聚力，为企业的长远发展奠定基础。

2.2.4 建立合作伙伴关系与生态系统建设

在数字化时代，企业间的合作变得越来越紧密，企业之间不再仅仅是竞争关系，而是转向合作与竞争并存的新态势。为了在激烈的市场竞争中立于不败之地，企业需积极构建合作伙伴关系，以共享资源和市场，降低创新成本，提高整体竞争力。

首先，企业应树立合作共赢的理念。在数字经济时代，企业之间已不再是单打独斗，而是携手共进。通过建立紧密的合作伙伴关系，企业可以实现资源互补、技术交流、市场拓展等多方面的互利共赢。这种合作模式有利于提高整个行业的创新效率，推动产业升级。

其次，企业需共同推进创新能力建设。技术创新和应用的速度不断加快，企业必须保持高度的创新能力。通过建立合作伙伴关系，企业可以共享创新资源，分担创新风险，提高创新成果的转化效率。此外，企业还应加强人才培养和交流，为合作伙伴提供智力支持，共同提升行业的整体竞争力。

再次，企业应携手推动产业链优化升级。企业合作不再局限于单一环节，而是涵盖设计、生产、销售、服务等全产业链的协同。企业通过建立合作伙伴关系，可以实现产业链上、下游的整合，优化资源配置，降低生产成本。同时，产业链的协同有利于企业发挥各自的优势，提高产品和服务的质量，满足消费者的多样化需求。

最后，企业还需关注可持续发展。在数字经济时代，企业应与合作伙伴共同关注环境保护、社会责任等方面，推动行业的可持续发展。这既是企业履行社会责任的体现，也有利于企业在长远发展中树立良好的品牌形象。

2.2.5　企业履行社会责任与可持续发展理念

企业若要实现可持续发展，必须关注环境保护、社会公平和企业治理等多个方面。这不仅符合企业长远发展的需求，也是应对日益严峻的市场竞争的必然选择。

首先，环境保护是企业在数字经济环境下实现可持续发展的重要基石。企业应当积极采取措施，降低生产过程中的能耗和减少污染排放，推进绿色低碳发展。企业通过节能减排、资源循环利用等方式，创造良好的生态环境，也为社会和客户创造绿色价值。

其次，社会公平是企业在数字经济环境下应当关注的关键议题。企业应当关注员工权益，营造公平竞争的环境，推动收入等方面的平等。此外，企业还需关注供应链上、下游的相关方，确保价值链的公平与可持续。企业通过关爱弱势群体、支持公益事业等方式，促进社会和谐发展，创造有利的社会条件。

最后，企业治理是数字经济环境下企业可持续发展的重要保障。企业应完善治理结构，强化内部风险管控，确保企业经营合规、透明、高效。通过优化管理、提升效益，为企业提供坚实的制度保障，进而为实现可持续发展奠定基础。

企业通过履行社会责任，可以树立良好的品牌形象，提高声誉，为可持续发展创造有利条件。同时，企业应积极响应国家政策，紧密结合行业发展趋势，将可持续发展理念融入企业发展战略和生产经营活动中。这样企业才能在数字经济环境下站稳脚跟，不断壮大，为我国经济社会的可持续发展贡献力量。

2.2.6　政策法规遵循与合规经营

政策法规对企业经营产生深远的影响。为了在激烈的市场竞争中占据优势，企业必须高度重视政策法规的动态，确保合规经营，从而在合法合规的基础上实现可持续发展。

首先，企业应当建立健全法务部门或指定专门的法律法规负责人，定期对企业经营活动中可能涉及的法律风险进行排查，以确保企业各项业务合规开展。同时，企业还需加强与政府部门、行业组织、法律顾问等的沟通与合作，以便及时了解政策法规的最新动态，为企业的战略决策提供有力支撑。

其次，企业应将合规经营理念融入企业文化，通过内部培训、宣传教育等方式，提高员工对法律法规的认识和遵从意识。企业可以制定完善的内部管理制度，明确各部门、各岗位的职责权限，确保员工在日常工作中学法、知法、守法，形成良好的合规氛围。

再次，企业在经营过程中要注重合同管理，确保合同的合法性、合规性。企业应建立健全合同管理制度，对合同的签订、履行、变更、解除等环节严格把关，防范合同纠纷和法律风险。同时，企业还需加强商业秘密保护，防范竞争对手通过不正当手段获取企业的敏感信息，维护企业的核心竞争力。

复次，企业还需重视数据安全和个人信息保护。企业应按照相关法律法规的要求，在对用户数据的收集、存储、使用和传输的环节，确保用户数据安全。同时，企业要规范个人信息的收集和使用，严格遵循用户授权原则，避免滥用用户数据，确保企业在数据合规使用的基础上实现业务的发展。

最后，企业在面临政策法规变化时要具备快速响应和调整的能力。企业应建立灵活的组织结构和运营模式，以便在法规变化时迅速调整经营策略，降低法律风险。同时，企业还需加强内部沟通，确保各部门在政策法规调整过程中协同配合，共同应对其可能带来的影响。

2.3　成功案例分析与实践经验总结

2.3.1　成功案例分析

1. 阿里巴巴

阿里巴巴集团控股有限公司（简称阿里巴巴）致力于推动绿色物流，减少物流环节的碳排放，以实现企业的可持续发展。阿里巴巴认识到环境保护的重要性，因此积极采取措施，减轻环境负担。此举不仅体现了阿里巴巴对于环境保护的责任担当，同时也为企业带来了良好的社会声誉和品牌价值。

为实现绿色物流，阿里巴巴采取了多种措施。首先，阿里巴巴优化物流线路规划，通过提高运输效率，减少无效运输，从而减少碳排放。其次，阿里巴巴鼓励物流合作伙伴采用环保设备和绿色包装材料，以减少物流环节的污染。最后，阿里巴巴投资建设了绿色仓储设施，通过采用节能设备和绿色建筑技术，降低仓储环节的能源消耗和减少碳排放。

在关注环保的同时，阿里巴巴也高度重视数据安全。随着互联网技术的高速发展，数据安全已成为用户和企业面临的重要课题。阿里巴巴深知数据安全对于用户隐私和企业发展至关重要，因此加大了在数据安全方面的投入。阿里巴巴通过不断完善数据安全防护体系，提升系统的安全性能，确保用户数据的安全性和完整性。此外，阿里巴巴还积极履行社会责任，加强对员工的数据安全培训，提高员工对数据安全的防范意识。

阿里巴巴在绿色物流和数据安全方面的努力，得到了广大用户和社会的认可。阿里巴巴通过实施绿色物流项目和加强数据安全投入，既为企业的可持续发展奠定了坚实基础，也为用户提供了安全、绿色的消费环境。

2. 华为

华为技术有限公司（简称华为）作为全球领先的信息通信技术提供商，一直以来秉持着可持续发展战略，致力于在产品设计、生产、运营等环节保护环境和降低能源消耗。在当今快速发展的时代，华为明白只有不断创新、积极投入研发和培养人才，才能确保企业在激烈的市场竞争中保持持续的竞争力。

首先，在产品设计环节，华为注重绿色环保理念的融入。设计师充分考虑产品的能耗、材料可回收性等因素，力求在源头上减少对环境的影响。此外，华为还积极参与国内、外绿色设计标准的制定，以推动整个行业向环保方向发展。

其次，在生产环节，华为采取了一系列节能措施。例如，引入先进的生产工艺和设备，提高生产效率，降低单位产品能耗；加强生产过程中的能源管理，通过能源审计、节能培训等方式，提高员工的节能意识。

最后，在运营环节，华为致力于降低能源消耗。华为推行绿色办公，提倡节能减排，例如，合理配置办公设备、减少纸质文件、提高办公设备的利用率等。同时，华为还关注供应链的环保问题，与供应商建立绿色供应链管理体系，共同实现可持续发展。

除此之外，华为深知创新和研发是企业保持持续竞争力的关键。因此，华为积极投入研发资金，为科研团队提供充足的支持。华为的研发投入占营业收入的比例一直保持在较高水平，以确保企业在技术创新方面始终保持领先地位。在人才培养方面，华为重视人才的选拔和培养，发展储备了一批高素质的人才队伍。华为设有完善的培训体系，包括新员工培训、专业技能培训、管理培训等，帮助员工不断提升能力，为企业发展贡献力量。

3. 腾讯

深圳市腾讯计算机系统有限公司（简称腾讯）致力于通过数字公益项目，促进社会公益事业的蓬勃发展，以实现企业与社会共同成长。腾讯充分发挥技术优势和平台力量，激发社会各界参与公益事业的积极性，推动构建更加和谐、公正的社会。

为了确保数字公益项目的顺利进行，腾讯不断加强网络安全防护，致力于保障数据安全。腾讯深知信息安全对企业和社会的重要性，因此投入了大量资源和精力，力求为用户提供安全、可靠的服务。在推动社会公益事业方面，腾讯的数字公益项目涵盖多个领域，如教育、环保、扶贫、健康等领域。通过具有创新性的数字化手段，腾讯助力公益组织提高工作效率，降低运营成本，让更多人参与到公益事业中来。同时，腾讯还积极鼓励员工参与公益活动，以实际行动回馈社会。

在加强网络安全防护方面，腾讯秉持安全第一的原则，采取了一系列措施来保障用户的数据安全。首先，腾讯不断完善网络安全技术，实时监测网络风险，防患于未然。其次，腾讯注重保护用户隐私，严格遵守相关法律法规，确保用户数据在传输、存储和使用过程中的安全性。最后，腾讯通过开展网络安全教育，提高用户的网络安全意识，共同维护网络空间的和谐、稳定。

腾讯以数字公益项目为载体，既推动了社会公益事业的发展，又加强了网络安全防护。腾讯发挥自身优势，为公益事业插上了数字化的翅膀，助力我国公益事业的繁荣昌盛。

4. 京东

京东集团股份有限公司（简称京东）以实现绿色物流为己任，通过创新和技术升级，不断优化物流体系，提高物流效率，降低物流成本。京东将智能物流作为核心发展理念，致力于构建高效、环保的物流网络。

首先，京东在智能物流方面的探索和实践已经取得了显著的成果。通过运用大数据、云计算、人工智能等前沿技术，实现了物流信息的实时追踪、精准调度和路径优化，从而提升了物流效率，降低了物流成本。在此基础上，京东加大在智能物流技术方面的研发投入，推动了绿色物流的全面发展。

其次，京东深知绿色发展离不开循环经济的支撑。因此，京东在推动废弃物回收再利用方面付出了巨大的努力。通过建立完善的回收体系，鼓励用户参与废弃物分类和回收，京东实现了资源的高效利用，减少了环境污染。这种循环经济的发展模式，不仅有利于提高企业的竞争力，也为绿色经济发展提供了有益的借鉴。

最后，京东还注重在技术创新方面的突破。为了为客户提供更优质的服务，京东加大了对人工智能和物联网等领域的研发投入。通过不断优化业务流程、提升服务质量，京东为广大用户带来了更为便捷、高效的购物体验。同时，这些先进的技术也为京东在物流、供应链管理等领域的进一步发展提供了强大的支撑。

5. 百度

北京百度网讯科技有限公司（简称百度）作为我国在人工智能领域的领军企业，其发挥的作用日益凸显。在推动绿色出行和节能减排方面，百度通过无人驾驶、智能家居等重点项目，为我国可持续发展贡献了力量。

首先，百度在无人驾驶领域有所突破。百度致力于研发无人驾驶技术，旨在降低交通事故率、缓解交通拥堵、提高道路运输效率。通过无人驾驶汽车，人们可以安全、舒适地出行，同时减少对环境的影响。百度无人驾驶汽车已经在国内多个城市进行了路试，其技术日臻成熟。

其次，在智能家居领域，百度同样成绩斐然。百度智能家居系统通过物联网、大数据等技术，将家庭中的各种设备连接起来，实现智能化管理。用户可以通过手机 APP 远程控制家中的电器，合理安排用电、用水等，从而降低能耗，助力节能减排。此外，百度智能家居系统还可以为用户提供个性化的家居服务，提高生活品质。

再次，在注重科技创新的同时，百度也高度重视用户数据的隐私保护。随着互联网的普及，数据安全已成为广大用户关注的焦点。百度加强对数据安全的监管，确保用户信息的安全、可靠。为此，百度投入大量资源研发安全防护技术，并对内部员工进行严格的管理和培训，确保数据安全。

最后，百度积极履行社会责任，开展公益活动。通过支持教育、扶贫、环保等方面的项目，百度助力社会和谐发展，为构建美好家园贡献自己的力量。例如，百度发起的"百度公益基金会"致力于资助贫困地区的教育事业，为孩子提供学习机会，阻断贫困的代际传递。同时，百度还积极参与环保公益活动，倡导绿色出行，提高公众的环保意识。

6. 小米

小米科技有限责任公司（简称小米）是一家秉持绿色环保理念的科技企业，在产品设计和生产过程中，始终将节能降耗作为重要准则。小米深知环保不仅是一种责任，更是未来发展的一种趋势。因此，在运营过程中，小米致力于将绿色理念贯穿到每一个环节，以实现可持续发展。

首先，在产品设计阶段，小米工程师充分考虑设备的能耗问题，力求在保证产品性能的前提下，降低能耗。通过优化硬件配置和软件算法，让产品在满足用户需求的同时，最大限度地减少能源消耗。

其次，在生产过程中，小米注重节能降耗的生产线建设。通过引入先进的生产设备和技术，降低生产过程中的能耗，这样在提高生产效率的同时，也实现了对环境的保护。

再次，小米还积极投身社会公益事业，通过小米公益项目，助力社会和谐发展。小米关爱弱势群体，关注环保、教育、健康等多个领域，用实际行动践行社会责任。

最后，小米深知网络安全对于用户的重要性，因此始终将网络安全意识贯穿于产品研发、生产和运营等各个环节。通过对用户数据的加密处理和严格的数据管理机制，小米为用户提供了一个安全、可信赖的使用环境。

7. 美的

美的集团股份有限公司（简称美的）是一家秉持绿色环保理念的家电企业，始终致力于为全球消费者提供高效、节能、环保的家电产品。在激烈的市场竞争中，美的不仅注重产品技术创新，还积极履行社会责任，为社会可持续发展做出贡献。

首先，美的在产品研发方面投入了大量资金，不断优化产品线。通过采用先进的技术和材料，美的成功推出了一系列节能、环保的家电产品。这些产品在保证高品质生活的同时，降低了能源消耗，减少了环境污染，为消费者带来了绿色环保的生活方式。

其次，在人才培养方面，美的坚信人才是企业发展的核心竞争力。因此，美的加强与高校、科研院所的合作，通过产学研相结合的方式，培育创新型人才。此外，美的还通过设立奖学金、实习实训等方式，鼓励和支持年轻人投身于家电行业，为行业的未来发展储备力量。

最后，美的深知企业的成功离不开社会的支持。因此，美的关注社会责任，积极参与公益事业，为社会贡献力量。在环保方面，美的积极节能减排，推动绿色发展；在教育方面，美的资助贫困地区的教育事业，助力人才培养；

在公益方面，美的开展多种形式的公益活动，关爱弱势群体。

8. 中兴通讯

通信行业在全球范围内积极寻求绿色技术的应用，以降低能源消耗，减少环境污染。中兴通讯股份有限公司（简称中兴通讯）深知绿色发展的重要性，在行业内大力推广绿色技术。中兴通讯不仅关注自身的绿色发展，还重视数据安全和网络安全防护，以确保用户信息的安全和网络环境的稳定。

中兴通讯认为，数据安全是企业发展的基石，网络安全是国家安全的重要组成部分。为此，加大投入，强化网络安全防护，提升网络安全水平。

在追求绿色发展和保障网络安全的同时，中兴通讯还积极履行社会责任。中兴通讯通过中兴通讯公益基金会，支持社会公益事业发展，致力于实现企业与社会共同进步，以实际行动践行社会责任。

中兴通讯将绿色、安全和公益作为企业发展的三大支柱，立足于通信行业，以创新为驱动，推动产业绿色发展。

2.3.2　实践经验总结

1. 制订可持续发展战略

可持续发展是当今世界发展的重要趋势，企业作为经济发展的重要载体，应明确可持续发展目标，制订具体战略，确保企业在经济效益与环境保护之间取得平衡。企业应根据自身发展战略和行业特点，明确可持续发展目标。这些目标应涉及经济效益、环境保护、社会责任等多个方面，以实现企业全面、协调、可持续发展。此外，企业还需不断调整和优化目标，使之更具针对性和可操作性。在明确可持续发展目标的基础上，企业需制订具体战略，具体战略应涵盖以下几个方面。

（1）产业转型升级与技术创新。

通过转型升级和引进先进技术，提高企业的经济效益，降低能源消耗，减少环境污染。

（2）绿色生产与消费。

推广绿色生产方式，降低生产过程中的能源消耗，减少污染物排放；倡导绿色消费，提供环保、健康、安全的产品和服务。

（3）生态环境保护。

加强生态环境保护，落实环境保护措施，降低企业对环境的负面影响。

（4）社会责任。

关注社会发展，积极参与公益事业，履行社会责任，提升企业形象。

2. 加大技术创新

企业在现代社会中扮演着至关重要的角色，它们是推动经济发展、提高人民生活水平的关键力量。在激烈的市场竞争中，企业必须关注技术创新，提高生产效率，降低运营成本，致力于实现绿色发展。

（1）企业应当高度重视技术创新。

在科技日新月异的时代背景下，技术创新已成为企业核心竞争力的源泉。企业应充分利用国家政策支持，加大研发投入，培育创新型人才，不断推动技术突破。通过技术创新，企业可以开发出更具市场竞争力的新产品，满足消费者日益多样化的需求，从而实现可持续发展。

（2）提高生产效率是企业降低运营成本、提高营利能力的关键。

企业应采用先进的生产工艺和管理模式，充分发挥设备和技术优势，提高资源利用率。此外，企业还应关注员工培训和技能提升，提高员工的工作效率。通过提高生产效率，企业可以在市场竞争中占据有利地位，实现经济效益最大化。

（3）企业在追求经济效益的同时，也不能忽视绿色发展。

绿色发展是指在保护生态环境、保障人类可持续发展的基础上，实现经济、社会和环境的和谐共生。企业应积极响应国家绿色发展政策，采用环保的生产技术和管理措施，减少污染物排放，实现低碳、绿色生产。这将有助于提升企业形象，赢得消费者信任，同时为我国生态文明建设做出贡献。

3. 注重人才培养与激励

人才是企业发展的基石，企业的核心竞争力在很大程度上取决于人才的质量和数量。在激烈的市场竞争中，企业要关注人才发展，不仅要加强人才的引进和培养，还要提供丰富的培训和晋升机会，激发员工的积极性和创造力，从而为企业可持续发展提供坚实的人才支持。

（1）企业要重视人才的引进。

引进优秀人才是企业快速发展的关键，企业应该根据自身的发展战略和人才需求，积极吸引各类人才。此外，企业还需建立一套完善的人才选拔机制，以确保引进的人才能够更好地适应企业的发展需求。

（2）企业要关注人才的培养。

企业应当投入足够的资源，为员工提供专业技能和综合素质的培训，以提高员工的岗位竞争力。通过内部培训、外部培训和岗位轮换等多种形式，使员工不断充实新知识、新技能，从而提升个人能力和团队整体水平。

（3）企业要创造良好的晋升机制。

晋升机制是激发员工积极性的关键因素之一，企业应当设立明确的晋升标准和流程，确保优秀员工能够得到应有的发展空间。同时，企业还需关注员工的职业发展规划，帮助员工明确职业目标，为员工提供多样化的晋升途径，使员工在职业成长过程中感受到企业的关爱和支持。

（4）企业要关注员工的福利待遇和心理健康。

员工的福利待遇直接影响员工的工作积极性和满意度。企业应当合理调整薪酬体系，确保员工的努力得到应有的回报。同时，企业还需关注员工的心理健康，营造充满关爱、尊重和公平的工作氛围，使员工在工作中保持积极的心态。

4. 履行社会责任

企业作为社会的一分子，不仅要以追求经济效益为目标，还要积极履行社会责任，参与公益事业，实现企业与社会的共同发展。在这一过程中，企业需要关注以下几个方面。

（1）积极承担社会责任。

① 关注环境保护。

企业要关注环境保护，减少生产过程中的污染物排放，提倡绿色生产方式，提高资源利用率，为建设生态文明贡献力量。

② 保障员工权益。

企业要关心员工的生活和工作，提供良好的工作环境，保障员工的合法权益，开展培训，提升员工的素质。

③支持社区建设。

企业要积极参与社区建设，帮助弱势群体，促进社区和谐。

（2）参与公益事业。

①教育公益。

企业可以投资建设学校、图书馆等教育设施，资助贫困学生，支持教育事业的发展。

②健康公益。

企业可以关注公共卫生事业，捐赠医疗设备，开展健康教育活动，提高公众的健康素养。

③文化公益。

企业可以支持文化艺术事业，资助文化创作，弘扬优秀传统文化，丰富人们的精神生活。

（3）塑造企业形象。

①诚信经营。

企业要秉持诚信为本的经营理念，遵守法律法规，诚实守信，建立良好的商业信誉。

②提供优质服务。

企业要注重提升服务质量，以客户为中心，满足消费者的需求，赢得市场认可。

③建设企业文化。

企业要积极培育企业文化，倡导积极向上的价值观，营造和谐的企业氛围。

（4）实现企业与社会的共同发展。

①创新驱动。

企业要加大研发投入，推动科技创新，提高产品和服务的竞争力，助力国家经济发展。

②产业升级。

企业要顺应时代发展趋势，转型升级，优化产业结构，为社会创造更多价值。

③合作共赢。

企业要积极寻求与各方合作，实现资源共享、互利共赢，推动社会繁荣。

5.加强数据安全防护

数据安全是企业发展的重要保障，尤其在信息技术飞速发展的时代，企业应高度重视数据安全防护，确保用户隐私和企业数据安全。这不仅有助于提高企业竞争力，也为企业的可持续发展创造了有利条件。以下从 5 个方面阐述了加强数据安全防护的措施，可为企业的可持续发展创造良好的环境。

（1）完善数据安全管理制度。

企业应建立完善的数据安全管理制度，明确数据安全责任和权限划分。企业应设立专门的数据安全管理机构，其负责制定、实施数据安全政策。此外，企业还需定期对员工进行数据安全培训，提高员工的安全意识，确保数据安全政策得到有效执行。

（2）采取必要的技术手段。

企业应采用先进的数据安全技术，提高数据防护能力。这包括利用加密技术、防火墙、入侵检测系统等，以防止未经授权的访问、篡改和泄露。同时，企业还需关注新兴技术的发展，如人工智能、区块链等技术，将其应用于数据安全领域，提升整体防护水平。

（3）加强数据安全风险评估和监控。

企业应定期开展数据安全风险评估，识别潜在风险，制定相应的风险应对措施。此外，企业还需建立健全数据安全监控体系，对数据安全状况进行实时监控，发现异常及时处理，确保数据安全。

（4）强化数据安全应急预案。

企业应制订完善的数据安全应急预案，明确应急响应流程和责任人。在发生数据安全事件时，企业应迅速采取措施，最大限度地降低损失。同时，企业还需定期组织应急演练，提高应对数据安全事件的能力。

（5）树立良好的企业形象。

企业应积极履行数据安全防护责任，树立良好的企业形象。企业可通过宣传、报告等形式，向用户和社会展示其在数据安全方面的成果和举措，提高用户的信任度，为企业的可持续发展创造有利条件。

　　加强数据安全防护，确保用户隐私和企业数据安全，是企业可持续发展的重要保障。企业应从管理制度、技术手段、风险评估和监控、应急预案、企业形象等多个方面入手，全面提升数据安全防护能力，为企业的长远发展创造良好的环境。

第3章　风险预警机制研究

3.1　风险预警机制概述

3.1.1　风险预警机制的定义和作用

1. 定义

风险预警机制，简单来说，是一种预判和预警潜在风险的制度安排，旨在及时发现、识别和应对各种风险，从而降低风险对个体、企业、行业乃至整个社会的负面影响。风险预警机制涉及多个层面，包括经济、金融、社会、环境等，其核心目的是防患于未然，确保各个领域的稳定和发展。

2. 作用

（1）风险识别。

风险预警机制在现代企业中发挥着至关重要的作用。它是一种通过收集、分析和整理各类信息，对企业内、外部风险进行识别、评估和预警的制度。这一机制有助于企业及时发现潜在的风险源，为企业风险防范和应对提供有力的依据，从而确保企业稳健经营和持续发展。

首先，风险预警机制能够帮助企业识别内部风险。企业内部风险主要包括经营风险、财务风险、法律风险和人力资源风险等。通过设立风险预警机制，企业可以定期收集和分析这些风险的相关信息，确保企业在面临风险时能够迅速做出反应，降低损失。

其次，风险预警机制有助于企业发现外部风险。企业外部风险主要包括市场风险、政策风险、行业风险和环境风险等。通过对外部环境的监测和分析，企业可以及时了解行业动态和政策变化，确保企业战略目标的顺利实现。

最后，风险预警机制还可以提高企业的风险防范和应对能力。当企业发现潜在风险时，可以立即启动应对措施，如调整经营策略、优化财务结构等，有助于企业在面临风险时减少损失。

在我国，风险预警机制的建设得到了政府和企业的高度重视。在政府层面，监管部门不断加强对企业风险预警工作的指导和监督，推动企业建立健全风险管理制度。在企业层面，越来越多的企业认识到风险预警机制的重要性，纷纷加大投入，提高风险管理水平。

风险预警机制是企业防范和应对风险的有效手段。政府和企业应继续加强合作，共同推动我国风险预警机制建设，为我国经济的稳定发展贡献力量。

（2）风险评估。

风险预警机制是企业在面临不确定性因素时，对潜在风险进行及时识别、评估和应对的系统性制度安排。它具有预防和控制风险的作用，有助于企业减少损失，保持稳健经营。在风险预警机制中，对识别出的风险进行定量和定性评估是至关重要的环节。

首先，风险的定量评估是指通过数学模型或统计方法，对企业面临的风险进行量化分析。这有助于企业对风险的大小有清晰的认识，从而能够更有针对性地制订风险应对策略。例如，在金融领域，企业可以利用风险价值系数等量化指标，对市场风险、信用风险等进行定量评估。

其次，风险的定性评估则是从非数量角度对风险进行描述和分析。它主要通过专家评估、案例研究等方法，对企业面临的风险进行主观评价。这种评价方式能够反映出风险的性质、严重程度和可能带来的影响，为企业提供更为全面的决策依据。例如，在企业经营过程中，管理层可以根据市场环境、政策变化等因素，对各类风险进行定性评估。

在风险预警机制中，将定量和定性评估相结合，可以更为准确地确定风险的严重程度和可能带来的影响。这有助于企业了解风险的大小和优先级，为制订风险应对策略提供有力支持。企业可以根据风险的严重程度和影响对风险进行排序，确定优先级。对于高风险项目，企业应加大监管力度，确保风险可控；对于低风险项目，企业可以适当降低监管成本，提高管理效率。企业可以根据风险的性质，制订具有针对性的风险应对策略。例如，对于市场风险，企业可以采用套期保值、资产配置等策略；对于信用风险，企业可以加强客户信用评估、完善担保制度等。企业应建立健全风险预警机制，持续关注风险的变化趋势，及时调整风险应对策略。这有助于企业始终处于风险管理的前沿，确保经营的稳健。

（3）风险应对。

风险预警机制是一种预防和应对企业面临的风险的有效工具。它主要通过对企业内、外部环境进行深入分析和评估，发现潜在的风险因素，并及时发出预警信号，以便企业能够提前采取相应的措施，降低风险对企业的影响。

在风险预警机制中，根据风险评估的结果，企业可以制订相应的风险应对策略和预案。这些策略和预案旨在帮助企业在面临风险时迅速采取措施，最大限度地降低风险对企业运营的影响。风险应对策略主要包括以下几种。

①风险规避：通过调整业务策略或市场布局，避免直接接触高风险区域，降低风险发生的可能性。

②风险减轻：通过采取相应的措施，降低风险发生的可能性或减少风险对企业的影响。

③风险转移：通过保险、担保等手段，将风险转移给其他方，降低企业自身承担的风险。

④风险补偿：为应对潜在的风险，企业可以提前储备一定的资金或资源，以弥补风险造成的损失。

⑤风险消化：企业利用自身的风险承受能力，逐步消化风险对企业的影响。

⑥风险监控：持续跟踪风险的发展态势，及时调整风险应对策略，确保企业在面临风险时能够迅速采取措施。

风险预警机制对于企业来说具有重要的现实意义。通过建立健全风险预警机制，企业可以提前发现和防范风险，提高风险应对能力，确保企业在面临风险时能够迅速采取措施，降低风险对企业的影响。同时，这也有助于提升企业的核心竞争力，实现企业的可持续发展。在我国经济转型升级的背景下，企业应高度重视风险预警机制的建设，为企业的长远发展保驾护航。

（4）风险监控。

风险预警机制在企业运营过程中起着至关重要的作用。它通过持续监控风险的变化，对企业面临的潜在威胁进行实时跟踪，从而为企业提供及时、准确的风险信息。这种机制有助于企业保证风险应对措施的有效性，确保企业在面临风险时能够迅速做出反应，将潜在的损失降到最低。

首先，风险预警机制能够帮助企业识别潜在风险。在市场经济中，企业面临着来自内部和外部的各种风险，如市场风险、信用风险、操作风险等。通过建立风险预警机制，企业可以对这些风险进行系统的识别和分析，从而确保企业决策者能够对潜在风险有清晰的认识，提高风险防范能力。

其次，风险预警机制有助于企业及时调整风险应对策略。风险是不断变化的，企业需要根据风险的变化情况调整应对措施。风险预警机制可以实时监测风险的变化，为企业提供有关风险的详细信息。这使得企业能够在风险发生前采取相应的措施，提高风险应对的时效性和针对性。

最后，风险预警机制可以提高企业应对风险的协同性。在企业内部，不同部门之间可能存在相互关联的风险。通过风险预警机制，企业可以实现各部门之间风险信息的共享，促进各部门之间的协同应对。这有助于提高企业整体的风险防范和应对能力，确保企业在面临风险时能够有条不紊地开展工作。

3.1.2　风险预警机制的构成要素

1. 信息收集与风险识别、评估

（1）信息收集。

风险预警机制是企业在面临潜在风险时采取的一种预防和应对措施。为了确保风险预警机制的有效性，第一步便是收集与潜在风险相关的各类信息。这些信息包括企业内部的财务报表、经营状况、管理制度等，以及企业外部的行业动态、政策法规和市场环境等。

在收集内部数据方面，企业需要重点关注财务报表的实时更新，以便准确了解企业的财务状况。财务报表包括资产负债表、利润表和现金流量表等，通过对这些报表的分析，企业可以发现潜在的财务风险。此外，经营状况也是风险预警的重要依据。企业需要密切关注自身的生产经营状况，如产量、销售额、成本等，以便发现经营过程中出现的问题。同时，管理制度也是内部数据的重要组成部分。企业应建立健全管理制度，确保各部门之间协同运作，降低内部风险。

在收集外部数据方面，企业需要关注行业动态，了解企业在所处行业中的地位和发展趋势。通过对比行业平均水平，企业可以发现自身在行业中的优势和劣势，从而有针对性地改进经营策略。政策法规是企业经营的重要参考，企业需要密切关注政府发布的相关政策法规，以确保自身经营活动的合规性。此外，市场环境也是影响企业经营的重要因素。企业需要关注市场需求、竞争对手、消费者满意度等方面的信息，以便对市场风险及时做出应对。

（2）风险识别。

在当今充满竞争和挑战的商业环境中，企业必须对各种潜在风险保持高度警惕。风险管理已成为企业可持续发展的重要组成部分。通过对收集到的信息进行全面、深入的分析，企业可以识别出自身所面临的潜在风险，从而确保稳健经营。下面我们着重分析财务风险、市场风险、信用风险、操作风险识别。

① 财务风险识别。

财务风险主要指企业在资金筹集、运用和回收过程中可能遭遇的不确定性，包括利率风险、汇率风险、流动性风险和筹资风险等。企业应密切关注财务状况，建立健全财务风险预警机制，确保资金安全。同时，企业还需不断优化资本结构，降低财务成本，提高营利能力，以应对潜在的财务风险。

② 市场风险识别。

市场风险是指企业在市场竞争中可能遭受的损失。市场风险包括市场需求波动、产品价格波动、原材料价格波动等。企业应通过市场调研，深入了解消费者的需求，制订科学的市场战略，以降低市场风险。此外，企业还应加强与供应商的战略合作，稳定原材料供应，提高应对市场波动的能力。

③ 信用风险识别。

信用风险是指企业在交易过程中，对方违约或无法按约定履行义务而导致的损失。企业应建立健全信用管理体系，对交易对手进行充分了解和评估，确保交易安全。此外，企业还应加强应收账款管理，制定合理的信用政策，降低信用风险。

④ 操作风险识别。

操作风险是指企业在日常经营过程中，内部管理不善、人为失误或系统故障等导致的损失。企业应加强内部控制，完善管理制度，提高员工素质，确保运营安全。同时，企业还需关注信息技术风险，加大技术投入，提高信息系统的安全性和稳定性。

企业应对财务风险、市场风险、信用风险和操作风险保持高度警惕，加强风险识别。同时，企业还应根据自身实际情况，制订相应的风险管理策略，为企业的长远发展保驾护航。

（3）风险评估。

在面对不确定性因素时，对识别出的风险进行定量和定性评估是至关重要的。这有助于企业全面了解风险的严重程度及可能带来的影响。评估方法包括但不限于概率论、统计学、模型预测等。这些方法有助于相关人员对风险进行科学、系统的分析，为后续的风险管理提供有力支撑。

首先，概率论在风险评估中的应用具有重要意义。通过对风险事件发生的概率进行量化分析，企业管理者可以更好地预测未来可能出现的问题，并为制订风险应对策略提供依据。概率论可以帮助企业了解风险的随机性、波动性，以及在不同条件下风险事件发生的可能性。

其次，统计学在风险评估中同样发挥着重要作用。通过对历史数据进行统计分析，我们可以发现风险事件发生的规律、趋势，以及风险之间的相关性。这有助于相关人员识别出潜在的风险点，并对风险进行优先级排序，以便有针对性地开展风险防范和管理工作。

最后，模型预测作为风险评估的一种方法，也在实际应用中取得了良好的效果。通过构建数学模型，可以对风险事件的可能影响进行预测。这些模型可以涵盖多种因素，如经济、政策、市场等因素，从而帮助企业更全面地分析风险。同时，模型预测还可以随着时间的推移不断更新，以适应风险的变化，提高评估的准确性。

在实际操作中，需要根据具体情况选择合适的评估方法，或将多种方法相互结合。通过对风险进行定量和定性评估，企业可以更准确地判断风险的严重程度和可能带来的影响，为制定风险应对措施提供有力支撑。同时，评估结果还可以用于监督风险管理措施的有效性，以便在必要时进行调整，确保企业安全、稳定发展。

2. 风险应对策略

（1）风险应对计划。

根据风险评估结果，制订相应的风险应对计划。

（2）应急响应机制。

建立应急响应机制，确保在风险发生时能够迅速、有效地应对。

3. 风险监控与预警

（1）风险监控。

通过设立风险监测指标，对企业的风险状况持续进行监控。风险监测指标包括财务指标、经营指标、市场指标等。

（2）风险预警。

当风险监测指标达到预警阈值时，及时发出预警信号，提醒相关部门和人员采取措施以防范风险。

4. 风险沟通与培训

（1）风险沟通。

确保企业内部各部门和员工对风险预警机制有充分的认识和了解，提高风险防范意识。风险沟通包括定期召开风险管理会议、发布风险提示等。

（2）风险培训。

对企业员工进行风险管理知识的培训，提高员工的风险识别、评估和应对能力。

5. 风险管理制度与改进

（1）风险管理制度。

建立健全风险管理制度，确保风险预警机制的有效运行。风险管理制度包括风险管理组织架构、职责分工、工作流程等。

（2）改进。

定期对风险预警机制进行评估，根据评估结果不断优化和改进，提高风险预警的准确性和有效性。

通过以上 5 个方面的构成要素，风险预警机制能够帮助企业及时识别和应对潜在风险，提高企业的抗风险能力，保障企业的稳健发展。在实际操作中，企业应根据自身的实际情况和需求，不断完善和调整风险预警机制，使其发挥最大的作用。

3.2　风险预警机制的构建与实施

3.2.1　风险预警机制的理论基础

1. 风险预警机制的理论框架

（1）风险管理理论。

风险管理理论认为，风险预警机制的核心是对风险进行有效管理。通过风险管理，企业可以及时发现潜在的风险，制定应对措施，降低风险带来的负面影响。

（2）信息不对称理论。

信息不对称理论指出，在市场交易中，买卖双方对信息的掌握程度不同，从而导致市场失灵。风险预警机制通过建立健全信息披露制度，提高信息透明度，有助于解决信息不对称问题，为风险防范提供有力支撑。

（3）内部控制理论。

内部控制理论认为，内部控制是企业实现经营目标的有效保障。风险预警机制应与企业内部控制体系相结合，确保企业在面临风险时能够迅速做出反应，保证企业运营的稳定性。

（4）危机管理理论。

危机管理理论强调，在面对突发事件时，企业应采取有效措施，及时化解危机。风险预警机制正是通过对危机采取预防、应对等措施，确保企业在危机发生后能够迅速恢复正常运营。

2. 风险预警机制的模型构建

在当今复杂多变的经济环境下，企业、金融机构及政府部门等面临着各种各样的风险。风险预警机制作为一种有效的风险管理工具，能够及时识别、评估和预警潜在的风险，从而为决策者提供有力的支持。

（1）风险预警指标体系的构建。

风险预警指标体系是模型的核心，主要包括财务指标、非财务指标和宏观经济指标。财务指标可以反映企业的经营状况，如营利能力、偿债能力等；非财务指标可以反映企业的市场环境，如行业地位等；宏观经济指标可以反映整体经济环境，如通货膨胀率等。

（2）风险预警模型的选择与优化。

风险预警模型主要包括统计方法、机器学习算法和深度学习算法等。企业可以根据风险预警的特点和数据的特点，选择合适的模型进行训练和优化。在实际应用中，可以采用多种模型相结合的方式，提高风险预警的准确性。

（3）风险预警机制的实践与应用。

风险预警机制在企业、金融机构和政府部门等的应用具有重要意义。例如，企业可以通过风险预警机制及时发现经营风险，采取调整经营策略、加强内部控制等措施降低风险；金融机构可以利用风险预警机制防范信贷风险，提高信贷资产质量；政府部门可以利用风险预警机制监测宏观经济风险，制定相应的政策调控措施。

风险预警机制的模型构建是风险管理研究的重要方向。通过对风险预警机制的理论框架、模型构建进行深入分析，可以为我国企业的风险管理提供有益参考。在未来的研究中，需要进一步完善风险预警指标体系，探索更高效、准确的风险预警模型，以提高风险管理水平，保障我国金融市场的稳定发展。

3.2.2 风险预警机制的构建过程

1. 风险预警机制的设计

（1）明确风险预警目标。

风险预警机制是一种预防和应对潜在风险的工具，它的核心目标是及时发现并识别可能对企业、经济、社会乃至国家造成影响的潜在风险。在这个过程中，预警信号的发出至关重要，它可以让相关部门和企业及时了解风险的存在，从而有针对性地采取措施，降低风险所带来的负面影响。

首先，需要明确风险预警机制的目标。这些目标包括识别潜在的风险、及时发出预警信号、降低风险的影响、提高应对风险的能力等。只有明确了这些目标，才能更好地构建和实施风险预警机制。

其次，风险预警机制的构建和运行需要有专门的机构和人员来负责。这些机构和人员需要具备一定的专业知识和技能，以便能够准确地识别和评估潜在风险。此外，还需要与企业、政府部门及其他相关机构保持紧密的联系，以便能够及时地获取到风险信息。

再次，风险预警机制需要有一套完善的制度和流程来保证其运行的有效性和可靠性。这些制度和流程包括风险识别、风险评估、预警信号发布、应对措施制定和实施等。在这一过程中，信息的透明和公开非常重要，以确保预警信号的准确性和公正性。

复次，风险预警机制还需要有一定的资源保障，包括人力、物力、财力等方面的支持。只有有了足够的资源，风险预警机制才能正常运行，从而有效地防范和应对风险。

最后，风险预警机制需要不断地完善和更新。随着社会经济的发展，风险的种类和性质也在不断变化，因此，企业需要根据实际情况调整和优化风险预警机制，以确保始终具备较高的预警能力和取得较好的应对效果。

风险预警机制的构建和运行是一项系统性的工程，需要从多个层面进行探讨和分析。只有明确了风险预警机制的目标，安排了专门的机构和人员，制定了完善的制度和流程，保障了足够的资源，并不断地完善和更新预警机制，企业才能有效地识别潜在风险，降低风险的影响，为企业的稳定发展和社会的和谐进步提供保障。

（2）制定风险预警指标。

在现代社会，风险无处不在，对个人和企业而言，识别和防范风险至关重要。为了更好地应对各种风险，企业需要根据风险的性质和特点，制定一系列具有针对性的预警指标。这些指标应具有可量化、易于理解和操作性强等特点，以便于对风险进行实时监测和评估。

① 需要明确预警指标的分类。

根据风险的性质，可以将预警指标分为财务风险、市场风险、操作风险等。针对不同类型的风险，企业需要制定相应的预警指标，以便更准确地评估风险水平。

② 预警指标应可量化。

这意味着指标应该能够通过具体的数据和数值来表示，便于分析和比较。例如，财务风险预警指标可以包括资产负债率、流动比率、利润率等；市场风险预警指标可以包括股价波动率、市场成交量、行业景气指数等。

③ 预警指标应易于理解。

这意味着指标应该简单明了，能够迅速传达风险信息。易于理解的预警指标有助于企业更快地识别和应对风险，降低潜在的损失。

④ 预警指标应具有较强的操作性。

这意味着指标应该具有实际操作价值，能够为企业提供具体的防范措施。例如，当某项风险预警指标超过临界值时，企业可以采取相应的措施来降低风险，如调整投资策略、加强内部管理等。

制定一系列具有针对性的预警指标是防范风险的重要手段。在风险日益复杂的现代社会，我们应该高度重视预警指标的研究和应用，为企业和个人的发展提供安全保障。

（3）构建风险预警模型。

风险预警模型是一种重要的工具，可以帮助企业在面临各种风险时做出明智的决策。它的构建主要依赖于统计学和数据分析等方法，通过对预警指标进行量化处理，实现对风险的定量和定性分析。

风险预警模型的基本构建步骤如下。

① 数据收集。

收集与风险相关的各类数据，如财务数据、市场数据、行业数据等。这些数据是构建风险预警模型的基础，对于保证模型的准确性和有效性具有重要意义。

② 指标选择。

从收集到的数据中筛选出与风险相关的关键指标，如偿债能力、营利能力、运营能力等。这些指标能够反映风险的大小和变化趋势，是构建风险预警模型的重要依据。

③ 量化处理。

对筛选出的预警指标进行量化处理，如采用统计方法、机器学习算法等，将指标转化为具有统一度量的数值，这有助于对不同风险进行比较和评估。

④ 模型构建。

根据量化处理的指标数据，构建风险预警模型。常用的模型包括线性回归、支持向量机等。模型的选择要根据实际问题和数据的特点进行，以保证模型预测的准确性。

⑤ 模型评估与优化。

对构建好的风险预警模型进行评估，检验模型的预测能力和稳定性。如有必要可以对模型进行优化调整，以改善预警效果。

⑥ 模型应用。

将构建好的风险预警模型应用于解决实际问题，如企业风险管理、金融市场监管等。通过模型输出预警结果，为决策者提供参考依据。

通过以上 6 个步骤，相关人员可以利用风险预警模型对风险进行定量和定性分析。在实际应用中，风险预警模型可以帮助企业和个人识别潜在风险，采取预防措施，降低风险带来的损失。同时，风险预警模型也可以为政策制定者和监管机构提供风险监测和防范的工具，维护市场的稳定。

（4）确定预警级别。

在现代社会，企业面临着来自各个方面的风险，这些风险可能对企业的发展产生严重的影响。为了更好地应对这些风险，企业需要对风险进行科学的评估和分类，以便采取具有针对性的应对措施。其中，风险预警系统是一个重要的工具，它可以帮助企业提前发现和预防潜在的风险。

风险预警系统的主要目的是对企业潜在的风险进行实时监控和评估，以便企业在风险发生前就能采取相应的预防措施。企业可以根据风险的严重程度和扩散范围，将风险划分为不同的预警级别。这样的分类有助于企业有针对性地制订风险应对策略，降低风险对企业的影响。

风险预警级别的划分具有以下几个方面的好处。

① 提高企业风险管理的效率。

通过对风险进行分类，企业可以快速识别和划分风险的优先级，确保将有限的资源投入最需要关注的风险领域。

② 有助于制定具有针对性的风险应对措施。

不同预警级别对应的风险需要采取不同的应对措施，划分预警级别有助于企业制订更合理的应对策略。

③ 强化风险监控。

风险预警级别可以让企业实时了解风险的变化情况，加强对风险的监控，确保企业在风险发生前就能采取措施进行防范。

④ 降低风险对企业的影响。

通过对风险进行预警，企业可以在风险发生时迅速采取措施，减少风险对企业运营的影响。

⑤ 提高企业抗风险的能力。

企业通过不断完善风险预警系统，可以提高自身的风险识别、评估和应对能力，从而增强企业的抗风险能力。

（5）建立健全信息传输和反馈机制。

在现代社会，风险预警的重要性不言而喻。为确保预警信息能够迅速、准确地传递给相关部门和企业，需要建立健全信息传输和反馈机制。

① 建立高效的信息传递渠道。

预警信息的传递速度和准确性是影响应对风险的效果的关键因素。相关部门和企业需要建立健全信息接收和处理机制，确保预警信息能够第一时间传输给相关人员，提高风险应对的时效性。

② 完善风险预警体系。

预警信息的准确性直接关系到风险应对的效果。相关部门和企业要不断搜集和分析相关风险信息，提高预警信息的质量。此外，要针对不同类型的风险建立相应的预警指标体系，提高预警的针对性和实用性。

③ 加强预警信息的共享与协作。

各部门和企业之间要打破信息孤岛，实现预警信息的共享，以便各方能够协同应对风险。同时，要加强国内与国际合作，借鉴先进的风险预警经验，提高风险应对能力。

④ 建立风险应对效果的反馈机制。

对预警机制持续进行优化，需要了解预警信息在实际应对风险的过程中的表现。相关部门和企业要建立健全风险应对效果评估体系，对预警信息的传输、处理和应对过程进行全程监控，为预警机制的优化提供数据支持。

⑤ 提高预警意识和能力。

相关部门和企业要加大预警知识的普及和培训力度，提高员工对风险的防范意识。同时，要加强应急预案的制订和演练，提高企业面临风险时的应对能力。

（6）组织培训和宣传教育。

为了更好地应对风险，我国政府推出了一系列政策，其中之一就是加强对相关部门和企业人员的培训和宣传教育，旨在提高各部门和企业人员的风险意识，提升他们应对风险的能力，以确保其面临各种风险时能够迅速做出反应，将损失降到最低。

① 在培训内容上，应注重理论与实践相结合。

一方面，要深入学习国家相关政策法规，使各部门和企业人员明确自己在风险管理中的职责和义务；另一方面，要重点关注实际操作能力的培养，使各部门和企业人员掌握风险防范和应对的具体措施。

② 在培训方式上，应注重多样性。

除了传统的课堂授课外，还可以通过案例分析、模拟演练、实战操作等方式，让参训人员在实际场景中提高应对风险的能力。此外，可充分利用网络平台开展线上培训，实现资源共享，扩大培训的覆盖面。

③ 加强国际交流与合作。

借鉴风险管理方面的先进经验和做法，结合我国实际情况，制订出更加科学、合理的风险防范策略。同时，加强与国际组织的合作，共同应对全球性风险挑战，提升我国在国际风险治理领域的地位和影响力。

④ 注重培训的持续性和长效性。

风险管理是一个持续更新的领域，需要不断学习新知识、新技能。因此，要建立常态化培训机制，定期对相关部门和企业人员进行培训，确保他们始终保持较强的风险意识。

⑤ 强化考核评价。

通过考核培训成果，检验各部门和企业人员的风险意识和应对能力是否得到提升。对于表现优秀者，给予表彰和奖励，激发他们参与风险管理的积极性。

2. 风险预警机制的实施

（1）建立风险清单与评估。

① 建立风险清单。

企业应对各项潜在风险进行梳理，将风险分为内部风险和外部风险，并进一步细分为经营风险、财务风险、市场风险等，形成风险清单。

② 风险评估。

根据风险的严重程度和发生概率，采用定量和定性相结合的评估方法对风险进行评估，确定风险等级。

（2）制订风险应对策略。

① 风险预防。

针对高风险项目，企业应制定预防措施，降低风险发生的可能性。

② 风险缓解。

对于中风险项目，企业应制订相应的缓解策略，以降低风险对企业的影响程度。

③ 风险转移。

通过保险、外包等手段，将部分风险转移给其他企业或机构。

④ 风险接受。

对于低风险项目，企业应制订相应的风险接受策略，确保风险对企业的影响在可接受范围内。

（3）风险监测与控制。

① 建立风险监测机制。

企业应设立专门的风险管理部门，定期对风险进行监测和报告。

② 制定风险控制措施。

针对监测到的风险，企业应及时采取措施进行控制，防止风险扩大。

③ 制订风险应急处置预案。

企业应制订风险应急处置预案，确保在风险发生时能够迅速应对。

（4）风险沟通与培训。

① 加强内部沟通。

企业应建立风险沟通机制，确保各部门之间共享风险信息。

② 培训与宣传。

企业定期开展风险管理培训和宣传活动，提高员工的风险意识。

（5）持续改进与优化。

① 定期评估预警效果。

企业定期对风险预警机制的实施效果进行评估，并不断优化和改进。

② 案例总结与经验积累。

企业总结风险预警过程中的成功案例，为今后类似风险的应对提供经验。

通过以上 5 个步骤，企业可以有效实施风险预警机制，有效防范和化解风险，确保企业的稳健发展。

3.2.3　企业风险预警机制的实施效果

在当今充满不确定性的社会经济环境中，风险预警机制对于防范和化解各类风险具有重要意义，因此如何科学、有效地评估风险预警机制的效果是一项重要课题。

1. 风险预警机制实施效果评估的方法体系

风险预警机制实施效果的评估方法主要包括以下几种。

（1）定性评估方法。

通过专家访谈、座谈会等形式，了解风险预警机制的实际运行情况，对预警效果进行主观评价。

（2）定量评估方法。

运用数学模型和统计方法，对风险预警指标进行量化分析，从而对风险预警机制的效果进行客观评价。

（3）实证评估方法。

选取实际案例，对风险预警机制在具体事件中的预警效果进行实证分析。

（4）对比评估方法。

对比不同风险预警机制的实际运行效果，分析其各自的优缺点，为完善风险预警机制提供参考。

2. 风险预警机制实施效果评估的关键指标

（1）准确性指标。

① 预警指标的敏感性。

预警指标的敏感性用来衡量预警指标对风险事件的反应程度，较高的敏感性表示预警指标能在风险发生前及时发出信号。

② 预警指标的准确性。

预警指标的准确性用来评估预警指标预测风险事件的能力，较高的准确性可以提高预警的有效性。

③ 预警提前期。

预警提前期表示风险预警在风险事件发生前的时间跨度，较长的提前期有助于企业及时采取应对措施。

（2）全面性指标。

① 风险覆盖范围。

风险覆盖范围用来评估预警体系是否能覆盖企业面临的各种风险类型，全面覆盖有助于提高预警的可靠性。

② 风险层次划分。

风险层次划分用来衡量预警体系是否能对企业各个层次的风险进行有效识别，合理的层次划分有助于企业定位风险源。

（3）有效性指标。

① 预警信息的传递速度。

预警信息的传递速度用来评估预警信息在企业内部和与外部利益相关者之间的传递速度，较快的传递速度有助于提高预警的实时性。

② 预警响应速度。

预警响应速度用来衡量企业针对预警信息采取应对措施的速度，高效的响应有助于降低风险对企业的影响。

（4）可靠性指标。

① 预警体系的稳定性。

预警体系的稳定性用来评估预警体系在长期运行过程中的稳定性，稳定的预警体系有助于提高预警的持续有效性。

② 预警体系的适应性。

预警体系的适应性用来衡量预警体系面对外部环境和内部因素变化时的调整能力，较强的适应性可以使预警体系更加稳健。

（5）持续性指标。

① 预警体系的持续改进。

预警体系的持续改进用来评估预警体系不断优化和升级的能力，持续改进有助于提高预警体系的竞争力。

② 预警成果的持续应用。

预警成果的持续应用用来衡量预警成果在企业风险管理过程中的实际应用程度，持续应用有助于将预警成果转化为企业的实际效益。

3. 风险预警机制实施效果评估的步骤

（1）制订评估方案。

明确评估目标、评估内容和评估方法，为评估工作提供指导。

（2）数据收集。

整理风险预警机制的相关资料，包括预警准确性、全面性、有效性、可靠性、持续性等方面的数据。

（3）数据分析。

运用定量、定性评估方法，对收集到的数据进行深入分析，形成评估报告。

（4）结果反馈。

将评估结果反馈给相关部门，为风险预警机制的改进提供依据。

（5）持续改进。

根据评估结果，不断完善风险预警机制，改善预警效果。

风险预警机制的实施效果评估是一项系统性、综合性的工作，需要从多个维度对预警效果进行全面评价。采取科学有效的评估方法，有助于发现风险预警机制存在的问题，进而推动其不断完善。

3.3　风险预警机制的实践案例分析

随着数字经济的快速发展，企业面临着前所未有的机遇和挑战。在这一背景下，企业可持续发展成为关键议题，而风险预警机制则是确保企业可持续发展的重要手段。接下来将分析数字经济环境下企业风险预警机制的实践案例，以期为企业实现数字化转型提供有益参考。

3.3.1　案例一：某大型互联网企业的风险预警机制

某大型互联网企业在数字经济领域广泛布局，涉及多个业务板块。在面对快速变化的市场环境和日益激烈的竞争时，该企业认识到风险预警机制的重要性，认为它是保障企业稳健发展的关键。为了建立健全风险预警机制，该企业采取了以下一系列措施。

首先，企业设立了专门的风险管理部门，该部门负责全面识别、评估和监测企业各业务领域的风险。通过建立专业化的团队，确保风险管理的精细化和高效性。

其次，企业充分利用大数据、人工智能等技术手段，对企业内、外部数据进行整合和分析。这不仅提高了风险识别的准确性，还实现了风险的早期识别，为企业预留了更多的应对时间。

再次，企业建立了风险预警指标体系，针对不同风险类型制定相应的预警阈值。这一举措确保了风险防控的精准性。

最后，企业还制定了风险应对措施，确保企业在面临风险时能够迅速做出反应。具体的应对措施涉及风险防范、风险缓解和风险应对等多个层面，旨在将潜在危机化解于无形。

通过以上措施，该企业在数字经济环境中实现了可持续发展，并在市场竞争中持续保持领先地位。风险预警机制为企业提供了有力保障，使企业在面临挑战时始终能够保持稳健发展。

该大型互联网企业在风险预警机制的建设上投入了大量资源和精力，取得了显著的成果。同时，该企业持续关注行业动态，紧密跟踪市场变化，以便在竞争中占得先机，实现企业的持续繁荣。

3.3.2　案例二：某制造业企业的可持续发展与风险预警实践

在当前数字化转型的浪潮中，某制造业企业脱颖而出，以其注重风险预警机制的构建，为企业的长远发展奠定了坚实的基础。该企业的发展策略主要包括以下几个方面。

首先，企业明确了可持续发展战略。企业明确了在未来一段时间内的发展目标、路径和举措。这一战略的制订既考虑了市场的当前状况，也展望了未来的发展趋势，从而为企业提供了明确的发展方向。

其次，企业建立了内部风险预警机制。这一机制针对供应链、生产、市场营销等环节可能出现的风险进行识别、评估和监测，确保企业在面临风险时能够迅速做出反应，将损失降到最低。

再次，企业重视企业文化建设，提升员工对风险预警机制的认识和参与度。通过培训和宣传教育，企业让每名员工都认识到风险防控的重要性，形成了全员共治的风险防控网络。

最后，企业强化了与合作伙伴的沟通与合作。在面临潜在风险时，企业与合作伙伴共同探讨应对策略，共同维护产业链的可持续发展，实现了产业链的协同发展。

通过实施风险预警机制，该制造业企业在数字经济环境下实现了稳健发展，市场份额逐步扩大，企业竞争力得到了显著提升。事实证明，企业的可持续发展战略和风险预警机制在防范风险、提升企业竞争力方面发挥了重要作用，为企业在激烈的市场竞争中站稳脚跟提供了有力保障。

总之，该制造业企业在数字化转型过程中，通过制订可持续发展战略、建立内部风险预警机制、加强企业文化建设以及强化与合作伙伴的沟通与合作，成功实现了稳健发展。这为我国其他企业提供了有益借鉴，有助于推动我国制造业的可持续发展。

3.3.3　总结与启示

通过对以上两个实践案例的分析，可以得出以下结论。

（1）建立风险预警机制是企业在数字经济环境下实现可持续发展的关键手段。

（2）企业应注重风险管理部门的设立和人才队伍建设，提升风险识别、评估和防控能力。

（3）利用大数据、人工智能等先进技术，实现风险预警机制的高效运作。

（4）企业应加强与产业链上、下游合作伙伴的沟通与合作，共同应对潜在风险。

（5）注重企业文化建设，提升员工对风险预警机制的认识和参与度。

在数字经济环境下，企业应充分认识风险预警机制的重要性，积极构建并不断完善相关体系，以确保可持续发展目标的实现。同时，社会各界也应关注企业风险预警机制的建设，为企业提供良好的政策环境和市场氛围。通过共同努力，推动数字经济环境下企业的可持续发展，最终实现经济的持续繁荣。

第4章 数字经济环境下企业可持续发展与风险预警机制的关联性研究

4.1 企业可持续发展与风险预警机制的联系

4.1.1 风险预警机制在企业可持续发展中的作用

1.防范潜在风险

风险预警机制能够帮助企业及时发现潜在的风险因素，提前采取措施予以规避，确保企业经营的稳定性。

2.促进企业内部改革

风险预警机制可以促使企业不断优化内部管理体制和运营模式，提高企业的竞争力。

3.提高决策效率

风险预警机制通过提供全面、准确、及时的信息，帮助企业领导层做出科学、合理的决策，提高决策效率。

4.保障企业合法权益

风险预警机制有助于企业及时了解市场动态，维护自身的合法权益。

4.1.2 企业可持续发展与风险预警机制的内在联系

1.风险预警机制是企业可持续发展的保障

健全的风险预警机制能够为企业提供有力支撑，确保企业在面临风险时能够迅速应对，减少损失，从而实现可持续发展。

首先，建立健全风险预警机制需要对企业可能面临的各类风险进行全面梳理和分析。这包括外部风险，如市场波动、政策变动、竞争对手的动态等，以及内部风险，如管理制度缺陷、财务风险、人力资源风险等。通过对这些风险进行系统的识别和评估，企业可以明确风险等级和优先级，为制订具有针对性的应对策略提供依据。

其次，风险预警机制的核心在于信息的及时传输和处理。企业应建立高效的信息收集和分析体系，确保各类风险信息能够迅速汇总至决策层。此外，利用大数据、云计算等现代信息技术，可以对企业内、外部数据进行实时监测和分析，提高风险预警的准确性和时效性。

再次，企业需要建立健全风险应对策略。这包括制订风险应对预案，明确各类风险发生时的应对措施；建立风险应急机制，确保企业在风险发生时能够快速响应，减少损失；定期组织风险应急演练，提高员工的应对能力。

复次，企业应加强风险管理队伍建设。通过专业培训和实战演练，提高员工的风险识别、评估和应对能力。同时，引进和培养一批具备专业素质和丰富经验的风险管理人才，为企业风险预警机制的有效运行提供人力保障。

最后，企业要注重风险预警机制的持续优化。通过定期总结经验，及时调整和完善风险预警指标、方法和策略。同时，密切关注国内、外风险管理发展趋势，借鉴先进的管理理念和技术手段，不断提升企业的风险预警能力。

2. 企业可持续发展促进风险预警机制的完善

企业在追求可持续发展的道路上，必须时刻关注市场动态，不断调整和完善风险预警机制。这是因为在激烈的市场竞争中，风险预警机制是企业防范和应对各类风险的重要保障。

首先，企业要充分认识到风险预警机制的重要性。风险预警机制可以帮助企业及时发现市场、经营、管理等方面存在的潜在问题，为企业提供应对风险的决策依据。

其次，企业应根据市场环境不断调整和完善风险预警机制。市场是千变万化的，企业要适应市场需求，及时更新风险预警指标和预警级别。此外，企业还需加强与外部专业机构的合作，充分利用大数据、人工智能等先进技术，提高风险预警的准确性和有效性。

再次，企业要注重风险预警机制的执行力。优质的风险预警机制如果不能得到有效执行，也无法发挥其应有的作用。企业应建立健全风险防范和应对措施，确保在风险预警机制发出警报时，能够迅速采取行动，将风险降到最低。

最后，企业要建立健全风险预警反馈机制。通过对风险预警机制的实际运行情况进行总结和评估，不断优化和完善预警体系，使其更加适应市场环境。此外，企业还应加强内部沟通与协作，确保各部门能够共同应对风险，形成合力。

为实现可持续发展，企业应不断完善风险预警机制，提高风险防范和应对能力。

4.1.3　风险预警机制在企业可持续发展中的具体应用

1. 风险预警机制在企业管理中的应用

（1）早期识别与干预。

财务风险预警机制是企业防范和应对财务危机的重要手段。在市场经济中，企业面临着激烈的竞争，财务风险随时可能发生。因此，建立和完善财务风险预警机制，早期识别与干预财务危机，对于企业的生存和发展具有至关重要的意义。

首先，企业应实时监控各项财务指标，这是发现财务危机早期信号的关键。财务指标包括销售收入、毛利率、净利润、流动比率、速动比率等，这些指标反映了企业的经营状况和财务状况。通过监控这些指标，企业可以及时发现异常变化，如销售非预期下跌、存货积压、平均收账期延长等，这些都是财务危机的早期信号。

其次，一旦发现财务危机的信号，企业应迅速采取措施，调整销售策略、优化库存管理、提高收账效率等，以减少潜在的风险。销售策略的调整包括加大促销力度、拓展新市场、提高产品质量等。库存管理的优化主要是通过实施先进的库存管理技术，如实时库存控制、建立库存预警系统等。可以通过加强应收账款管理、制定合理的信用政策、提高客户的付款意愿等提高收账效率。

再次，企业应建立健全内部控制体系，防范财务风险。内部控制是企业财务管理的基础，通过内部控制，企业可以确保财务报告的真实性、合规性，防止财务舞弊现象的发生。此外，企业还应加强内部审计，对财务风险进行预警，确保企业财务状况的健康、稳定。

最后，企业应注重财务风险防范意识的培养，提高员工的财务风险防范意识。通过培训、宣传等方式，让员工了解财务风险的危害，掌握防范财务风险的方法，形成全员参与的财务风险防范格局。

财务风险预警机制是企业防范和应对财务危机的有效途径。企业应充分发挥预警机制的作用，早期识别与干预财务危机，确保企业可持续发展。同时，企业还需不断完善预警机制，结合实际情况，调整和改进预警方法，提高预警的准确性，为企业的稳健发展提供有力保障。

（2）制订风险应对策略。

在商业运营中，风险管理是企业可持续发展的重要保障。针对不同风险等级，企业应制订相应的风险应对策略，以降低潜在损失，确保企业稳健经营。以下是针对不同类型风险的应对策略。

①信用风险管理。

a. 建立严格的客户信用评估体系。

企业应建立健全客户信用评估体系，对客户进行详细的信用调查，包括财务状况、经营状况、行业地位等方面的评估。这有助于企业全面了解客户的信用状况，避免与高风险客户开展业务。

b. 信用评级。

企业可聘请外部信用评级机构或自行设立评级团队，定期对客户进行信用评级。根据评级结果，对客户实施差异化信用政策，如设定不同的信用额度、账期等。

c. 监控信用风险。

企业应持续关注客户的信用状况，定期进行信用复查。一旦发现客户信用状况发生变化，应及时调整信用政策，以降低信用风险。

②市场风险管理。

a. 多元化市场布局。

企业应拓展市场渠道，实现市场布局的多元化。通过进入不同市场、开发多种产品，降低市场波动对企业的影响。

b. 调整产品结构。

企业应根据市场需求和行业趋势，不断调整产品结构。通过推出高附加值、具有竞争力的产品，降低市场风险。

c. 建立灵活的价格策略。

企业可根据市场环境、竞争对手的情况等因素，制订灵活的价格策略。在市场波动时，通过调整价格应对市场变化，降低风险。

d. 加强市场监测。

企业应密切关注市场动态，了解行业发展趋势。对潜在的市场风险进行预警，并采取相应措施。

③ 其他风险管理。

a. 加强内部风险控制。

企业应完善内部风险控制体系，确保财务报告真实、合规经营。通过内部审计、合规检查等手段，防范潜在的内部风险。

b. 应对法律风险。

企业应关注法律法规变化，确保经营活动合规。在合同签订、业务开展等环节，加强法律风险防范。

c. 保障信息安全。

企业应加强信息系统安全防护，防范网络攻击、数据泄露等信息安全风险。通过定期进行信息安全培训、演练等，提高员工的信息安全意识。

（3）建立风险分散机制。

风险分散是企业在面对财务风险时采取的重要策略，主要目的是通过多样化的资产配置和业务投资，降低潜在的财务风险。在市场经济中，企业面临着来自市场、政策、技术等多方面的风险，因此，合理地进行风险分散，对于维护企业经营的稳定性和持续性具有重要意义。

首先，企业应该根据自身的实际情况和市场环境，制订出一套科学、合理的资产配置策略。这套策略应该充分考虑各类资产的收益和风险特性，以及市场的波动情况。通过这种方式，企业可以在不同类型的资产之间实现风险的分散，降低单一资产的风险。

其次，企业还可以通过投资多种业务来实现风险分散。这种方式可以使得企业在不同行业和市场中分散风险，提高整体的抗风险能力。在实施这一策略时，企业需要充分了解各种业务的市场前景和风险特性，以确保投资的合理性。

最后，企业还可以利用金融工具来进行风险管理。例如，企业可以通过购买保险来应对意外事故和自然灾害等不可预见的风险；通过期货交易来对冲原材料价格波动带来的成本风险；通过发行债券来平滑资金流的波动等。这些金融工具可以帮助企业在面临市场波动时，保持财务稳定。

风险分散是降低企业财务风险的有效手段。在实施风险分散策略时，企业必须保持警惕，随时关注市场动态，以确保风险管理策略的有效性。

（4）完善内部控制体系。

内部控制作为企业风险管理的核心要素，是确保企业稳健经营的关键所在。在现代企业管理中，内部控制体系的重要性不言而喻。健全的内部控制体系能够有效降低企业风险，提高管理水平，促进企业长期稳定发展。

首先，内部控制关注财务报告的准确性。财务报告是企业与外部利益相关者沟通的重要桥梁，其准确性对企业的信誉和声誉具有重要影响。通过完善内部控制体系，企业可以确保财务报告的真实、完整、准确和及时，为投资者、债权人等提供可靠的信息。

其次，内部控制可以保障资产的安全性。企业资产是企业生存和发展的物质基础，资产安全关系到企业的生存。内部控制体系关注企业资产的合理使用和有效保护，防止资产流失和滥用，确保企业资产的安全。

再次，内部控制关注经营的合规性。合规经营是企业在激烈的市场竞争中立足的根本，符合法律法规和行业规范的企业才能赢得市场的信任。内部控制体系有助于企业规范经营行为，遵守法律法规，防范法律风险，确保企业持续健康发展。

最后，企业还应强化内部审计职能。内部审计作为企业内部风险防控的重要手段，能够揭示潜在的风险，为企业提供及时、准确的风险信息。通过内部审计，企业可以及时发现和纠正问题，确保企业各项业务活动的合规性和有效性。

内部控制是企业风险管理的基础，企业要注重将内部控制与风险管理相结合，形成相互补充、相互促进的良性循环，从而确保企业可持续发展。

（5）加强人才培养与培训。

为了建立健全财务风险预警机制，企业应加强财务管理人才的培养与培训，提高员工的财务风险意识和管理能力。

首先，企业应重视财务管理人员的能力提升。企业可以采取内部培训、外部研修等多种形式，使财务管理人员掌握先进的财务管理理念、方法和技能。此外，企业还可以引入具有丰富经验的外部专家进行授课，帮助财务管理人员了解行业动态、政策法规及财务管理的最佳实践，从而提高财务管理水平。

其次，企业需要加强风险控制人才的培养。风险控制是财务风险预警机制的核心环节，企业应当注重选拔和培养具备风险识别、评估、控制和应对能力的专业人才。通过专业培训和实战演练，使风险控制人才具备敏锐的洞察力、严谨的逻辑思维和果断的决策能力，为企业的财务风险防范提供有力保障。

最后，企业还应建立健全激励机制，鼓励员工积极参与风险管理工作。激励机制可以包括薪酬待遇、晋升渠道、荣誉表彰等多种形式，旨在激发员工的工作积极性和创新精神。通过激励机制，企业可以确保财务风险预警机制的有效运行，并及时发现和处置财务风险，为企业创造价值。

（6）建立健全风险信息平台。

企业在经营发展过程中，面临来自内部和外部的各种风险，如市场风险、信用风险、操作风险等。为了确保稳健经营和可持续发展，企业应建立健全风险信息平台，对各类风险进行有效识别、评估和监控预警。

首先，企业应注重风险信息的收集。这包括内部风险信息，如财务数据、管理制度、流程控制等，以及外部风险信息，如行业动态、政策法规、市场环境等。企业可以设立专门的风险管理部门，其负责收集、整理和分析风险信息。此外，利用大数据、云计算等技术，可以提高风险信息的获取效率，确保信息的准确性和完整性。

其次，企业应加强风险信息的分析。通过对收集到的风险信息进行深入分析，发现企业的潜在风险，以便采取具有针对性的措施加以防范。在分析过程中，企业应关注风险的关联性、传导性和潜在影响，确保分析结果具有实际指导意义。

再次,企业要实现风险信息的实时监控。借助大数据、云计算等技术,对风险信息进行实时跟踪,确保企业及时掌握风险变化情况。

最后,企业要注重风险信息的共享与传递。将风险信息平台与企业的各个部门、层级进行对接,实现风险信息的无障碍传递。此外,企业还可以与其他企业、行业协会、政府部门等建立风险信息共享机制,共同应对风险挑战。

2. 风险预警机制在企业投资决策中的应用

(1)投资前的风险评估。

投资者在投资各种项目之前,需要对潜在的风险进行全面而深入的了解,这样才能制订出最为合适的投资策略。投资前的风险评估,就像是一盏照亮前行道路的明灯,它可以帮助投资者清晰地看到投资项目的所有风险点,从而为投资决策提供有力的支持。

投资项目的风险类型繁多,包括但不限于市场风险、信用风险、操作风险、法律风险等。这些风险因素都可能对投资收益产生重大影响,因此需要投资者在投资前进行全面评估。风险预警机制就是在这种背景下应运而生的,它通过对投资项目的各个风险因素进行全面、深入的分析和评估,及时发现并预警潜在的风险因素。这样投资者在制订投资策略时就能有针对性地采取措施,以降低风险、提高投资收益。

在实际操作中,风险预警机制还可以通过建立风险数据库、制定风险评估标准、开展风险监测等方式,不断提高风险评估的准确性和预警的有效性。这样一来投资者就能在投资决策过程中获得更为全面、准确的风险信息,从而更好地把握投资机会、规避投资风险。

投资前的风险评估对于投资者来说至关重要。对投资项目的全面风险评估,能为投资者提供有力的决策支持,使他们在充满风险的投资市场中稳步前行。同时,投资者也需要不断提高风险意识,学会运用风险预警机制来识别和防范风险,以实现稳健的投资收益。

(2)投资过程中的风险监控。

风险监控被视为保障投资安全的重要环节。投资者通过构建风险预警系统，能够实时关注投资项目的动态，以及时发现潜在的风险。投资过程中的风险监控涵盖对投资项目的财务状况、经营状况、市场环境等多个方面的持续跟踪和分析。一旦捕捉到风险预警信号，投资者可以迅速做出反应，采取相应措施，从而降低投资风险。

首先，风险监控在投资过程中占据至关重要的地位。它有助于投资者全面了解投资项目的运行情况，及时发现并应对潜在风险。通过风险监控，投资者可以确保投资安全，避免损失。此外，风险监控还有助于投资者制订投资策略，调整投资组合，以实现最优的投资回报。

其次，风险监控不仅仅是投资者在投资过程中的临时措施，而是一项长期坚持的策略。投资者需要建立健全风险监控体系，持续关注投资项目的运行状况，不断调整投资策略，以适应市场环境的变化。只有这样投资者才能在投资道路上走得更远，获得更多的投资回报。

（3）投资后的风险处理。

投资后，投资者需要密切关注投资项目的实际运行情况，对其进行全面、深入的了解，包括对项目的发展状况、市场环境、政策法规等方面的评估。

投资后的风险处理主要包括 3 个步骤：风险识别、风险评估和风险分类。首先，投资者需要识别投资项目中可能出现的风险。这需要投资者具备敏锐的洞察力，以及对市场和项目的深刻理解。其次，投资者要对识别出的风险进行评估，分析风险的可能性和影响程度。这一步骤的目的是确定风险的优先级，为后续的风险应对提供依据。最后，投资者要对风险进行分类，根据风险的性质和影响程度，将其分为不同等级，以便采取相应的风险应对措施。

在完成风险识别、风险评估和风险分类后，投资者需要采取具有针对性的风险应对措施，包括预防措施、应急措施和补救措施等。预防措施旨在避免风险的发生，例如，加强项目管理和监控、提前做好市场调研等。应急措施是在风险发生后及时采取的应对办法，如制订应急预案、建立风险应对团队等。补救措施则是针对已经发生的风险，采取一定的措施减少其影响，如签订保险合同、设立风险准备金等。

通过投资后的风险处理，投资者可以有效地降低投资风险，实现投资收益的最大化。投资风险的处理是一项系统工程，需要投资者具备丰富的经验和专业知识。随着资本市场的不断发展，提高投资者的风险处理能力，建立健全投资风险预警机制，对于促进资本市场的健康发展具有重要意义。

（4）风险预警机制在投资决策中的实践案例。

① 某企业跨国并购案例。

某企业在进行跨国并购时，采用了风险预警机制进行投资决策。在并购前，该企业对目标公司进行了全面的风险评估，包括市场风险、信用风险、操作风险等方面的评估。在并购过程中，该企业持续关注目标公司的经营状况和市场环境变化，并根据实际情况调整并购策略。并购后，该企业对目标公司定期进行评估，针对出现的风险及时采取措施。通过实施风险预警机制，该企业成功地完成了跨国并购，并实现了投资收益的最大化。

② 某投资公司股权投资案例。

某投资公司在进行股权投资时，运用了风险预警机制进行投资决策。在投资前，该投资公司对投资项目进行了详细的风险评估，识别出了潜在的风险因素。在投资过程中，该投资公司持续关注投资项目的运行情况，设立专门的风险监控团队实时进行监控。在投资后，该投资公司根据项目实际情况调整投资策略，对出现的风险进行有效处理。通过实施风险预警机制，该投资公司成功地降低了投资风险，实现了投资收益的稳定增长。

3. 风险预警机制在企业应对危机中的应用

（1）金融风险预警。

金融风险预警体系作为国家金融安全的重要组成部分，其运行效果关系到国家金融稳定和经济发展。我国在不断完善金融监管体系的同时，已建立起一套具有中国特色的金融风险预警体系，对银行、证券、保险等领域的风险实时进行监控，以防范系统性金融风险。

首先，在银行领域，金融风险预警体系关注信贷风险、流动性风险和信用风险等。通过对各项指标的实时监控，及时发现潜在风险，确保银行体系稳健运行。

其次，在证券领域，金融风险预警体系关注市场风险、信用风险和操作风险等。通过对股票市场、债券市场和衍生品市场的实时监控，防范市场波动对金融体系的影响。

最后，在保险领域，金融风险预警体系关注偿付能力风险、投资风险和保险产品风险等。通过监控保险公司的经营状况，确保保险行业健康发展。

此外，金融风险预警体系还与国际金融市场、国际金融监管机构保持紧密合作，共同应对全球金融风险。在国内，金融监管部门加强与地方政府、行业协会、金融机构等各方的协同配合，形成了金融监管合力。在境外，我国积极参与国际金融监管改革，推动构建公平、公正、透明的国际金融秩序，为全球金融稳定做出了贡献。

（2）自然灾害预警。

自然灾害预警系统在我国发挥着越来越重要的作用。气象、地震、水利等相关部门通力合作，不断提高预警的准确性和及时性，为防灾减灾工作提供有力支撑。

首先，气象部门在天气预报方面取得了显著成果。通过卫星、雷达等先进技术，对天气变化进行实时监测，对可能出现的自然灾害进行预警。例如，针对台风、暴雨、干旱等气象灾害，气象部门能够发布预警信息，让民众及时采取防范措施，降低损失。

其次，地震预警系统也在不断升级。地震台网实时监测地震活动，一旦发现异常便能迅速发出预警信号，有助于提高人民群众的防震减灾意识，有效减少地震灾害造成的伤亡。

最后，水利部门在防洪抗旱方面发挥着关键作用。通过对流域水文气象、地质地貌等因素的综合分析，预测可能出现的水旱灾害，并为抗旱防洪工作提供科学依据。在近年来的抗旱救灾实践中，水利部门成功避免了众多潜在的水旱灾害。

在面对自然灾害时，各部门紧密协作，形成合力。一旦接到预警信息，相关部门迅速启动应急预案，开展抢险救援工作。同时，普及防震减灾知识，提高民众的自救互救能力。然而，自然灾害预警工作仍面临诸多挑战。预警技术的研发、预警信息的传递及各部门间的协同配合等方面还有待加强。未来，我国将继续加大投入，完善自然灾害预警系统，为人民群众的生命财产安全提供更加坚实的保障。

（3）公共卫生事件预警。

我国在公共卫生领域已经形成了一套完整的监测和预警体系，该体系对各类公共卫生事件进行全方位、严密的监控，以确保人民群众的生命安全和身体健康。

首先，在我国的公共卫生事件监测和预警体系中，疫情监测是重中之重。我国设立了专门的疫情监测机构，通过实时收集、分析全国各地的疫情数据，对疫情的走势进行科学预测。一旦发现疫情隐患，立即启动应急响应机制，全面开展疫情防控工作。此外，我国还加强与国际的疫情信息交流，积极参与全球公共卫生安全治理，共同应对全球疫情挑战。

其次，疫苗安全也是我国公共卫生事件监测和预警体系的重要内容。我国对疫苗的生产、流通、接种等环节进行严格监管，以确保疫苗的安全性和有效性。通过建立疫苗追溯制度，实现疫苗从生产到使用的全程监控。同时，我国还加强疫苗不良反应的监测和处置，为人民群众提供安全、可靠的疫苗接种服务。

最后，我国公共卫生事件监测和预警体系也覆盖其他公共卫生事件，如食品安全事件、环境污染等。通过对这些公共卫生事件的严密监控，及时发现和处理潜在风险，有效保障人民群众的生活质量和身体健康。

公共卫生事件监测和预警体系的建立，体现了我国政府对人民群众生命安全和身体健康的高度重视。在今后的工作中，我国将继续完善这一体系，不断提高公共卫生服务水平，为人民群众筑牢健康防线。同时，我国也积极参与全球公共卫生事务，与世界各国共同应对公共卫生挑战，为全球健康事业做出积极贡献。

（4）社会风险预警。

我国政府高度重视社会风险预警工作，认识到社会稳定是国家安全和人民幸福的基础。为了预防和化解社会矛盾，确保国家长治久安，政府加强对社会矛盾、安全隐患等方面的预警，从而维护社会稳定。

首先，政府高度重视对社会矛盾的预警。社会矛盾是影响社会稳定的重要因素，政府通过深入开展矛盾排查，及时发现潜在的社会矛盾，有针对性地采取化解措施，将矛盾化解在萌芽状态，防止矛盾升级。

其次，政府加大对安全隐患的预警力度。安全隐患存在于社会的各个方面，如生产、交通等领域都存在安全隐患。政府强化对安全隐患的监测和分析，建立健全安全风险防控体系，确保人民群众的生命财产安全。

在实际工作中，政府采取了多种措施加强社会风险预警工作。一是完善相关法律法规，为社会风险预警工作提供法治保障。二是加强部门间的协作和信息共享，提高预警的准确性和及时性。三是注重发挥社会组织和公民个人的作用，构建全社会共同参与的风险预警体系。

4.2　数字经济环境下企业可持续发展与风险预警机制的互动关系

4.2.1　数字经济环境下企业可持续发展面临的挑战

1. 数据安全与隐私保护

数字化时代企业面临着前所未有的挑战，其中之一就是如何在处理大量用户数据的同时，确保数据的安全性和用户隐私得到保护。用户数据是企业的重要资产，也是企业发展的关键驱动力。然而，如何在数字浪潮中平衡数据利用与用户隐私保护的关系，已成为企业可持续发展所必须解决的难题。

首先，数据安全问题凸显。在数字经济环境下，企业需要对海量数据进行收集、存储、分析和利用，这就要求企业必须建立起一套完善的数据安全防护体系。从技术层面来说，企业需要投入大量资源以确保数据存储和传输的安全，防止数据泄露、篡改等安全风险。此外，企业还需关注内部员工的行为规范，加强培养员工的数据安全意识，以防止人为因素导致数据安全事故。

其次，用户隐私保护十分重要。企业在收集和使用用户数据时，必须充分尊重和保障用户的隐私权益。这意味着企业需要在数据收集、存储、分析和利用等各个环节，采取严格的技术措施和管理措施，确保用户数据不被滥用。同时，企业还需向用户提供透明、易懂的数据使用说明，让用户了解企业如何收集和使用他们的数据，以便用户做出明智的选择。

最后，法规政策对企业提出了更高的要求。我国不断加强对数据安全和个人信息保护的立法工作，出台了一系列相关法律法规，如《中华人民共和国网络安全法》《中华人民共和国个人信息保护法》等。企业需严格遵守这些法律法规，确保数据安全与合规。违反相关法律法规的企业将面临严厉的处罚，包括罚款、停业整顿甚至吊销营业执照。因此，企业必须充分认识到合规的重要性，加强内部法律法规培训，确保业务运作符合法律法规要求。

在数字经济环境下，企业要想实现可持续发展，必须妥善解决数据安全与用户隐私保护的问题。企业应加大技术研发投入，提升数据安全防护能力，同时注重合规建设，尊重和保障用户的隐私权益。只有这样，企业才能在数字化时代立足，为用户提供更好的产品和服务。

2. 能源消耗与减排

随着数字经济的飞速发展，能源消耗问题日益凸显。在这一背景下，企业在追求经济效益的同时，必须关注能源消耗和减排问题。降低能源消耗和碳排放，不仅有助于企业实现可持续发展目标，同时也是应对全球气候变化挑战的重要举措。

首先，企业要认识到数字经济的发展离不开能源的支撑，然而，传统的能源消耗方式往往带来大量的碳排放，给环境造成严重的负担。因此，企业要在追求经济效益的过程中，重视技术创新和管理优化，以降低能源消耗和碳排放。

其次，企业在降低能源消耗和碳排放方面，需要加强技术创新。通过研发和引进先进的节能技术，提高能源利用率，实现绿色生产。此外，企业还可以通过改进生产流程、优化管理模式等手段，进一步降低能源消耗。

再次，企业应当注重培育绿色企业文化。通过培养员工的环保意识，鼓励员工积极参与节能减排工作，形成全员参与的绿色发展格局。同时，企业还可以通过对外宣传，展示企业在节能减排方面的成果，提升企业形象。

最后，社会各界也要为企业降低能源消耗和碳排放提供支持。社会各界应加大对节能减排技术研发的扶持力度，鼓励企业实施清洁生产。同时，消费者也要树立绿色消费观念，购买低碳产品，形成市场需求。

3. 产业链变革与协同发展

在数字经济浪潮下，我国的产业链正经历着前所未有的变革。企业若想在激烈的市场竞争中立足，必须不断调整自己的发展战略，以适应这一变革。在这一过程中，与上、下游企业建立紧密的协同合作关系，成为企业在数字经济环境下生存和发展的关键。

首先，企业应高度重视行业发展趋势的研究。通过深入了解市场的需求和变化，企业可以找到自身在产业链中的定位，以及与上、下游企业的合作切入点。此外，企业还需关注政策动态，及时把握政策导向，为自身发展提供有力支持。在这一过程中，企业应主动求新求变，不断优化业务发展模式，寻求新的发展路径。

其次，企业应充分利用数字经济带来的技术红利。通过引进先进的技术和人才，提升自身的创新能力，为产业链升级贡献力量。同时，企业还应加强与高校、科研院所的合作，共同推动产学研一体化，以技术创新驱动产业发展。

再次，企业要树立共赢理念，与上、下游企业共同应对市场变化。在数字经济环境下，产业链的各个环节相互依赖，形成了命运共同体。面对市场波动，企业应携手共进，共克时艰。通过资源共享、风险共担，实现产业链的整体升级，为我国数字经济的发展贡献力量。

最后，企业还应注重培养人才，提升员工的综合素质。在数字经济时代，人才成为企业核心竞争力的重要体现。企业应加强对员工的培训和教育，提高其数字化素养，使员工能够适应新的业务模式和发展路径，为企业的转型升级提供人力支持。

4.2.2　风险预警机制在企业可持续发展中的作用

1. 识别潜在风险

风险预警机制在企业中的应用不仅有助于企业及时识别潜在风险，还可以提高企业的决策效率和效果。在市场、技术、政策等各个方面都在不断变化的今天，建立健全风险预警机制对企业来说至关重要。

首先，在市场方面，风险预警机制可以帮助企业及时掌握市场动态，了解市场竞争态势，为企业制订市场战略提供有力依据。通过对市场数据的分析和预测，企业可以提前布局，抓住市场机遇，降低市场风险。

其次，在技术方面，风险预警机制有助于企业关注行业技术发展趋势，把握技术创新方向。这样企业可以在技术升级和转型过程中，提前做好技术储备和研发投入，确保企业在技术竞争中的优势地位。

最后，在政策方面，风险预警机制可以帮助企业及时了解政策变化，把握政策导向。企业可以根据政策要求，调整发展战略和经营策略，确保企业的发展与国家政策保持一致。此外，企业还可以通过风险预警机制，提前应对政策风险，降低政策变动对企业的影响。

然而，风险预警机制的建立和运行并非一蹴而就。企业需要在组织结构、人员培训、信息收集和分析等方面持续投入。同时，企业还需加强与政府、行业协会、科研院所等外部资源的协同合作，以提高风险预警的准确性和有效性。风险预警机制是企业应对不确定性、降低风险的重要手段。我国企业应当高度重视风险预警机制的建设，不断提高企业风险管理水平，为实现可持续发展奠定坚实基础。

2. 促进企业内部管理优化

风险预警机制在企业内部管理中的重要作用已逐渐被广泛认可。建立风险预警机制，企业可以发现潜在的风险，并及时采取相应的应对措施，从而降低风险对企业经营的负面影响。为了更好地发挥风险预警机制的作用，企业还需从以下几个方面进行深入研究和改进。

首先，企业应加强风险预警机制的制度建设。完善的制度是风险预警机制有效运行的基础。企业要根据自身的实际情况，制定一套全面、科学、合理的风险预警制度，确保风险预警机制的正常运行。此外，企业还需不断完善相关法律法规，强化合规建设，以确保企业在遵循法律法规的前提下开展经营活动。

其次，企业需要提高员工的风险意识。员工是企业风险预警机制的重要组成部分。企业应加强对员工的风险教育，提高员工的风险识别、评估和应对能力，使员工在面临风险时能够迅速做出反应，采取有效措施降低风险。

再次，企业应建立健全风险信息收集和分析机制。及时、准确地获取风险信息是风险预警的关键，企业要确保风险信息传播渠道畅通，为风险预警提供有力支撑。

复次，企业还需强化风险预警机制的执行力。企业应设立专门的风险管理部门，负责组织实施风险预警工作，确保风险预警机制的有效运行。同时，企业要加强对风险预警措施的落实和监督，确保风险预警措施得到切实执行。

最后，企业应注重风险预警机制的持续改进。随着市场环境的变化，企业面临的风险也在不断变化。企业要不断总结风险预警机制运行的经验和教训，及时调整和完善风险预警策略，以提高风险预警机制的适应性和有效性。

风险预警机制是企业内部管理优化的重要手段，企业要充分发挥风险预警机制的作用，不断提高抗风险能力，实现可持续发展。

3. 引导企业调整战略

在当今充满变数的市场环境中，企业要想实现可持续发展，必须具备敏锐的洞察力，以便根据外部环境的变化及时调整自身的发展战略。风险预警机制作为一种有效的管理工具，正是企业在应对不确定性因素时所需要的手段。

（1）风险预警机制助力企业应对外部环境变化。

外部环境变化对企业的发展产生重要影响，有时甚至可能对企业造成严重威胁。风险预警机制能够帮助企业及时发现外部环境中的潜在风险，从而为企业提供足够的时间和空间来调整发展战略。通过建立完善的风险预警机制，企业可以更加从容地应对市场波动，降低外部风险对企业运营的影响。

（2）风险预警机制促进企业内部资源优化配置。

在风险预警机制的指导下，企业可以根据预警结果对内部资源进行优化配置。预警结果可以帮助企业发现业务布局、资源配置和科技创新等方面存在的问题，进而有针对性地进行调整。通过内部资源的优化配置，企业可以提高运营效率、降低成本、增强核心竞争力，为实现可持续发展奠定坚实基础。

（3）风险预警机制推动企业科技创新。

科技创新是企业可持续发展的关键驱动力。风险预警机制能够帮助企业识别出科技创新方向上的风险，为企业提供有益的参考。在风险预警体系的保障下，企业可以更加坚定地推进科技创新，加大研发投入，培养创新型人才，从而确保企业在激烈的市场竞争中始终保持领先地位。

风险预警机制对于企业在复杂多变的外部环境中实现可持续发展具有重要意义。企业应当高度重视风险预警机制的建设，不断完善风险预警体系，使之成为企业战略决策的重要依据。同时，企业还需在实际运营中不断调整和优化发展战略。在风险预警机制的保驾护航下，企业必将迎来更加美好的发展前景。

4.2.3 企业可持续发展与风险预警机制的互动关系

1. 相互促进

企业可持续发展与风险预警机制之间存在相互促进的关系。可持续发展是指企业在追求经济效益的同时，关注环境保护、社会责任，以实现企业长期稳定发展。风险预警机制是企业在面临复杂多变的市场环境时建立的一套预警体系，有助于企业识别潜在风险，提前做好准备，降低不确定性的影响。

首先，可持续发展理念促使企业重视环境保护和社会责任。在现代社会，环境问题和社会问题日益突出，企业如果不关注这些问题，很可能会面临严重的声誉风险和法律责任。通过关注环境保护和社会责任，企业不仅能提高自身的形象，还能为可持续发展创造有利条件。

其次，风险预警机制有助于企业及时发现潜在风险，提高应对风险的能力。市场环境不断变化，企业在经营过程中难免会遇到各种风险。建立风险预警机制，有助于企业提前了解风险动向，及时调整经营策略，降低潜在风险对企业的影响。

最后，可持续发展与风险预警机制相互促进。可持续发展要求企业具备较强的风险防范意识，而风险预警机制正是企业应对风险的有效工具。通过实施风险预警机制，企业能够更好地实现可持续发展目标。

企业可持续发展与风险预警机制之间存在密切的相互促进的关系。企业应充分认识二者之间的关系，积极推进可持续发展战略，不断完善风险预警机制，为实现企业长期稳定发展奠定坚实基础。

2. 动态调整

在数字经济环境下，企业应根据风险预警结果，动态调整发展战略和经营模式。企业可持续发展与风险预警机制的互动关系要求企业具备高度的灵活性和适应性。

首先，企业应建立健全风险预警机制，以确保在数字经济环境下能够及时发现潜在风险。这需要企业充分利用大数据、人工智能等先进的技术，对市场、竞争、技术等方面的信息进行实时监测和分析。通过这种方式，企业能够提前预警潜在的风险，为战略调整和改变经营模式提供有力支撑。

其次，企业应根据风险预警结果，灵活调整发展战略。在数字经济环境下，市场变化迅速，企业需要根据风险预警数据，对发展战略进行动态调整，确保企业的发展方向与市场需求保持一致。这包括优化产品和服务结构、调整产能布局、提高创新能力等。

再次，企业还需在经营模式上进行创新和调整。在数字经济环境下，企业应充分利用互联网、物联网、云计算等技术，实现生产、销售、物流等环节的智能化和高效化。同时，企业还需注重与合作伙伴的协同发展，通过共建生态圈、共享资源等方式，降低经营风险，提高企业的竞争力。

最后，企业在调整发展战略和经营模式的过程中，要注重对员工的培训和激励。随着企业发展战略和经营模式的变革，员工的能力和素质也需要不断提升。企业应加强对员工的培训和教育，提高员工的数字素养和创新能力。同时，设立激励机制，鼓励员工积极参与企业的创新发展，形成与企业发展战略目标相一致的合力。

3. 长期发展导向

在现如今的市场环境中，企业可持续发展与风险预警机制越发受到关注，二者都强调长期发展导向，要求企业在追求经济效益的同时，关注行业发展趋势，坚定发展战略，通过技术创新与管理优化，实现环境保护、社会责任与经济效益的平衡。

（1）关注行业发展趋势，顺应时代潮流。

企业在追求可持续发展的过程中，必须关注行业发展趋势，以确保企业的发展战略与市场需求保持一致。只有紧跟时代潮流，企业才能抓住潜在机遇，应对潜在风险，实现稳健发展。此外，企业还需关注政策法规的变化，以确保自身经营活动符合国家法规要求，避免违规操作带来负面影响。

（2）坚定发展战略，塑造核心竞争力。

企业在追求可持续发展的过程中，需要有明确的发展战略作为指导。发展战略应当具有长期性、全局性和创新性，以应对不断变化的市场环境。企业应着力培育核心竞争力，如加强技术创新、品牌建设、市场拓展等，从而在激烈的市场竞争中保持优势。

（3）技术创新与管理优化，提升企业效益。

企业可持续发展与风险预警机制均强调经济效益的重要性。为实现经济效益的提升，企业需注重技术创新，不断研发新产品、新工艺，提高生产效率。同时，企业还需在管理层面进行优化，降低成本，提高资源利用率，实现经济效益与环境效益的双赢。

（4）平衡环境保护、社会责任与经济效益。

在追求经济效益的过程中，企业应充分考虑环境保护和社会责任。企业需在生产、经营、消费等各个环节，贯彻绿色、低碳、环保的理念，减轻环境的负担。同时，企业还需关注员工的福利、社区发展等，积极履行社会责任，为企业树立良好的社会形象。

4.3　企业数字化转型对内部控制的影响及其经济后果研究

4.3.1　概述

数字化转型是指采用革命性的数字化技术推动企业对其组织架构、业务模式等方面进行革新，以创造价值、提高生产力与社会福祉（Ebert，2018）。与传统的信息化相比，企业数字化转型是将云计算、大数据、人工智能、区块链等数位技术融合并运用于企业经营管理。随着数字化技术的不断发展，企业数字化转型逐渐成为创新变革的关键方向。随着这些数字化技术与实体经济的深度融合，数字经济成为经济发展新的增长点（李晓华，2019）。数字化转型的数字赋能作用为企业在生产、绩效、技术进步等方面提供了新的可能，其数字治理效应也为企业治理带来了新机会。数字化转型既是企业持续发展的活力源泉，也迫使企业在组织模式与经营方式等方面进行革新。

　　企业通过数字化转型对日常经营管理中的各环节进行革新与完善，实现企业层面乃至产业层面的数字化与智能化发展。数字化转型是企业实现变革，达到高质量发展的重要途径，对推动我国经济高质量发展具有重要意义。企业数字化转型成为学术界与业界关注的热点话题。数字化转型被寄予厚望，许多学者认为其覆盖率及渗透率将急速增长（Ebert，2015），从积极意义层面来讲，企业运用大数据等数字技术可以提供更多有价值的信息，降低了信息搜寻成本，提供了多维度、可视化的注解，提高了财务会计信息的透明度（Warren，2015）。但数字化转型的实施也存在着一定的阻碍，从消极意义层面来讲，企业采用大数据等数字技术或互联网商业模式会带来更多的战略风险，特别是企业数字化转型的收益很难在短期的战略目标或财务指标中得到直观体现，会给经营管理者的决策带来一定的影响。

　　内部控制是企业董事会、监事会、管理层和企业全体员工实施的，为企业实现控制目标提供合理保证的过程。企业数字化转型会对企业的经营效率、业绩水平、信息披露及企业治理等各方面产生影响。内部控制的目的在于为实现企业的合法合规目标、资产安全目标、财务报告目标、经营目标、战略目标等提供合理保证，因此，企业数字化转型必然在一定程度上影响企业的内部控制。

　　与既有的文献相比，本书的创新性体现在以下几个方面。首先，不同于已有的规范性研究，本书将企业数字化转型与内部控制联系起来，采用实证研究检验了企业数字化转型对内部控制的影响，拓展了企业内部控制影响因素的研究。其次，检验了人工智能技术、云计算技术、数字技术应用等数字化转型子项对内部控制的影响，揭示了企业数字化转型与内部控制具有显著联系的具体要素。再次，检验了企业数字化转型对内部控制 5 个要素与内部控制目标的影响，揭示了企业数字化转型是如何完善企业内部控制的建立健全、提升内部控制的有效性的。最后，深入研究了市场竞争环境对企业数字化转型与内部控制的影响，检验了企业数字化转型对内部控制影响在不同市场竞争环境中的异质性。

4.3.2　理论分析与研究假设

　　内部控制一直是学术研究的热点话题，由于缺乏必要的信息披露，早期内部控制的相关研究通常是对内部控制体系进行制度分析（李心合，2007；张宜霞，2007），或是从收益修正（Kinney and McDaniel，1989）、会计差错（DeFond and Jiambalvo，1991）及财报重述（McMullen et al.，1996）等角度进行内部控制有效性的研究。在《萨班斯-奥克斯利法案》（简称《SOX法案》）等法规实施后，由于内部控制缺陷信息的强制性披露，各国针对内部控制的研究得到了长足的发展（Chalmers et al.，2018），对内部控制的研究也如雨后春笋般涌现。现有文献对内部控制有效性的影响因素已经做了较为充分的探讨，一部分学者从企业自身特征的角度进行分析，验证了企业资产规模、经营复杂性、盈利状况、发展阶段、是否经历并购重组及极端销售增长等因素对内部控制有效性的影响（Ashbaugh-Skaife et al.，2007）。另一部分学者对企业内部治理因素进行研究，检验了董事会和审计委员会特征、高管特征、股权结构等因素对内部控制有效性的影响（Krishnan，2005；Hoitash et al.，2012）。此外，还有文献检验了外部审计师、文化、市场等企业外部因素对内部控制有效性的影响（Bedard et al.，2009；Rice and Weber，2012）。由此可见，企业内部控制的影响因素涉及企业内、外部的方方面面。

从内容上看，内部控制被划分为控制环境、风险评估、控制活动、信息与沟通、监督活动这5个相互关联、相互支撑的要素。内部控制的这5个要素并非完全独立，而是相互支撑、紧密联系的逻辑统一体。与此同时，内部控制的每个要素也都承载着内部控制的5个目标，即合法合规目标、资产安全目标、财务报告目标、经营目标及战略目标。以往的文献研究表明，企业数字化转型对企业在经营效率、业绩水平、信息披露及公司治理等各方面都产生影响，全面地影响到内部控制的各个要素。

首先，从控制环境来看，数字化转型为组织结构的变革提供了巨大的助力，企业利用先进的数字化技术进行企业的组织结构升级和经营模式创新（Ilvonen et al.，2018）。企业数字化转型使得企业的战略、组织架构、人力资源政策及企业文化等内部控制环境中的要素发生了改变。

其次，企业数字化转型改善了企业在风险评估过程中的表现。风险评估是实施有效控制活动的前提，及时获取充分适当的信息、有效识别风险因素是企业进行有效风险评估的基础。数字技术的应用使得企业可以获取更多、更有效的信息和数据，同时进行实时存储和调用，准确识别并评估与企业经营活动相关的风险因素，正确划分风险等级，制订和实施更为有效、恰当的风险应对策略。

再次，企业数字化转型降低了实施控制活动的部分成本，也减少了人为操纵的可能性（Qi et al.，2017）。同时，在数字化转型背景下，控制活动对员工的控制约束力受到人为因素的干扰也将大大降低，强化了控制活动实施的效果。

复次，在信息与沟通方面，企业数字化转型改变了数据的获取与使用方式，提高了管理效率和信息的价值。数字技术的运用为企业带来了更多可用的信息，并能够通过对信息的有效分析，降低上市公司的代理和监控成本。此外，进行数字化转型的企业能够优化自身组织结构，从而改善信息的传递效率和创新潜能（陈冬梅等，2020）。云计算的应用可使企业财务工作实现集中、协同和共享，推进了财务流程的优化和完善（何瑛，2013）。数字化转型使得企业能够更高效地处理财务报告信息，向企业外部的利益相关者输出充分的信息（吴非等，2021），例如区块链的溯源和智能合约机制，可以有效地降低信息不对称程度（吴溪等，2017）。

最后，在数字化技术的赋能下，企业付出的监督活动成本将显著下降。基于大数据和云计算技术形成的审计关系网络与基于区块链的分布式账簿使得监督活动与审计工作向着全面智能化的方向发展，而区块链的记录性和不可篡改性也将对现有的监督机制进行完善（Chen，2018）。以数字化信息治理为核心的内部控制旨在全时段、全流程地进行动态监控，并依靠数据进行科学的决策。

从企业经营管理的角度分析，企业数字化转型从促进创新、降低交易成本、提高资源配置效率等方面提升了经营效率（黄群慧等，2019）。企业在生产经营过程中产生了大量的数据信息，只有有效地深化数字化转型，才能借助云计算、大数据、人工智能、物联网等数位技术对内、外部信息进行高效的处理，提升其利用率和价值，充分利用数据信息服务经营决策（Liu et al.，2011）。借助大数据和人工智能技术，企业能够更准确地做出经营决策（Horvitz et al.，1988），实现企业的经营目标。企业数字化转型可以在经营层面强化创新动能，从而具有更强烈的动机加大研发投入，进一步深化企业的数字化转型，提高企业的经营效率，使得企业在原有的资源条件下提升经营业绩（Loebbecke and Picot，2015； 王可和李连燕，2018），也会使得企业在市场竞争中获得更大的竞争优势。

从竞争战略的角度分析，Acemoglu（2003）认为，企业将数字化技术与传统经营模式相融合，借助技术创新对生产资源进行优化重组，创造了新的数据价值。李晓华（2016）认为，数据已成为重要的生产要素，对整个企业的商业模式产生重大影响，对促进创新驱动转型及提升竞争优势具有重要意义。企业数字化转型符合当前数字经济发展潮流，与当前"数字中国"和"智慧社会"的建设蓝图保持较高的一致性（吴非等，2021）。这一符合国家政策方针和经济实践导向的决策将促进企业长期战略目标的达成。

通过对已有的针对企业数字化转型的研究进行总结可以发现，企业数字化转型促进了技术的改进和提升，其从控制环境、风险评估、控制活动、信息与沟通、监督活动等方面对企业目标的达成产生了重大影响。综上所述，本书提出核心研究假设。

假设 H1：在其他条件不变的情况下，企业数字化转型的深入将显著改善内部控制建设情况。

假设 H2：在其他条件不变的情况下，企业数字化转型的深入将显著提升内部控制有效性。

4.3.3　研究结构设计

1. 数据来源和样本选择

本书选取 2007—2020 年上海证券交易所、深圳证券交易所 A 股上市企业的数据作为初始的研究样本，在剔除了数据或相关资料不齐全、金融行业、房地产行业及被特别处理的样本后，本书对主要连续变量进行了 1% 以下、99% 以上分位数缩尾处理，以控制极端值对结果的影响。研究中采用的内部控制相关数据来自迪博内部控制与风险管理数据库，该数据库为国内首个专业、权威的内部控制信息数据库，客观、真实反映了我国上市公司内部控制水平。其余上市公司财务数据来自 CSMAR 数据库，相关企业年报数据则来自上海证券交易所、深圳证券交易所的官方网站。

2. 变量设计

（1）被解释变量。

在《SOX 法案》颁布之后，由于内部控制缺陷数据的强制披露，针对内部控制的研究得到了长足的发展（Chalmers et al.，2018），内部控制重大缺陷的披露也成为衡量企业内部控制有效性的标准之一（Doyle et al.，2007）。陈武朝（2012）指出，我国《企业内部控制评价指引》并未详细规定内部控制缺陷的认定标准，企业在内部控制缺陷的认定中拥有较大的自由裁量权。由于趋利避害、成本效益权衡等机会主义倾向的影响，企业认定内部控制严重程度的难度大大增加，这可能导致部分内部控制重大缺陷或重要缺陷无法被认定并披露（崔志娟，2011；谭燕等，2016），甚至有部分企业为了得出内部控制有效的结论而将内部控制重大缺陷认定为重要或一般缺陷（田娟和余玉苗，2012）。

基于对内部控制缺陷披露现状的疑虑，林斌等（2014）基于我国的制度背景，从内部控制的 5 个目标中选取了衡量指标，再通过对内部控制重要缺陷和重大缺陷进行修正，构建了目标导向的内部控制指数。该指数利用内部控制目标的实现程度评价上市公司的内部控制，体现了上市公司的内部控制水平和风险管理能力。此外，林斌等（2016）以内部控制的 5 个要素作为基础，基于上市公司的内部控制信息披露构建了内部控制指数。该指数从内部控制的 5 个要素出发，分别衡量了企业在控制环境、风险评估、控制活动、信息与沟通、监督活动等方面的内部控制制度的建立健全情况，体现了上市公司内部控制建设的完善程度。

林斌等（2014，2016）构建的指数全面衡量了我国上市公司的内部控制水平和风险管理能力，客观地反映了上市公司内部控制的运行现状，为科学研究内部控制提供了量化基础。有部分研究以基于信息披露的内部控制指数作为衡量内部控制信息披露质量的指标，然而通过对指标构建过程的深入分析可以发现，林斌等（2016）在进行指数构建时关注的并非是内部控制信息的披露行为，而是披露信息中的信息含量。例如，以董事会规模、风险评估中应对内部风险的策略数量等作为指数的评价指标，并非以企业是否披露该信息作为标准，而是以其中包含的信息来衡量内部控制的建设情况。同时，林斌等（2016）也明确指出，构建该指数的目的在于衡量企业的内部控制水平和质量，以及风险管控能力。因此，本书以基于信息披露的内部控制指数的自然对数作为内部控制建设情况的衡量指标，旨在从控制环境、风险评估、控制活动、信息与沟通、监督活动的角度衡量企业内部控制体系的建立健全状况。与此同时，本书以目标导向内部控制指数的自然对数作为内部控制有效性的代理变量，旨在衡量企业内部控制规范实施的最终效率和效果。

（2）核心解释变量。

目前针对企业数字化转型的研究主要有 3 类方法用来衡量企业的数字化转型程度，第一类如何帆、刘红霞（2019），其通过判断"企业当年是否进行数字化转型"，并以此作为虚拟变量衡量企业数字化转型。这类方法无法有效地衡量企业数字化转型的程度，可能对企业数字化转型程度的衡量产生一定的偏误。第二类如祁怀锦等（2020）、张永珅等（2021），其以上市公司财务报告附注披露的年末无形资产明细项中与数字经济相关的部分占无形资产总额的比例作为数字化转型程度的衡量指标。第三类如吴非等（2021）、袁淳等（2021）在研究中采用的文本分析法，其基于上市公司年报信息中数字化相关关键词衡量企业数字化转型程度。企业在具有总结性和指导性的年报中使用的词汇反映出企业的战略与目标，也能够体现出企业管理层的经营理念（吴非等，2021）。因此，本书参考吴非等（2021）、袁淳等（2021）在研究中采用的方法，通过上市公司年报中的相关词汇出现的频率作为企业数字化转型程度的衡量指标。

企业数字化转型程度的相关数据可在 CSMAR 数据库中直接获取，该数据的技术实现是通过提取上海证券交易所、深圳证券交易所 A 股上市企业年报的文本内容，并以此作为数据池进行特征词筛选。通过对特征词进行搜索、匹配和词频计数，分类归集关键技术方向的词频并形成总词频，进而构建企业数字化转型程度的衡量指标。特征词词库的来源主要参考以往研究数字化转型的文献和重要政策文件，同时剔除关键词前存在"没""无""不"等否定词语的表述，也剔除非该上市公司的数字化转型关键词。

（3）控制变量。

本书参考以往对内部控制有效性影响因素的研究，选取如下控制变量：

企业规模、企业上市年龄、资产负债率、营收规模、现金流强度、存货资产比率、资产回报率、净资产收益率、营业收入增长率、机构投资者持股比例、第一大股东持股比例、审计费用、产权性质、是否由国际四大事务所审计。变量说明见表 4.1。

表4.1　变量说明

变量	变量名称	变量符号	变量说明
被解释变量	内部控制建设情况	Construct	
	内部控制有效性	Effect	
核心解释变量	企业数字化转型	DT	通过文本分析法统计的关键技术方向的总词频
控制变量	企业规模	Size	期末资产总额的自然对数
	企业上市年龄	Age	当前年度减企业上市年度加 1 的自然对数
	资产负债率	Lev	负债总额 / 资产总额
	营收规模	Sales	营业收入总额的自然对数
	现金流强度	Cash	现金及其现金等价物 / 资产总额
	存货资产比率	Inv	存货净额 / 资产总额
	资产回报率	ROA	税后净利润 / 期末资产总额
	净资产收益率	ROE	税后净利润 / 期末净资产总额
	营业收入增长率	Growth	（本年营业收入 – 上年营业收入）/ 上年营业收入
	机构投资者持股比例	Ins	机构投资者持股比例
	第一大股东持股比例	LHR	第一大股东持股比例
	审计费用	Fee	审计费用的自然对数

续表4.1

变量	变量名称	变量符号	变量说明
控制 变量	产权性质	SOE	若上市公司为国有企业则为1，否则为0
	是否由国际四大 事务所审计	Big4	若上市公司由国际四大事务所审计则为1，否则为0

3. 模型选择

首先，本书构建了如下的 OLS 回归模型（1），以检验企业数字化程度对内部控制建设情况的影响。

$$Construct_{i,t} = \alpha + \beta 1 * DT_{i,t} + \sum \beta * Controls_{i,t} + \sum Year + \sum Industry + \varepsilon \quad (1)$$

其次，本书构建了如下的 OLS 回归模型（2），以检验企业数字化程度对内部控制有效性的影响。

$$Effect_{i,t} = \alpha + \beta 1 * DT_{i,t} + \sum \beta * Controls_{i,t} + \sum Year + \sum Industry + \varepsilon \quad (2)$$

其中，被解释变量为内部控制建设情况（Construct）和内部控制有效性（Effect），核心解释变量为企业数字化转型（DT），Controls 为控制变量，ε 为误差项。模型中同时控制了时间固定效应和行业固定效应（采用 2012 年中国证监会修订的《上市公司行业分类指引》中的二级行业分类）。

4.3.4 实证结果与分析

1. 描述性统计

表 4.2 提供了主要变量的描述性统计结果，由此可以看出，在本书样本观测值中，内部控制建设情况的样本总体均值为 3.441，其标准差为 0.394，最小值为 0.693，最大值为 4.078。内部控制有效性的样本总体均值为 6.483，其标准差为 0.162，最小值为 2.194，最大值为 6.903，这表明我国不同上市公司在内部控制建设情况和内部控制有效性方面表现出一定的差距。

表4.2　主要变量的描述性统计

Variable	N	Mean	Median	Std.Dev.	Min	Max
Construct	23，913	3.441	3.571	0.394	0.693	4.078
Effect	23，913	6.483	6.510	0.162	2.194	6.903
DT	23，913	1.267	0	1.576	0	6.806
Size	23，913	22.090	21.935	1.172	19.823	26.008
Age	23，913	2.163	2.302	0.737	0.693	3.296
Lev	23，913	3.210	2.357	2.436	1.145	18.012
Sales	23，913	21.449	21.311	1.343	18.450	25.481
Cash	23，913	0.175	0.145	0.116	0.014	0.614
Inv	23，913	0.128	0.109	0.099	0.008	0.544
ROA	23，913	0.038	0.036	0.053	−0.261	0.196
ROE	23，913	0.060	0.067	0.111	−0.863	0.316
Growth	23，913	0.264	0.125	0.577	−0.708	5.195
Ins	23，913	0.445	0.466	0.236	0.004	0.907
LHR	23，913	0.343	0.323	0.142	0.087	0.737
Fee	23，913	13.739	13.651	0.743	9.210	19.403
SOE	23，913	0.397	0	0.489	0	1
Opinion	23，913	0.969	1	0.173	0	1
Big4	23，913	0.057	0	0.231	0	1

2. 多元回归分析

表 4.3 报告了企业数字化转型与内部控制关系的核心检验结果，第（1）列报告了模型（1）的详细结果，结果显示，企业数字化转型（DT）对内部控制建设情况（Construct）的回归系数在 1% 的水平上显著为正。上述结果支持了本书的假设 H1，即在其他条件不变的情况下，企业数字化转型的程度越高，内部控制建设情况越完善。表 4.3 的第（2）列报告了模型（2）的

详细结果，结果显示，企业数字化转型（DT）对内部控制有效性（Effect）的回归系数在5%的水平上显著为正。上述结果支持了本书的假设H2，即在其他条件不变的情况下，企业数字化转型的程度越高，内部控制有效性越强。

表4.3 企业数字化转型与内部控制关系的核心检验

Variable	Construct	Effect
	（1）	（2）
DT	0.006***	0.002**
	（3.99）	（2.41）
Size	0.015***	0.009***
	（3.54）	（4.30）
Age	−0.038***	−0.015***
	（−12.59）	（−9.79）
Lev	0.003***	0.001**
	（2.70）	（2.56）
Sales	0.009**	0.017***
	（2.52）	（9.27）
Cash	0.041**	0.000
	（2.38）	（0.04）
Inv	−0.011	0.034***
	（−0.55）	（3.22）
ROA	0.144*	0.180***
	（1.66）	（3.89）
ROE	0.050	0.382***
	（1.18）	（16.41）
Growth	−0.008**	0.004**
	（−2.36）	（2.23）

续表4.3

Variable	Construct （1）	Effect （2）
Ins	0.035***	0.006
	（3.68）	（1.25）
LHR	−0.013	0.016**
	（−0.88）	（2.09）
Fee	−0.008*	−0.011***
	（−1.76）	（−4.81）
SOE	0.020***	0.004
	（4.29）	（1.50）
Opinion	0.138***	0.227***
	（11.19）	（30.79）
Big4	−0.009	0.026***
	（−0.96）	（5.63）
Constant	1.639***	5.886***
	（26.07）	（181.53）
Year	Yes	Yes
Industry	Yes	Yes
Observations	23，913	23，913
adjusted$_R^2$	0.582	0.227

3. 稳健性检验

本书在基准回归中检验了企业数字化转型程度对内部控制的影响，结果表明，企业数字化转型程度对内部控制具有正向影响。由于基准回归的观测样本中包含部分没有在年报中披露任何数字化转型关键词的企业，为了排除此类企业可能存在的影响，本书剔出了没有在年报中披露任何数字化转型关键词的企业，仅使用在年报中披露了数字化转型关键词的企业作为研究样本重新进行回归检验，其详细结果见表 4.4。表 4.4 的第（1）列结果显示，企业数字化转型（DT）对内部控制建设情况（Construct）的回归系数在 1% 的水平上显著为正。表 4.4 的第（2）列结果显示，企业数字化转型（DT）对内部控制有效性（Effect）的回归系数在 5% 的水平上显著为正，上述结果支持前文的结论。

表4.4　稳健性检验（剔除部分样本）

Variable	Construct	Effect
	（1）	（2）
DT	0.005***	0.003**
	（2.70）	（2.34）
Size	0.022***	−0.001
	（4.86）	（−0.34）
Age	−0.022***	−0.014***
	（−7.03）	（−6.05）
Lev	0.003***	0.002***
	（2.58）	（2.68）
Sales	0.001	0.023***
	（0.24）	（8.05）
Cash	0.006	0.002
	（0.37）	（0.18）
Inv	0.021	0.044***
	（0.93）	（2.70）
ROA	0.181**	0.047
	（2.00）	（0.68）
ROE	−0.004	0.412***
	（−0.08）	（11.31）

续表4.4

Variable	Construct	Effect
	（1）	（2）
Growth	−0.002	0.008***
	（−0.55）	（3.45）
Ins	0.006	0.007
	（0.68）	（0.94）
LHR	0.013	0.007
	（0.85）	（0.69）
Fee	−0.006	−0.014***
	（−1.24）	（−4.11）
SOE	0.023***	0.009**
	（4.60）	（2.55）
Opinion	0.145***	0.230***
	（11.18）	（19.62）
Big4	0.015	0.028***
	（1.52）	（3.97）
Constant	1.568***	6.052***
	（22.33）	（116.55）
Year	Yes	Yes
Industry	Yes	Yes
Observations	11，353	11，353
adjusted R^2	0.417	0.203

　　为了确保研究结果的稳健性,本书参考祁怀锦等(2020)、张永珅等(2021)使用的方法,以上市公司财务报告附注披露的年末无形资产明细项中与数字经济相关的部分占无形资产总额的比例作为企业数字化转型程度的衡量

指标。具体来说，当无形资产明细项中包括"软件""网络""客户端""管理系统""智能平台"等与数位技术相关的关键词以及与此相关的专利时，则将该明细项标记为"数字经济技术无形资产"，再对同一公司、同一年度多项数字经济技术无形资产加总，计算其占本年度无形资产的比例。

重新进行回归检验后的详细结果见表4.5。表4.5的第（1）列结果显示，企业数字化转型（DT）对内部控制建设情况（Construct）的回归系数在1%的水平上显著为正。表4.5的第（2）列结果显示，企业数字化转型（DT）对内部控制有效性（Effect）的回归系数在5%的水平上显著为正，上述结果支持前文的结论。

表4.5　替换核心解释变量后的稳健性检验

Variable	Construct	Effect
	（1）	（2）
DT	0.001***	0.011**
	（0.16）	（2.06）
Size	0.009**	0.006***
	（2.44）	（2.90）
Age	−0.035***	−0.018***
	（−11.85）	（−10.69）
Lev	0.002***	0.001**
	（4.06）	（2.22）
Sales	0.015***	0.024***
	（4.49）	（12.73）
Cash	0.055***	0.005
	（3.46）	（0.57）
Inv	−0.048***	0.048***
	（−2.63）	（4.59）

续表4.5

Variable	Construct	Effect
	（1）	（2）
ROA	0.038*	0.539***
	（1.67）	（35.14）
ROE	−0.002	−0.005***
	（−1.43）	（−3.31）
Growth	−0.000*	−0.000
	（−1.88）	（−0.70）
Ins	0.038***	0.015***
	（3.97）	（2.86）
LHR	−0.019	0.020**
	（−1.31）	（2.49）
Fee	−0.009**	−0.009***
	（−2.05）	（−3.51）
SOE	0.010**	−0.002
	（2.21）	（−0.65）
Opinion	0.134***	0.269***
	（12.53）	（36.76）
Big4	−0.001	0.032***
	（−0.15）	（6.45）
Constant	1.702***	5.725***
	（29.53）	（175.03）
Year	Yes	Yes
Industry	Yes	Yes
Observations	21，823	21，823

续表4.5

Variable	Construct	Effect
	（1）	（2）
adjusted R^2	0.556	0.250

考虑到企业数字化转型对内部控制的影响可能会有一定的时滞，为了确保研究结果的稳健性，本书对核心解释变量企业数字化转型（DT）进行了滞后一期的处理，重新进行回归检验，这样既能够考虑到企业在实践中变量影响关系之间的传递耗时，又能够尽可能地减少反向因果造成的内生性问题。

重新进行回归检验后的详细结果见表4.6。表4.6的第（1）列结果显示，企业数字化转型（DT）对内部控制建设情况（Construct）的回归系数在1%的水平上显著为正。表4.6的第（2）列结果显示，企业数字化转型（DT）对内部控制有效性（Effect）的回归系数在10%的水平上显著为正，上述结果支持前文的结论。

表4.6 稳健性检验（关键解释变量滞后一期处理）

Variable	Construct	Effect
	（1）	（2）
DT	0.005***	0.001*
	（3.87）	（0.55）
Size	0.017***	0.009***
	（4.37）	（3.94）
Age	−0.038***	−0.016***
	（−13.55）	（−9.89）
Lev	0.003***	0.001**
	（3.29）	（2.34）
Sales	0.008**	0.017***
	（2.34）	（8.81）

续表4.6

Variable	Construct	Effect
	（1）	（2）
Cash	0.040***	0.001
	（2.58）	（0.15）
Inv	−0.014	0.037***
	（−0.71）	（3.32）
ROA	0.179**	0.163***
	（2.28）	（3.47）
ROE	0.020	0.387***
	（0.53）	（16.40）
Growth	−0.007**	0.004**
	（−2.20）	（2.29）
Ins	0.033***	0.007
	（3.75）	（1.34）
LHR	−0.010	0.014*
	（−0.78）	（1.83）
Fee	−0.009**	−0.012***
	（−2.27）	（−4.99）
SOE	0.019***	0.003
	（4.48）	（1.32）
Opinion	0.141***	0.231***
	（12.57）	（30.70）
Big4	−0.002	0.027***
	（−0.23）	（5.68）

续表4.6

Variable	Construct	Effect
	（1）	（2）
Constant	2.357***	5.889***
	（40.92）	（177.04）
Year	Yes	Yes
Industry	Yes	Yes
Observations	23，199	23，199
adjusted R^2	0.456	0.221

4. 进一步分析

企业数字化转型过程包含不同结构特征的技术差异，为了进一步探究企业数字化转型对内部控制的影响，本书参照吴非等（2021）将企业数字化转型程度的指标具体划分为人工智能技术（AI）、区块链技术（Blockchain）、云计算技术（Cloud）、大数据技术（Big Data）、数字技术应用（Application）等5个子项，检验企业数字化转型程度对内部控制的影响。

表 4.7 显示了企业数字化转型子项对内部控制建设情况的影响的回归结果，结果显示，人工智能技术（AI）对内部控制建设情况（Construct）的回归系数在 10% 的水平上显著为正，云计算技术（Cloud）对内部控制建设情况（Construct）的回归系数在 5% 的水平上显著为正，数字技术应用（Application）对内部控制建设情况（Construct）的回归系数在 1% 的水平上显著为正，而区块链技术（Blockchain）、大数据技术（Big Data）对内部控制建设情况（Construct）的回归系数不显著。上述结果表明，企业数字化转型中人工智能技术、云计算技术、数字技术应用等对内部控制建设情况的改善较为明显，而区块链技术与大数据技术对内部控制建设情况的影响不明显。

表4.7　企业数字化转型子项对内部控制建设情况的影响的回归结果

数字化转型 子项 / 变量	Construct				
	（1）	（2）	（3）	（4）	（5）
AI	0.005*				
	（1.66）				
Blockchain		−0.006			
		（−0.45）			
Cloud			0.005**		
			（2.18）		
Big Data				−0.000	
				（−0.03）	
Application					0.006***
					（2.81）
Size	0.015***	0.015***	0.015***	0.015***	0.015***
	（3.54）	（3.58）	（3.55）	（3.58）	（3.60）
Age	−0.038***	−0.038***	−0.038***	−0.038***	−0.038***
	（−12.56）	（−12.57）	（−12.58）	（−12.57）	（−12.60）
Lev	0.003***	0.003***	0.003***	0.003***	0.003***
	（2.75）	（2.77）	（2.77）	（2.77）	（2.73）
Sales	0.009***	0.009***	0.009**	0.009***	0.009**
	（2.62）	（2.61）	（2.57）	（2.60）	（2.51）
Cash	0.044***	0.044***	0.043**	0.044***	0.042**
	（2.58）	（2.58）	（2.49）	（2.58）	（2.46）
Inv	−0.010	−0.010	−0.011	−0.010	−0.011
	（−0.48）	（−0.50）	（−0.52）	（−0.50）	（−0.51）
ROA	0.142	0.141	0.143*	0.141	0.142
	（1.64）	（1.63）	（1.65）	（1.63）	（1.64）

续表4.7

数字化转型子项/变量	Construct				
	（1）	（2）	（3）	（4）	（5）
ROE	0.051	0.051	0.050	0.051	0.051
	（1.18）	（1.18）	（1.18）	（1.18）	（1.19）
Growth	−0.007**	−0.007**	−0.007**	−0.007**	−0.008**
	（−2.28）	（−2.21）	（−2.29）	（−2.23）	（−2.31）
Ins	0.035***	0.035***	0.035***	0.035***	0.035***
	（3.62）	（3.60）	（3.66）	（3.60）	（3.64）
LHR	−0.012	−0.013	−0.013	−0.013	−0.013
	（−0.85）	（−0.89）	（−0.87）	（−0.89）	（−0.90）
Fee	−0.008*	−0.008*	−0.007*	−0.008*	−0.008*
	（−1.72）	（−1.71）	（−1.68）	（−1.71）	（−1.76）
SOE	0.019***	0.019***	0.019***	0.019***	0.020***
	（4.09）	（4.03）	（4.07）	（4.04）	（4.22）
Opinion	0.138***	0.138***	0.138***	0.138***	0.138***
	（11.24）	（11.24）	（11.22）	（11.24）	（11.23）
Big4	−0.010	−0.010	−0.009	−0.010	−0.009
	（−1.05）	（−1.06）	（−1.04）	（−1.06）	（−0.99）
Constant	1.626***	1.622***	1.627***	1.622***	1.633***
	（25.90）	（25.85）	（25.92）	（25.83）	（25.98）
Year	Yes	Yes	Yes	Yes	Yes
Industry	Yes	Yes	Yes	Yes	Yes
Observations	23, 913	23, 913	23, 913	23, 913	23, 913
adjusted R^2	0.582	0.582	0.582	0.582	0.582

　　表4.8显示了企业数字化转型子项对内部控制有效性的影响的回归结果，结果显示，人工智能技术（AI）对内部控制有效性（Effect）的回归系数在1%的水平上显著为正，云计算技术（Cloud）对内部控制有效性（Effect）的回归系数在1%的水平上显著为正，而区块链技术（Blockchain）、大数据技术（Big Data）、数字技术应用（Application）对内部控制有效性（Effect）的回归系数不显著。上述结果表明，企业数字化转型中人工智能技术、云计算技术对内部控制有效性的提升较为明显，而区块链技术、大数据技术及数字技术应用等方面对内部控制有效性的影响不明显。

表4.8　企业数字化转型子项对内部控制有效性的影响的回归结果

数字化转型子项 / 变量	Effect				
	（1）	（2）	（3）	（4）	（5）
AI	0.005***				
	（3.32）				
Blockchain		0.000			
		（0.05）			
Cloud			0.005***		
			（3.88）		
Big Data				0.000	
				（0.12）	
Application					0.001
					（0.78）
Size	0.009***	0.009***	0.009***	0.009***	0.009***
	（4.25）	（4.33）	（4.28）	（4.33）	（4.33）
Age	−0.015***	−0.015***	−0.015***	−0.015***	−0.015***
	（−9.77）	（−9.78）	（−9.80）	（−9.78）	（−9.79）
Lev	0.001**	0.001***	0.001***	0.001***	0.001***
	（2.57）	（2.60）	（2.60）	（2.60）	（2.59）

续表4.8

数字化转型子项/变量	Effect				
	（1）	（2）	（3）	（4）	（5）
Sales	0.017***	0.017***	0.017***	0.017***	0.017***
	（9.35）	（9.32）	（9.25）	（9.32）	（9.29）
Cash	0.001	0.001	0.000	0.001	0.001
	（0.16）	（0.16）	（0.01）	（0.16）	（0.13）
Inv	0.035***	0.035***	0.034***	0.035***	0.035***
	（3.29）	（3.25）	（3.22）	（3.25）	（3.25）
ROA	0.180***	0.179***	0.181***	0.179***	0.179***
	（3.90）	（3.87）	（3.91）	（3.88）	（3.88）
ROE	0.382***	0.382***	0.382***	0.382***	0.382***
	（16.40）	（16.41）	（16.40）	（16.41）	（16.42）
Growth	0.004**	0.004**	0.004**	0.004**	0.004**
	（2.21）	（2.31）	（2.21）	（2.31）	（2.29）
Ins	0.006	0.006	0.006	0.006	0.006
	（1.24）	（1.20）	（1.31）	（1.21）	（1.22）
LHR	0.016**	0.016**	0.016**	0.016**	0.016**
	（2.15）	（2.08）	（2.11）	（2.09）	（2.08）
Fee	−0.011***	−0.011***	−0.011***	−0.011***	−0.011***
	（−4.80）	（−4.78）	（−4.72）	（−4.78）	（−4.79）
SOE	0.003	0.003	0.003	0.003	0.003
	（1.45）	（1.35）	（1.42）	（1.36）	（1.40）
Opinion	0.227***	0.227***	0.227***	0.227***	0.227***
	（30.84）	（30.82）	（30.80）	（30.82）	（30.82）
Big4	0.026***	0.026***	0.026***	0.026***	0.026***
	（5.59）	（5.57）	（5.62）	（5.57）	（5.59）

续表4.8

数字化转型子项/变量	Effect				
	（1）	（2）	（3）	（4）	（5）
Constant	5.885***	5.881***	5.885***	5.881***	5.882***
	（181.78）	（181.73）	（181.82）	（181.61）	（181.46）
Year	Yes	Yes	Yes	Yes	Yes
Industry	Yes	Yes	Yes	Yes	Yes
Observations	23，913	23，913	23，913	23，913	23，913
adjusted R^2	0.227	0.226	0.227	0.226	0.226

　　本书已从整体层面检验了企业数字化转型对上市公司内部控制建设情况的影响，结果表明，企业数字化转型对内部控制建设情况存在显著的积极影响。林斌等（2016）在构建基于信息披露的内部控制指数的同时，从内部控制的 5 个要素出发，分别衡量了企业在控制环境、风险评估、控制活动、信息与沟通、监督活动等方面的内部控制制度的建立健全情况。

　　为了探索企业数字化转型究竟是如何影响内部控制建设情况的，本书使用模型（1）分别检验了企业数字化转型程度对控制环境（Ctrl-Environ）、风险评估（Risk-Ass）、控制活动（Ctrl-Act）、信息与沟通（Info-Comm）及监督活动（Mon-Act）的影响。表 4.9 显示，企业数字化转型程度对风险评估（Risk-Ass）的回归系数在 5% 的水平上显著为正，对控制活动（Ctrl-Act）的回归系数在 1% 的水平上显著为正，对信息与沟通（Info-Comm）的回归系数在 1% 的水平上显著为正，而企业数字化转型程度对控制环境（Ctrl-Environ）、监督活动（Mon-Act）的回归系数不显著。上述结果表明，企业数字化转型主要完善了企业在风险评估、控制活动、信息与沟通等方面的建设情况，从而在整体上完善了企业内部控制。

表4.9　企业数字化转型对内部控制建设情况的影响

变量	Ctrl-Environ	Risk-Ass	Ctrl-Act	Info-Comm	Mon-Act
	（1）	（2）	（3）	（4）	（5）
DT	0.001	0.004**	0.011***	0.021***	0.001
	（0.43）	（2.07）	（3.90）	（10.10）	（0.50）
Size	0.008	0.021***	0.013	0.047***	−0.001
	（1.18）	（3.84）	（1.64）	（8.27）	（−0.21）
Age	−0.056***	−0.035***	−0.042***	−0.074***	−0.001
	（−11.06）	（−8.51）	（−7.43）	（−17.51）	（−0.30）
Lev	0.006***	0.003***	0.003*	−0.003**	0.002
	（4.10）	（2.74）	（1.91）	（−2.04）	（1.07）
Sales	0.020***	0.010**	0.010	−0.009*	0.013**
	（3.31）	（2.10）	（1.55）	（−1.82）	（2.40）
Cash	0.063**	0.063***	0.076**	0.014	−0.016
	（2.19）	（2.71）	（2.39）	（0.58）	（−0.61）
Inv	0.011	0.021	−0.032	−0.044	−0.010
	（0.33）	（0.73）	（−0.82）	（−1.53）	（−0.32）
ROA	0.395***	−0.076	0.179	−0.196	0.363***
	（2.73）	（−0.64）	（1.11）	（−1.64）	（2.74）
ROE	0.004	0.047	0.082	0.111*	0.026
	（0.06）	（0.82）	（1.03）	（1.88）	（0.39）
Growth	−0.005	−0.005	−0.005	−0.000	−0.011**
	（−0.94）	（−1.08）	（−0.86）	（−0.01）	（−2.17）
Ins	0.121***	0.024*	0.019	0.001	−0.006
	（7.55）	（1.82）	（1.07）	（0.07）	（−0.39）
LHR	−0.049**	0.007	−0.003	−0.041**	0.038*
	（−2.00）	（0.36）	（−0.10）	（−2.03）	（1.70）

续表4.9

变量	Ctrl-Environ	Risk-Ass	Ctrl-Act	Info-Comm	Mon-Act
	（1）	（2）	（3）	（4）	（5）
Fee	−0.028***	0.007	−0.037***	−0.034***	0.020***
	（−3.76）	（1.08）	（−4.42）	（−5.45）	（2.96）
SOE	0.058***	−0.012**	−0.014	−0.026***	0.060***
	（7.53）	（−1.96）	（−1.62）	（−4.04）	（8.52）
Opinion	0.150***	0.007	0.128***	0.039**	0.403***
	（7.31）	（0.44）	（5.64）	（2.29）	（21.45）
Big4	0.047***	0.026**	0.014	−0.010	−0.039***
	（3.11）	（2.14）	（0.86）	（−0.81）	（−2.86）
Constant	1.122***	−0.529***	1.142***	0.343***	−0.205**
	（10.71）	（−6.22）	（9.81）	（3.96）	（−2.13）
Year	Yes	Yes	Yes	Yes	Yes
Industry	Yes	Yes	Yes	Yes	Yes
Observations	23, 913	23, 913	23, 913	23, 913	23, 913
adjusted R^2	0.281	0.737	0.127	0.274	0.624

为了探索企业数字化转型究竟是如何影响内部控制有效性的，本书使用模型（2）分别检验企业数字化转型程度对合法合规目标（CMPL）、资产安全目标（SAFE）、财务报告目标（RPT）、经营目标（OPER）及战略目标（STGY）达成的效果的影响。

表 4.10 显示，企业数字化转型程度对资产安全目标（SAFE）的回归系数在 1% 的水平上显著为正，对财务报告目标（RPT）的回归系数在 1% 的水平上显著为正，对经营目标（OPER）的回归系数在 1% 的水平上显著为正，对战略目标（STGY）的回归系数在 1% 的水平上显著为正，而对合法合规目标（CMPL）的回归系数不显著。上述结果表明，企业数字化转型主要提升了企业在资产安全目标、财务报告目标、经营目标及战略目标等方面的

达成效果，从而在整体上提升了企业内部控制的有效性。

表4.10 企业数字化转型对内部控制有效性的影响

变量	CMPL	SAFE	RPT	OPER	STGY
	（1）	（2）	（3）	（4）	（5）
DT	0.000	0.003***	0.003***	0.004***	0.010***
	（0.23）	（2.84）	（2.91）	（4.01）	（3.74）
Size	0.012***	0.026***	−0.004	−0.079***	−0.027***
	（2.92）	（9.48）	（−1.26）	（−28.12）	（−3.26）
Age	−0.024***	0.001	−0.009***	−0.001	−0.036***
	（−7.93）	（0.48）	（−4.44）	（−0.36）	（−6.08）
Lev	0.002***	−0.001**	−0.001	0.007***	−0.009***
	（2.63）	（−2.53）	（−0.96）	（11.11）	（−5.26）
Sales	0.005	−0.043***	0.005**	0.103***	0.089***
	（1.38）	（−18.45）	（1.97）	（42.10）	（12.28）
Cash	0.016	−0.030***	−0.005	−0.011	−0.004
	（0.92）	（−2.72）	（−0.42）	（−0.97）	（−0.13）
Inv	0.038*	0.003	0.037**	0.024*	−0.021
	（1.74）	（0.20）	（2.50）	（1.66）	（−0.48）
ROA	0.319***	0.003	0.166***	−0.951***	1.574***
	（3.50）	（0.05）	（2.74）	（−15.76）	（8.81）
ROE	0.107**	0.514***	−0.018	1.002***	0.485***
	（2.29）	（17.19）	（−0.57）	（32.35）	（5.29）
Growth	−0.001	0.005**	0.004*	0.004*	0.038***
	（−0.35）	（2.20）	（1.93）	（1.75）	（5.99）
Ins	0.013	0.014**	0.008	−0.002	0.030*
	（1.39）	（2.33）	（1.33）	（−0.35）	（1.65）

续表4.10

变量	CMPL	SAFE	RPT	OPER	STGY
	（1）	（2）	（3）	（4）	（5）
LHR	0.048***	0.008	0.012	0.044***	−0.113***
	（3.26）	（0.83）	（1.20）	（4.56）	（−3.93）
Fee	−0.034***	−0.024***	−0.009***	0.007**	−0.010
	（−7.30）	（−8.12）	（−2.87）	（2.42）	（−1.09）
SOE	0.027***	0.003	−0.004	−0.002	0.013
	（5.51）	（1.08）	（−1.23）	（−0.60）	（1.42）
Opinion	0.286***	0.126***	0.595***	0.065***	0.105***
	（20.15）	（13.96）	（63.09）	（6.96）	（3.80）
Big4	0.040***	−0.005	0.015**	0.043***	0.021
	（4.41）	（−0.90）	（2.41）	（7.06）	（1.19）
Constant	6.472***	6.715***	6.203***	5.426***	4.993***
	（96.89）	（157.43）	（139.20）	（122.75）	（38.16）
Year	Yes	Yes	Yes	Yes	Yes
Industry	Yes	Yes	Yes	Yes	Yes
Observations	17，492	17，492	17，492	17，492	17，492
adjusted R^2	0.083	0.156	0.218	0.304	0.148

5. 异质性检验

市场竞争是市场经济的基本特征。在市场经济中，企业出于自身利益的考虑，为取得较大的利润和更多的市场资源而进行竞争。企业通过市场竞争扩大资源的使用途径，提高资源利用率，促进生产要素的再分配和资源的优化配置，进而实现产品市场的差异化发展和优胜劣汰，增加整个社会的总剩余。

在竞争较为激烈的产品市场中，由于面临着较大的风险和压力，为了在市场竞争中获得相对优势，企业管理者会进一步完善企业管理、资源分配和资本结构（Hart，1983； 黄继承和姜付秀，2015）。同时，产品市场竞争改善了信息环境（任宏达和王琨，2019），导致利益相关者对企业管理活动的监督增加，从而使得产品市场竞争成为企业加强内部治理的一个诱因。产品市场竞争也可能会导致效率低下，进而导致企业治理水平降低、财务报告质量降低、信息环境更加不透明。Clinch 和 Verrecchia（1997）发现由于披露的潜在成本较高，企业会减少非强制性信息的披露。Li（2010）发现当产品市场竞争加剧时，企业披露信息的频率将降低。Raith（2003）认为激烈的产品市场竞争会导致利润波动并增加公司层面的风险。为了快速应对竞争激烈的市场上瞬息万变的环境，处于竞争激烈的产品市场中的企业倾向于采用较为宽松的治理机制（Kole and Lehn，1997）。为了检验企业数字化转型对内部控制的影响是否因市场竞争程度的不同而产生异质性，本书分年度根据产品市场竞争的中位数将样本分为竞争较为缓和与竞争较为激烈两组进行检验。

表 4.11 显示了基于产品市场竞争分组的企业数字化转型对内部控制的影响。表 4.11 的第（1）列和第（3）列的结果表明，在控制其他因素后，企业数字化转型对内部控制建设情况的影响在竞争较为激烈的样本中更为明显。表 4.11 的第（2）列和第（4）列的结果表明，在控制其他因素后，企业数字化转型对内部控制有效性的影响在竞争较为缓和的样本中有限，而在竞争较为激烈的样本中较为明显。综上所述，当产品市场竞争趋于激烈时，企业数字化转型对内部控制的积极影响更为明显。

表4.11　基于产品市场竞争分组的企业数字化转型对内部控制的影响

变量	竞争较为缓和		竞争较为激烈	
	Construct	Effect	Construct	Effect
	（1）	（2）	（3）	（4）
DT	0.005**	0.000	0.007***	0.004***
	（2.14）	（0.18）	（3.31）	（3.45）
Size	0.012*	0.013***	0.016***	0.009***
	（1.80）	（3.99）	（2.59）	（2.95）

续表4.11

变量	竞争较为缓和		竞争较为激烈	
	Construct	Effect	Construct	Effect
	（1）	（2）	（3）	（4）
Age	−0.037***	−0.012***	−0.045***	−0.015***
	（−7.68）	（−5.14）	（−9.81）	（−6.90）
Lev	0.004**	0.002***	0.002	0.001
	（2.27）	（2.59）	（1.49）	（1.50）
Sales	0.015***	0.015***	0.005	0.015***
	（2.66）	（5.57）	（0.86）	（5.82）
Cash	0.062**	−0.001	0.013	−0.005
	（2.23）	（−0.05）	（0.50）	（−0.41）
Inv	−0.017	0.028*	−0.018	0.035**
	（−0.54）	（1.81）	（−0.57）	（2.27）
ROA	0.187	0.152**	0.003	0.177***
	（1.31）	（2.06）	（0.02）	（2.66）
ROE	−0.018	0.386***	0.165**	0.416***
	（−0.26）	（10.47）	（2.48）	（12.07）
Growth	−0.003	0.003	−0.012**	0.005*
	（−0.53）	（1.33）	（−2.56）	（1.93）
Ins	0.028*	0.006	0.044***	0.010
	（1.77）	（0.75）	（3.17）	（1.51）
LHR	−0.012	0.012	−0.019	0.009
	（−0.49）	（1.04）	（−0.90）	（0.89）
Fee	−0.014**	−0.007**	−0.001	−0.013***
	（−2.01）	（−2.07）	（−0.15）	（−3.95）

续表4.11

变量	竞争较为缓和		竞争较为激烈	
	Construct	Effect	Construct	Effect
	（1）	（2）	（3）	（4）
SOE	0.021***	−0.001	0.019***	0.003
	（2.84）	（−0.33）	（2.84）	（0.75）
Opinion	0.126***	0.210***	0.106***	0.217***
	（6.49）	（18.55）	（5.63）	（20.36）
Big4	−0.002	0.034***	−0.021	0.010
	（−0.17）	（5.26）	（−1.42）	（1.35）
Constant	1.654***	5.802***	1.641***	5.974***
	（17.75）	（126.01）	（18.47）	（135.58）
Year	Yes	Yes	Yes	Yes
Industry	Yes	Yes	Yes	Yes
Observations	10，377	10，377	11，794	11，794
adjusted R^2	0.571	0.216	0.594	0.229

6. 经济后果分析

本书参考王琳璘等（2022）的研究选取托宾Q（Tobin's Q），并采用滞后一期的数据来衡量企业的价值。同时，本书参考温忠麟等（2004）、Preacher和Hayes（2008）、温忠麟和叶宝娟（2014）的研究方法检验企业数字化转型对内部控制的影响所产生的经济后果。

表4.12的第（1）列的结果显示，企业数字化转型（DT）对托宾Q（Tobin's Q）的回归系数在1%的水平上显著为正，表明企业数字化转型与企业价值显著相关，按中介效应立论进行下一步的检验。第（2）列的结果显示，企业数字化转型（DT）对内部控制建设情况（Construct）的回归系数在1%的水平上显著为正，表明企业数字化转型显著改善了企业的内部控制建设情况。第（3）列的结果显示，企业数字化转型（DT）对内部控制有效性

（Effect）的回归系数在 5% 的水平上显著为正，表明企业数字化转型显著提升了企业的内部控制有效性。第（4）列的结果显示，在加入内部控制建设情况（Construct）作为控制变量后，企业数字化转型（DT）对托宾 Q（Tobin's Q）的回归系数仍在 5% 的水平上显著为正，且系数 0.006 与 0.097 乘积的符号与 0.022 一致，表明内部控制建设情况在企业数字化转型和企业价值之间发挥着显著的部分中介作用。

第（5）列的结果显示，在加入内部控制有效性（Effect）作为控制变量后，企业数字化转型（DT）对托宾 Q（Tobin's Q）的回归系数仍在 1% 的水平上显著为正，且系数 0.002 与 0.481 乘积的符号与 0.030 一致，表明内部控制有效性在企业数字化转型和企业价值之间发挥着显著的部分中介作用。上述结果表明，企业数字化转型对内部控制产生了显著的积极影响并进一步提升了企业价值。

表4.12　经济后果分析

变量	Tobin's Q	Construct	Effect	Tobin's Q	Tobin's Q
	（1）	（2）	（3）	（4）	（5）
DT	0.042***	0.006***	0.002**	0.022**	0.030***
	（6.20）	（3.99）	（2.41）	（1.83）	（2.80）
Construct				0.097**	
				（1.92）	
Effect					0.481***
					（5.59）
Size	−0.493***	0.015***	0.009***	−0.960***	−0.807***
	（−26.56）	（3.54）	（4.30）	（−30.84）	（−29.65）
Age	0.218***	−0.038***	−0.015***	0.341***	0.367***
	（15.84）	（−12.59）	（−9.79）	（13.85）	（17.28）
Lev	0.007*	0.003***	0.001**	−0.000	−0.003
	（1.70）	（2.70）	（2.56）	（−0.05）	（−0.99）

续表4.12

变量	Tobin's Q (1)	Construct (2)	Effect (3)	Tobin's Q (4)	Tobin's Q (5)
Sales	−0.063***	0.009**	0.017***	0.087***	−0.043*
	(−3.88)	(2.52)	(9.27)	(3.37)	(−1.88)
Cash	0.430***	0.041**	0.000	1.450***	1.044***
	(5.55)	(2.38)	(0.04)	(11.34)	(9.44)
Inv	0.221**	−0.011	0.034***	−0.236	−0.058
	(2.37)	(−0.55)	(3.22)	(−1.61)	(−0.46)
ROA	8.083***	0.144*	0.180***	−1.209***	2.392***
	(20.27)	(1.66)	(3.89)	(−6.38)	(12.26)
ROE	−2.158***	0.050	0.382***	−0.072***	−0.044**
	(−10.97)	(1.18)	(16.41)	(−7.54)	(−2.52)
Growth	0.018	−0.008**	0.004**	0.000	0.000
	(1.24)	(−2.36)	(2.23)	(0.06)	(0.34)
Ins	0.850***	0.035***	0.006	1.328***	1.136***
	(19.39)	(3.68)	(1.25)	(16.71)	(16.58)
LHR	−0.211***	−0.013	0.016**	−0.505***	−0.467***
	(−3.19)	(−0.88)	(2.09)	(−4.32)	(−4.64)
Fee	0.072***	−0.008*	−0.011***	0.328***	0.320***
	(3.60)	(−1.76)	(−4.81)	(9.36)	(10.56)
SOE	−0.138***	0.020***	0.004	−0.309***	−0.240***
	(−6.64)	(4.29)	(1.50)	(−8.21)	(−7.37)
Opinion	−0.170***	0.138***	0.227***	−1.104***	−1.629***
	(−2.99)	(11.19)	(30.79)	(−12.60)	(−17.79)
Big4	0.134***	−0.009	0.026***	0.406***	0.346***
	(3.29)	(−0.96)	(5.63)	(5.68)	(5.62)

续表4.12

变量	Tobin's Q (1)	Construct (2)	Effect (3)	Tobin's Q (4)	Tobin's Q (5)
Constant	11.514***	1.639***	5.886***	16.430***	13.016***
	（40.78）	（26.07）	（181.53）	（35.17）	（20.50）
Year	Yes	Yes	Yes	Yes	Yes
Industry	Yes	Yes	Yes	Yes	Yes
Observations	23，261	23，261	23，261	23，261	23，261
adjusted R^2	0.345	0.582	0.227	0.202	0.236

4.3.5　结论与分析

随着近年来数位技术与数字经济的发展，数字化转型已成为传统行业在变革中不可或缺的重要一环，这一变革模式为我国企业的创新与可持续发展提供了潜在的驱动力。本书基于上海证券交易所、深圳证券交易所 A 股上市企业 2007—2020 年的经验数据，检验了企业数字化转型对内部控制的影响并得到以下研究结论。

第一，企业数字化转型显著地促进和提升了内部控制的建立健全与实施的有效性。第二，企业数字化转型在人工智能技术、云计算技术、数字技术应用等方面对内部控制建设情况的改善较为明显，而人工智能技术、云计算技术对内部控制有效性的提升较为明显。第三，企业数字化转型主要改善了企业在风险评估、控制活动、信息与沟通等方面的建设情况，从而在整体上促进了企业内部控制的构建。第四，企业数字化转型提升了企业在资产安全目标、财务报告目标、经营目标及战略目标等方面的达成度，从而在整体上提升了企业内部控制的有效性。第五，企业数字化转型对内部控制的影响在市场竞争较为缓和时作用有限，而当市场竞争较为激烈时，企业数字化转型对内部控制的积极影响则较为明显。第六，企业数字化转型通过对内部控制产生积极影响进一步提升了企业价值。

本书为企业数字化转型对内部控制的作用的研究提供了经验证据，为企业管理者建立健全和实施企业内部控制提供了一定的启示。第一，企业应积极地响应数字科技与经济发展的趋势，充分把握企业数字化转型机遇，通过数位技术与传统内部控制体系的融合，建立健全企业的内部控制体系，提高企业内部控制的有效性。第二，发挥人工智能技术、云计算技术和数字技术应用对内部控制的积极作用，推动企业在数字化转型中实现不同方面的发展。第三，加深对企业数字化转型的理解，深度挖掘企业数字化转型在风险评估、控制活动、信息与沟通等方面进行完善的意义，了解数字化转型对企业在资产安全目标、财务报告目标、经营目标及战略目标等方面的达成度的积极影响，以更好地将数位技术与企业内部控制的建立健全、实施进行融合。第四，为企业管理者提供了新的思考角度，促使其了解数字化转型在企业市场竞争中的助力作用，从而更好地发挥数位技术对企业发展的推动作用。

以往文献并未明确企业数字化转型与内部控制的关系，本书的研究填补了这一空白。然而，本书并未检验企业数字化转型影响内部控制的机制，也未进一步检验企业数字化转型影响内部控制所造成的经济后果，这将成为我们未来的研究方向。

4.4　基于风险预警机制的企业可持续发展策略优化

随着市场环境的不断变化和竞争加剧，可持续发展已成为企业关注的焦点。为了在激烈的市场竞争中立足，企业需重视风险预警机制在可持续发展中的作用，从而实现企业的长期稳定发展。

4.4.1　完善风险预警体系

1. 建立全面的风险识别机制

企业在运营过程中面临着来自内部和外部的一系列风险。这些风险可能来自市场、技术、政策、竞争等多个方面。因此，企业应关注这些风险因素，对市场、技术、政策、竞争等方面的风险持续进行监测，以确保及时发现潜在风险，防患于未然。

首先，企业在市场风险方面应保持高度关注。市场风险主要包括市场需求波动、原材料价格波动、汇率波动等。企业应定期收集和分析市场数据，预测市场趋势，以便在市场变化之前做出相应的调整。此外，企业还应加强与供应商、客户之间的沟通与合作，以降低市场风险带来的影响。

其次，技术风险也是企业不可忽视的一个重要方面。随着科技的快速发展，企业必须时刻关注行业技术发展动态，以确保自身技术领先。企业应建立技术创新机制，加大研发投入，以应对潜在的技术风险。同时，企业还需强化知识产权保护意识，防止核心技术泄露，确保企业在技术领域的竞争优势。

再次，在政策风险方面企业应密切关注国家政策走向。政策的变化可能对企业的生产经营产生重大影响。企业要及时了解政策动态，确保自身的经营活动符合国家政策要求。此外，企业还应加强与政府部门的沟通，争取政策支持，降低政策风险对企业的影响。

最后，竞争风险是企业必须面临的现实风险。企业要密切关注竞争对手的动态，了解其产品、技术、价格等方面的变化，以便制订相应的竞争策略。同时，企业还应加强自身的核心竞争力建设，提高产品和服务的质量。

2. 制定风险评估标准

企业在运营过程中面临的风险是多样化的，包括市场风险、信用风险、操作风险、法律风险等。为了更好地管理这些风险，企业应根据风险的性质和影响程度，制定相应的风险评估标准。这样企业才能够对各种风险进行量化分析和优先级排序，从而有针对性地采取相应的风险防范措施。

首先，需要了解风险的性质。风险性质的识别是风险评估的基础。企业应全面了解各类风险的成因、表现形式、传播途径等，为制定风险评估标准提供依据。在此基础上，企业还需关注风险的动态变化，及时调整风险评估标准，以确保其有效性。

其次，关注风险的影响程度。风险影响程度的大小决定了风险管理的优先级。企业应根据风险可能导致的损失程度、影响范围、持续时间等因素，对风险进行量化分析。这样企业才能有针对性地制订风险应对策略，确保利用有限的资源优先解决影响较大的风险问题。

在制定风险评估标准的过程中，企业还需注意以下几点。

（1）风险评估标准应具有可操作性和实用性。

评估标准应明确、具体，便于企业在实际操作中进行风险识别、评估和应对。

（2）风险评估标准应具有时效性。

企业应定期对风险评估标准进行更新，以适应市场环境、政策法规等的变化。

（3）风险评估标准应与企业风险管理战略相一致。

企业应根据发展战略和风险偏好，制定合适的风险评估标准，确保风险管理工作的有序推进。

（4）企业应建立完善的风险评估机制。

这包括制定风险评估流程、明确评估人员和部门职责、建立评估结果反馈和整改机制等，以确保风险评估工作的顺利进行。

3. 构建多元化风险应对策略

企业应根据风险类型和严重程度，制定相应的风险应对措施，包括风险规避、风险减轻、风险转移和风险接受等。

首先，在风险规避方面，企业应积极调整经营策略，避免涉及高风险领域。这包括对新兴市场、不熟悉的行业和潜在的竞争对手的审慎评估，以确保企业在稳健的市场环境中发展。此外，企业还应关注法律法规的变化，遵守合规经营原则，避免因违法行为而产生风险。

其次，在风险减轻方面，企业应采取措施降低风险的影响。这包括优化内部管理流程，提高员工的安全意识，加强设备维护和更新，制订应急预案以应对突发事件。同时，企业还应关注供应链风险，与合作伙伴建立稳定的合作关系，确保供应链的顺畅运作。

再次，在风险转移方面，企业可通过保险、担保等金融工具将风险转移给其他主体。这有助于降低企业承担的风险损失，保障企业经营的稳定性。此外，企业还可以通过签订合同等方式，将与合作伙伴之间的风险分担明确下来，以降低合作过程中的不确定性。

最后，在风险接受方面，企业应认识到风险是企业发展不可避免要付出的代价。在面对风险时，企业要勇于承担责任，积极总结经验教训，以提高自身的抗风险能力。同时，企业还需树立正确的风险观念，将风险视为机遇，敢于挑战和创新，以实现企业的可持续发展。

企业应对风险的策略应根据风险类型和严重程度进行调整。通过制定科学的风险应对措施，企业可以降低风险对企业经营的影响，确保企业的长期稳定发展。在经济发展新形势下，企业要不断提高风险管理水平，为国家的经济繁荣做出贡献。

4. 建立风险监测与报告机制

企业应建立健全风险监测与报告机制，确保风险信息及时、准确地传递给决策者，以便其迅速采取应对措施。

首先，企业应设立专门的风险管理部门，负责识别、评估和监测企业内、外部的各种风险。风险管理部门应与各个部门紧密合作，了解业务运营过程中的潜在风险，并定期进行风险评估，以便及时发现新的风险因素。

其次，企业应制定完善的风险报告制度。风险报告应包括风险的类型、影响程度、影响范围及应对措施等内容，确保决策者能够全面了解企业的风险状况。此外，企业还应建立风险报告的审批流程，确保报告的准确性和及时性。

再次，企业应利用现代信息技术手段，提高风险监测与报告的效率。企业可以搭建风险管理信息系统，用于风险数据的收集、整理和分析，以便实时掌握风险动态。同时，利用大数据、云计算等技术手段，对风险进行智能预警，进一步提高风险监测的准确性。

复次，企业应加强风险应对能力的培训。通过定期组织培训，提高员工对风险的认识和应对能力，确保其在风险发生时能够迅速采取措施，将损失降到最低。同时，企业还应制订应急预案，明确各部门和员工的职责，确保其在紧急情况下能够高效协同，共同应对风险。

最后，企业应建立健全风险监测与报告的考核机制。通过对风险管理工作的定期检查和评估，确保风险监测与报告机制的有效运行。对于表现优异的部门和员工，企业应给予相应的奖励，以提高其工作积极性和责任心。

企业建立健全风险监测与报告机制，能够有效提高企业的风险防范和应对能力，保障企业稳健发展。在此过程中，企业需注重制度建设、人才培养、技术应用和考核激励等方面的工作，形成一套完善的风险管理体系。

4.4.2　加强内部控制与审计

1. 加强内部控制

内部控制是企业稳定运行的重要保障，它涵盖了企业的各项业务流程，旨在确保企业信息的真实性、准确性和完整性。为了降低运营风险，增加经济效益，企业应不断完善内部控制制度，使之成为企业管理的重要组成部分。

首先，企业应建立健全内部控制制度，确保业务流程规范。企业应当对各项业务流程进行梳理，找出潜在的风险点，并根据风险等级制定相应的控制措施。这样一来企业不仅可以防范潜在的风险，还可以提高工作效率，确保业务流程的顺畅进行。

其次，企业要注重信息传递的及时性。在内部控制体系中，信息传递是至关重要的一个环节。企业应当建立健全信息传递机制，确保信息在企业内部能够迅速、准确地传递。这样一来企业管理层能够及时了解企业的运营状况，从而为决策提供有力支撑。

最后，企业需降低运营风险。运营风险存在于企业运营的各个环节，企业应通过内部控制制度来识别、评估和控制这些风险。通过内部控制，企业可以确保业务活动的合法性、合规性和有效性，从而降低运营风险。

企业应不断完善内部控制制度，确保业务流程规范、信息传递及时、降低运营风险。这将有助于企业实现长期稳定发展，提高竞争力，为我国经济的持续繁荣做出贡献。在实践中，企业应根据自身的实际情况，不断优化内部控制制度，使之成为企业管理的一把利器。同时，社会各界也应加强对企业内部控制制度的监管，促进企业健康、有序发展。

2. 加强内部审计

内部审计是企业管理体系的重要组成部分，它有助于企业发现潜在的风险和问题，促进企业不断完善各项制度和管理措施。为了提高内部审计的效能，企业应采取以下措施。

（1）完善内部审计制度。

企业应建立健全内部审计制度，明确内部审计的职责、权限和流程，确保内部审计工作有序、高效开展。同时，企业应根据实际情况不断调整和完善内部审计制度，以适应企业发展和市场变化的需要。

（2）加强内部审计队伍建设。

内部审计对企业的稳健运营具有举足轻重的作用。因此，企业应当高度重视内部审计人员的选拔和培养，确保内部审计队伍具备专业素质、严谨的作风和敏锐的洞察力，以全面提升内部审计工作的质量和效果。

首先，在选拔内部审计人员时，企业应注重候选人的专业背景和技能，包括审计、会计、法律、经济等多个领域的知识储备，以及扎实的分析和解决问题的能力。此外，内部审计人员需要具备严谨的工作作风，以确保审计工作的准确性和可靠性。在此基础上，敏锐的洞察力也是必不可少的，这有助于发现潜在的风险点和问题，为企业提供有针对性的改进建议。

其次，企业应对内部审计人员进行定期的培训和考核，以提高队伍的整体素质和业务水平。培训内容可以包括最新的审计理念、方法和技术，以及相关法律法规和行业标准。此外，企业还可以邀请外部专家进行授课，分享内部审计的实践经验，帮助内部审计人员拓宽视野、提升能力。在加强培训的同时，企业还应建立完善的考核机制，对内部审计人员的业务成果和综合素质进行客观评价。考核结果应作为人员晋升、奖励和激励的重要依据，从而激发内部审计人员的积极性和创造力，推动他们不断提升自身能力，为企业创造更多价值。

最后，企业应注重内部审计人员的职业道德建设。内部审计工作涉及企业各个层面，审计人员需要严格遵守职业道德规范，保持独立、客观、公正的态度，对企业利益保持高度忠诚。企业可以通过开展职业道德培训、案例分析等活动，增强内部审计人员的职业道德意识，防范潜在的利益冲突和道德风险。

（3）拓展内部审计范围。

企业内部审计不应局限于财务等领域，还应逐步拓展到人力资源、信息技术、安全生产等各个方面，实现对企业全方位、全过程的审计，确保企业各项制度得到有效执行。

（4）注重内部审计结果的运用。

在内部审计过程中，企业应充分重视审计结果的运用，将其作为改进管理、提升经营效益的重要依据。

首先，企业应针对审计中发现的问题制定详细的整改措施，确保问题得到及时、有效的解决。对于重大问题，企业应成立专门的整改小组，明确整改责任人，确保整改工作的顺利进行。同时，企业还需对整改过程进行跟踪监控，确保整改措施得到落实。

其次，企业应对审计中发现的管理漏洞和风险点进行深入分析，找出原因，以便采取有针对性的措施，加以改进。在此过程中，企业应充分发挥内部审计部门的专业优势，为改进管理提供有力支撑。此外，企业还需加强与各部门之间的沟通与协作，形成合力，共同提升管理水平。

再次，企业应将审计结果与管理制度相结合，不断完善管理制度。这包括优化流程、简化手续、强化内部控制等。通过改进管理制度，企业可以提高工作效率，降低运营成本，增强风险防范能力，为企业的可持续发展奠定坚实基础。

最后，企业应建立健全内部监督与问责机制，对审计中发现的问题的相关责任人严肃问责。这有助于强化内部监督，促使员工自觉遵守法律法规和企业规章制度，提升企业的整体管理水平。

企业应充分运用内部审计结果，将其作为改进管理、提高经营效益的重要依据。通过及时整改、完善管理制度、加强内部监督和问责，企业可以进一步提升经营管理水平，为实现可持续发展奠定坚实基础。在此基础上，企业还应积极探索创新内部审计的方法，以适应不断变化的市场环境，为企业发展提供有力保障。

（5）加强与外部审计的协同。

企业内部审计与外部审计的紧密协同，有助于发挥审计在企业风险防控和合规经营方面的作用。为实现内、外部审计的有效协同，企业应建立健全相关信息沟通和协作机制，确保审计工作的顺畅进行。

首先，企业应在外部审计进驻前，充分了解其审计计划、审计重点和审计要求，为内部审计提供明确的工作方向。在审计过程中，企业要积极配合外部审计，确保审计人员能够充分了解企业的业务、财务和管理状况。同时，企业内部审计也要借此机会认真学习外部审计的方法和经验，不断提升自身的审计能力。

其次，企业内部审计应根据外部审计的意见和建议，及时调整审计工作计划和重点，确保审计工作的针对性。对于外部审计发现的问题，企业要深入分析原因，制定切实可行的整改措施，并在规定时间内完成整改。同时，企业应将整改情况及时报告给外部审计，以便外部审计对整改效果进行评估。

再次，企业应充分利用外部审计的结果，对内部审计中发现的问题进行梳理和总结，形成有效的审计报告。企业可以借鉴外部审计的经验，对内部审计报告进行完善，提高审计报告的质量和可信度。此外，企业还可以将外部审计的结果纳入内部审计数据库，为今后的审计工作提供有益的参考。

最后，企业应加强内部审计与外部审计的交流与合作，定期召开审计座谈会，分享审计经验和心得。通过这种方式，内、外部审计可以相互学习、共同进步，为企业提供更优质的审计服务。

（6）搭建内部审计信息化平台。

企业应充分利用现代信息技术，搭建内部审计信息化平台，实现审计数据采集、处理、分析的自动化和智能化，提高内部审计的工作效率和准确性。内部审计信息化平台的搭建可采取以下步骤。

第一，需求分析是关键。企业应明确内部审计信息化平台的目标和需求，深入了解业务流程、审计标准和法规要求，确保平台的功能设置能够满足实际工作需要。

第二，选择合适的技术架构和软件平台。企业应根据自身的业务规模、审计业务类型和数据量，选择具备可扩展性、稳定性和安全性的技术架构。同时，选择具有强大功能、易用性和定制性的审计软件平台，以满足不同审计场景的需求。

第三，搭建数据采集和传输系统。企业应制定统一的数据标准和规范，确保各类审计数据能够准确、完整地采集和传输。通过与企业内部各业务系统的对接，实现审计数据的自动化采集，降低人工干预的风险。

第四，建立数据处理和分析模块。利用数据挖掘、人工智能等技术，实现审计数据的清洗、转换、汇总和分析，为审计人员提供及时、准确、有价值的信息。

第五，设计合理的审计流程和管理制度。企业应根据内部审计信息化平台的特点，重新设计审计流程，实现审计工作的标准化和规范化。同时，建立健全平台管理制度，确保审计数据的安全性和保密性。

第六，加强对内部审计人员的培训。企业应组织各类培训活动，帮助审计人员熟练掌握内部审计信息化平台的使用技巧，提高审计工作的效率。

第七，持续优化和完善平台功能。企业应根据实际工作需求，不断对内部审计信息化平台进行优化和完善，以满足审计工作的发展需求。

（7）发挥内部审计在风险管理中的作用。

在风险管理过程中，内部审计师应具备专业能力，对企业内部的各个部门和业务进行全面的评估，以便发现潜在的风险点和漏洞。

首先，内部审计师应关注企业的战略风险。战略风险是指企业的战略规划在实施过程中可能出现的不确定性因素。内部审计师应确保企业战略的目标设定和实施过程具有可操作性和可持续性，避免因战略失误而导致企业发展受阻。

其次，内部审计师要关注企业的财务风险。财务风险主要包括筹资风险、投资风险和运营风险等。内部审计师应确保企业的财务报表真实、完整、准确，防范潜在的财务舞弊现象。同时，内部审计师还需关注企业的现金流状况，确保企业资金具备足够的流动性，以应对可能出现的财务危机。

再次，内部审计师还需关注企业的运营风险。运营风险主要包括生产风险、供应链风险和人力资源风险。内部审计师应确保企业生产过程的合规性、高效性，以及企业资源的合理配置。在供应链管理方面，内部审计师要关注供应商的资质、合同履行情况，以及原材料和产品的质量。在人力资源管理方面，内部审计师要关注员工的招聘、培训、考核和激励机制，确保企业拥有高素质的人才队伍。

最后，在监督风险管理体系的有效性方面，内部审计师应定期对风险管理流程进行审查，确保各项风险防控措施得到有效执行。此外，内部审计师还应关注风险管理的信息化建设，利用大数据、人工智能等先进的技术手段，提高风险识别、评估和控制的能力。

企业应充分利用内部审计师的专业能力，对风险管理进行评估和监督，确保风险管理体系的有效性。这有助于企业实现长期稳定发展，提高竞争力和抗风险能力。同时，企业还需不断优化内部审计机制，为内部审计师提供充足的培训和资源支持，以提升内部审计工作的质量和效果。在这一过程中，企业领导和内部审计部门要高度重视风险管理工作，树立正确的风险观念，形成全员参与的风险管理格局。

4.4.3　推进创新与协同发展战略

1. 加大研发投入

企业应不断加大研发投入，促进技术创新和产品创新，从而提升企业的核心竞争力。

首先，企业应高度重视技术创新。技术创新是企业发展的原动力，通过研发投入，企业可以不断开发新技术、新工艺，提高产品和服务的质量。此外，企业还应加强与高校、科研院所的合作，充分利用外部资源，共同推动技术创新。

其次，产品创新也是企业核心竞争力的重要体现。企业应根据市场需求，不断优化产品功能和性能，为客户提供更具竞争力的产品。同时，企业还需关注消费者的体验，以用户的需求为导向，实现产品与服务的差异化，提升客户满意度。

再次，企业应建立健全创新激励机制，鼓励员工积极参与创新活动。激励机制可以包括薪酬待遇、晋升机会、荣誉表彰等，从而激发员工的创新意识和潜能。同时，企业还需注重人才培养，加强员工的技能培训和素质提升，为创新提供人才保障。

最后，企业在加大研发投入的同时，还要关注创新成果的保护和转化。企业应加强知识产权保护，申请专利，确保创新成果不被模仿和抄袭。同时，企业还需加强创新成果的产业化，将研发成果迅速转化为实际的产品，实现其市场价值。

2. 加强产学研合作

企业与高校、科研院所等合作的重要性不言而喻。在竞争激烈的市场环境中，企业若想保持领先地位，必须注重创新。高校、科研院所作为人才培养和科技创新的重要基地，拥有大量的人才和先进的技术，通过与企业合作，这些资源可以得到更好的整合和利用，从而提高企业的创新能力和市场竞争力。

首先，企业与高校、科研院所合作可以实现资源共享。企业可以借助高校、科研院所的研究设备和人才资源，开展技术研发和创新。同时，高校、科研院所也可以利用企业的实践平台和市场资源，提高科研成果的转化效率。这种互利共赢的合作模式，有助于提升产业链的整体技术水平和竞争力。

其次，企业与高校、科研院所合作可以促进技术交流与创新。企业可以通过与高校、科研院所的专家、教授进行交流与合作，掌握行业前沿技术动态，培养技术团队。同时，高校、科研院所的师生也可以到企业进行实践锻炼，提高自身的创新能力，增加实际操作经验。这种互动交流有助于推动技术的创新与发展。

再次，企业与高校、科研院所合作可以加强人才培养。企业可以通过与高校共建人才培养基地、设立奖学金等方式，吸引优秀的学生加入企业。同时，企业还可以将自身的需求和经验反馈给高校，促进高校培养更符合市场需求的人才。这种合作模式有利于解决企业的人才短缺问题，同时也可提高高校毕业生的就业质量。

最后，企业与高校、科研院所合作有助于提升创新成果的转化能力。高校、科研院所的科研成果丰硕，但往往面临转化难的问题。通过与企业合作，科研成果可以更快地转化为实际的产品和技术，实现产业化、市场化。这不仅有助于企业提高核心竞争力，还可以推动高校、科研院所的创新发展。

3. 培育企业文化

企业应高度重视培育和传承企业文化，以确保企业在不断发展的过程中始终保持正确的方向和健康的态势。

首先，企业应着力树立正确的价值观。价值观是企业行为的基石，关系到企业的长远发展。企业要始终坚持诚实守信、公平竞争、创新进取、环保公益等价值观，使这些价值观成为员工共同遵循的行为准则。通过弘扬正确的价值观，企业可以提高员工的凝聚力和向心力，促进企业内部的和谐与稳定。

其次，企业要注重培育健康的经营理念。经营理念是企业发展的指南，指导着企业的战略规划、经营管理和服务理念。企业要秉承以人为本、客户至上、质量第一、持续改进等经营理念，确保企业在面临市场变革和竞争压力时能够始终保持竞争优势。通过树立正确的经营理念，企业可以实现经济效益和社会效益的有机结合，为企业的可持续发展奠定坚实基础。

最后，企业要积极引导员工参与实施可持续发展战略。员工是企业发展的主体，企业的可持续发展离不开员工的积极参与。企业要充分发挥员工

的主体作用，让员工充分认识到可持续发展的重要性，将个人的发展目标
与企业可持续发展战略紧密结合。通过开展培训、宣传等活动，增强员工
的可持续发展意识和能力，使员工在生产、管理、创新等方面为企业可持
续发展贡献力量。

4.4.4　增强企业的社会责任意识

1. 关注环境保护和社会责任

企业作为社会经济活动的主体，不仅要以经济效益为核心，更应积极响
应国家政策，履行环境保护义务和社会责任，树立良好的企业形象。

首先，企业应积极响应国家政策。国家政策是引导和推动企业发展的有
力抓手，企业应当紧跟国家政策导向，及时调整发展战略，把握政策机遇，
为国家经济发展做出贡献。此外，企业还应关注政策法规的修订和完善，
确保自身经营活动合法合规，防范法律风险。

其次，企业要积极履行环境保护义务。环境是企业可持续发展的重要保
障，企业应充分认识到环境保护的重要性，自觉遵守环境保护法律法规，
加强污染物排放控制，加大环保投入，推广绿色生产方式和清洁生产技术，
降低环境污染风险，为建设美丽中国贡献力量。

再次，企业要积极履行社会责任。社会责任是指企业除经济利益之外，
对员工、消费者、社会等所承担的义务。企业应关注社会责任，关爱员工，
提供良好的工作环境和待遇；诚信经营，保障消费者权益；积极参与社会
公益事业，回馈社会等。

最后，企业要树立良好的企业形象。企业形象是企业的无形资产，良好
的企业形象有利于企业提高市场竞争力和吸引合作伙伴。企业应通过诚信
经营、绿色发展、关爱员工等途径，塑造良好的企业品牌形象，为企业的
长远发展奠定基础。

2. 建立企业与社会的良好关系

企业作为社会的一部分，其发展离不开与社会各界的沟通与合作。在当
今时代，社会关系已经成为企业发展的重要资源。因此，企业应高度重视
与社会各界的交流与合作，以实现自身价值的最大化。积极参与社会公益
事业，不仅是企业应尽的社会责任，也是建立良好的社会关系的重要途径。

首先，企业与社会各界的沟通与合作有助于拓展业务领域。企业要想在激烈的市场竞争中脱颖而出，需要不断拓展业务范围，开发新的市场，这一过程离不开与社会各界的交流与合作。通过与政府、行业协会、科研院所、合作伙伴等各方的合作，企业可以获取更多的政策支持、市场信息、技术资源和人力资源，从而降低经营风险，提高市场竞争力。

其次，积极参与社会公益事业有助于提升企业形象。企业在追求经济效益的同时，应当关注社会责任，为社会做出贡献。参与公益事业，不仅能够帮助企业树立良好的社会形象，提高品牌知名度，还能够赢得消费者的信任和支持，促进企业可持续发展。

最后，建立良好的社会关系有利于企业长期稳定发展。在社会分工日益细化的今天，企业之间的竞争已经从单纯的产品竞争转向了供应链、价值链、生态系统等多个方面的竞争。企业与各方建立良好的关系，有助于形成稳定的供应链、降低交易成本、提高资源配置效率，从而确保企业长期稳定发展。

3. 落实企业社会责任制度

企业在追求经济效益的同时，也应充分认识到自身在社会发展中的责任与使命。企业需要制定一套完善的企业社会责任制度，确保在发展过程中能够兼顾经济效益和社会效益，实现二者的有机结合。

首先，企业社会责任制度的制定应当以国家法律法规为基础，结合企业自身的实际情况，明确企业在经济、环境和社会3个方面的责任。在此基础上，企业还需不断优化和完善相关制度，以确保在运营管理、产品研发、生产制造、市场营销等各个环节都能充分履行社会责任。

其次，企业社会责任制度的制定要注重可操作性和实用性。企业应设立专门的社会责任管理部门，负责组织、协调、监督和评估企业社会责任履行的情况。同时，企业还需制定明确的社会责任指标体系，将社会责任与企业的战略目标、经营管理、人力资源等方面相结合，确保社会责任在企业内部得到全面落实。

再次，企业社会责任制度的制定要加强与各方利益相关者的沟通与协作。企业要积极与政府、社会组织、行业协会、供应商、客户等各方建立良好的合作关系，共同推动社会责任的落实。此外，企业还应注重社会责任信息的披露，提高透明度，接受社会各界的监督。

最后，企业社会责任制度的制定要注重评估与反馈。企业应定期对社会责任的履行情况进行评估，总结经验教训，及时调整和完善相关制度。同时，企业还需关注社会舆论和市场需求的变化，以确保企业社会责任制度始终与时俱进。

企业制定完善的企业社会责任制度是兼顾经济效益与社会效益的关键。只有建立健全社会责任制度，企业才能在追求自身发展的同时，为社会创造更多价值，实现可持续发展。企业应当以高度的责任感和使命感积极参与社会建设，为全面建设社会主义现代化国家、实现中华民族伟大复兴的中国梦贡献力量。

第5章 研究结论与建议

5.1 研究结论：企业在数字经济环境下实现可持续发展与风险预警的关键要素和成功路径

5.1.1 关键要素

1. 战略规划

数字经济已经成为全球经济发展的重要支撑，为企业带来了前所未有的机遇和挑战。在这样的背景下，企业如何明确自身的战略定位，制订与自身优势和市场需求相适应的发展规划，以确保在激烈的市场竞争中占据优势，成为企业发展面临的关键问题。

首先，企业应充分认识数字经济环境下行业格局的变化。随着互联网、大数据、人工智能等技术的迅速发展，传统产业正在经历深刻的变革。企业需要紧跟时代步伐，把握行业发展趋势，了解市场需求，才能在竞争中占得先机。

其次，企业应充分挖掘自身优势，制订具有竞争力的战略。在数字经济环境下，企业的核心竞争力不仅来自传统的生产要素，还体现在创新能力、数据资产、智能化水平等方面。企业应根据自身特点，发挥优势，寻求与数字经济的深度融合，提高企业的整体竞争力。

再次，企业应加强与政府、行业协会、科研院所等的合作。在数字经济时代，企业单打独斗难以取得成功。通过与各方合作，企业可以获取政策支持、市场资源、前沿技术等优势，进一步拓宽发展空间。

复次，企业还需重视人才培养和激励机制。在数字经济环境下，人才成为企业最重要的资源。企业应加强对人才的培养和引进，提高员工的素质，搭建高水平的人才队伍。同时，应建立科学、合理的激励机制，激发员工的创新精神和积极性，为企业发展注入源源不断的动力。

最后，企业应注重风险防范和合规经营。在数字经济环境下，企业面临着诸多不确定性和风险。企业应加强风险意识，建立健全风险防控体系，确保企业稳健发展。同时，合规经营是企业发展的基石。企业应严格遵守国家法律法规，遵循市场规则，树立良好的企业形象。

2. 技术创新

数字技术正以前所未有的速度发展，推动全球经济进入全新的数字经济时代。对于企业而言，要想在充满挑战与机遇的时代中立足，必须不断引进和消化数字技术，提升自身的技术水平和创新能力。以下将从 5 个方面对这一观点进行详细阐述。

首先，数字技术的引进和消化有助于企业提高生产效率。在数字经济环境下，企业可以采用先进的数字技术对生产流程进行优化，实现自动化、智能化生产。这将极大地提高企业的生产效率，降低生产成本，增强竞争力。

其次，数字技术的应用有助于企业创新业务模式。在数字经济时代，企业不仅要拥有核心技术，还要具备快速创新的能力。通过引进和消化数字技术，企业可以探索新的业务模式，提供更具竞争力的产品和服务，满足消费者的多元化需求。

再次，数字技术有助于企业开拓市场。企业需要不断开拓新的市场，才能实现可持续发展。数字技术的应用可以帮助企业降低市场准入门槛，提高市场开拓效率，进一步扩大市场份额。

复次，数字技术还有助于企业优化管理决策。通过对海量数据的挖掘和分析，企业可以更加准确地了解市场趋势、客户需求和行业发展方向，为管理决策提供有力支撑。这将有助于企业规避风险，提高经营效益。

最后，数字技术有助于企业培养人才。在数字经济环境下，企业需要建立具备数字化思维的人才队伍。通过引进和消化数字技术，企业可以提升员工的技能水平，培养具备创新精神和数字素养的人才，为企业的长远发展奠定基础。

3. 组织变革

首先，组织架构的变革是企业发展的关键。企业应该建立健全现代企业制度，优化组织结构，明确各部门的职责和权限，减少管理层级，提高决策效率。同时，要注重内部沟通与协作，搭建高效的信息交流平台，使各部门之间能够迅速传递信息、共享资源、协同解决问题。

其次，运营模式的变革也是提升企业竞争力的必要手段。企业应积极探索创新运营模式，以客户需求为导向，整合内、外部资源，实现产业链上、下游的协同合作。通过数字化、智能化等技术手段，提升运营效率，降低成本，增强企业的抗风险能力。

4. 人才培养

企业在注重内部人才培养的同时，也应积极引进外部优秀人才。在人才选拔过程中，要充分了解候选人的专业技能、沟通能力、团队协作精神及创新能力等方面的情况，确保引进的人才能够迅速融入企业文化，为企业的数字化转型贡献力量。

首先，为提高员工的数字素养，企业应制订完善的培训计划，针对不同层次的员工进行有针对性的培训。对于管理层，应着重提高其数字化战略思维能力，使其能够把握企业数字化发展的方向；对于基层员工，应着重提高其数字化操作技能，使其能够熟练运用各类数字化工具提高工作效率。

其次，在培养员工数字素养的过程中，企业还可以通过举办内部分享会、邀请行业专家授课等方式，激发员工的学习兴趣，营造良好的学习氛围。此外，企业还可以设立奖励制度，鼓励员工参加相关资格认证考试，进一步提高其专业素养。

最后，为保证人才培养效果，企业应定期对员工进行能力评估，了解员工在数字素养方面的提升情况。对于表现优异的员工，企业应及时给予表彰和奖励，激发员工持续学习的动力。同时，企业还应根据评估结果，调整培训计划和人才选拔策略，确保人才培养与企业发展需求相匹配。

5. 文化建设

在竞争激烈的市场环境中，构建以创新、开放、协作为核心的企业文化显得尤为重要。这种文化能够激发员工的积极性和创造力，推动企业持续发展。

首先，创新是企业发展的原动力。在企业文化中注入创新元素，意味着鼓励员工勇于突破传统思维，积极探索新的方法和技术。企业应搭建创新平台，为员工提供充足的空间和资源去实践、去尝试。同时，要建立激励机制，表彰那些为企业带来创新成果的员工，从而营造浓厚的创新氛围。

其次，开放意味着企业要拥抱变化，积极开拓外部市场和资源。在企业文化中强调开放，就是要鼓励员工拥有全球视野，关注行业动态，与国际接轨。企业要搭建与国际先进技术和管理接轨的平台，引进国外优秀人才和资源，提升企业的竞争力。同时，员工要具备包容的心态，乐于学习，不断充实自己，为企业发展做出贡献。

最后，协作是实现企业目标的关键。在企业文化中强调协作，就是要培养员工的团队精神和沟通能力。企业要建立健全沟通机制，让员工能够在和谐、共赢的氛围中共同成长。同时，要注重员工之间的互动和交流，鼓励他们分享经验和智慧，形成良好的互助氛围。

6. 客户导向

企业要想获得长久的发展，必须紧紧抓住客户需求这一核心。客户是企业生存的基石，他们的需求和满意度直接影响到企业的市场份额和营利能力。因此，企业需要时刻关注客户的需求变化，及时调整产品和服务策略，以确保满足客户不断变化的需求。

（1）以客户为中心进行产品和服务创新。

随着科技的飞速发展，客户对产品和服务的要求越来越高。企业要想在竞争中脱颖而出，就必须以客户为中心，不断创新产品和服务。这意味着企业要深入了解客户的需求和痛点，运用先进的技术和理念，为客户提供更加便捷、高效和个性化的解决方案。企业通过持续创新，提升核心竞争力。

（2）提升客户满意度。

客户满意度是衡量企业服务质量的重要指标，也是企业可持续发展的重要保障。要想提升客户满意度，首先，企业要树立客户至上的服务理念，将客户的需求和满意度放在首位。其次，企业要通过优化内部管理流程，提高员工的服务水平和专业素养，确保为客户提供优质的服务。最后，企业要建立健全客户反馈机制，及时了解客户的意见和建议，并根据反馈进行改进，不断提升客户满意度。

5.1.2　成功路径

1. 把握政策导向

企业应密切关注国家政策，把握政策导向，充分利用政策资源为企业的数字化转型提供有力支撑。

首先，企业应关注国家政策的变化，及时了解政府对数字化转型的态度和支持力度。我国政府高度重视数字化转型，出台了一系列相关政策，如大数据、人工智能、云计算等领域的政策，为企业数字化转型提供了有力保障。企业应充分利用这些政策资源，加大投入，加快数字化转型的步伐。

其次，企业要深入分析政策导向，明确政府鼓励和支持的方向。政府鼓励企业创新发展，提高核心竞争力，推动产业升级。企业应把握这一导向，结合自身实际情况，制订合适的数字化转型战略，以实现产业升级和创新发展。

最后，企业应加强与科研院所、行业协会等的合作，共同推进数字化转型。科研院所拥有丰富的科研资源，行业协会具有丰富的行业经验和专业知识，企业可以通过与它们合作共享资源，提高自身的数字化转型能力。

2. 跨界合作

我国积极倡导企业跨界合作，以共享资源、互补优势为原则，通过与产业链上、下游企业和科研院所、行业协会等开展深度合作，以实现共同发展的目标。

首先，与产业链上、下游企业开展合作，可以实现资源的优化配置。上游企业通常拥有丰富的原材料和先进的技术，下游企业则擅长产品加工和市场拓展。通过跨界合作，上、下游企业可以实现优势互补，降低生产成本，提高产品附加值。此外，企业之间还可以共享市场信息、技术研发等方面的成果，进一步优化产业结构。

其次，与科研院所开展合作，有助于推动技术创新和产业升级。科研院所具有丰富的科研资源和专业的科研团队，通过与企业合作，可以将科研成果转化为实际生产力，加快产业技术创新的步伐。同时，企业可以为科研院所提供实践平台，使其研究成果更具实用性。这种产学研结合的模式，有利于提高我国产业链的整体竞争力。

最后，与行业协会合作，可以促进产业规范发展。行业协会了解行业动态、掌握行业标准，通过与行业协会合作，企业可以更好地遵循行业规范，提高产品质量。同时，行业协会可以充分发挥桥梁和纽带作用，为企业提供政策咨询、市场拓展等服务，助力企业可持续发展。

跨界合作是实现产业链共同发展的有效途径。我国应积极推动产业链上、下游企业和科研院所、行业协会等各方的深度合作，实现资源共享、优势互补，以提高我国产业链的竞争力，为经济社会发展做出更大贡献。在这一过程中，政府、企业和社会各界应共同努力，创造良好的政策环境、市场环境和舆论环境，推动跨界合作不断取得新的成果。

3. 试点推进

为了确保在数字化转型过程中稳健发展，企业可以分阶段、分领域进行数字化转型试点，总结经验，逐步推广。

首先，分阶段进行数字化转型试点意味着企业需要根据自身的发展状况和需求，将数字化转型过程划分为不同的阶段。在初期阶段，企业可以重点关注数字化基础设施的建设和信息化系统的搭建，以提升企业的信息传输和处理能力。在中期阶段，企业应着力推进业务流程的优化和升级，以提高企业的运营效率。在后期阶段，企业可通过创新业务模式和拓展市场，以实现数字化转型的深度发展。

其次，分领域进行数字化转型试点意味着企业需要针对不同的业务领域和部门，制订有针对性的数字化转型方案。例如，在研发领域，企业可以加大研发投入，推动技术创新，提高产品的附加值；在生产领域，企业可以采用智能制造技术，提升生产线的自动化水平；在销售领域，企业可以利用大数据进行分析，精准定位市场需求，优化营销策略。

在实施数字化转型试点的过程中，企业应不断总结经验，以便在后续的推广过程中避免犯重复性错误。企业可以设立专门的数字化转型项目组，负责监督、评估和调整试点项目。同时，企业还需加强与外部合作伙伴的交流、合作，借鉴其他企业的成功经验。在总结经验的基础上，企业应逐步推广数字化转型试点，使其在全局范围内发挥作用。为此，企业需制订明确的推广计划，明确时间表、任务分工和责任主体。此外，企业还需加强内部培训和宣传，提高员工对数字化转型的认识和技能水平，为推广工作创造有利条件。

4. 风险管理

数字化转型不仅可以帮助企业提高运营效率，提升核心竞争力，还能够为企业带来新的商业模式和市场机会。然而，数字化转型也伴随着各种风险，如何建立健全风险管理制度，确保企业在数字化转型过程中稳健经营，成为企业必须面对和解决的问题。

首先，企业应认识到风险管理的重要性，将风险管理纳入企业数字化转型战略规划中。企业领导者需要对数字化转型过程中的风险有清晰的认识，确保企业在面临风险时能够迅速做出反应，降低损失。此外，企业还需要制订风险应对策略，对可能出现的风险提前预防。

其次，企业应建立健全风险评估机制。对数字化转型过程中的各个环节进行深入分析，识别潜在风险，评估风险的可能性和影响程度。通过风险评估，企业可以发现自身在数字化转型过程中的薄弱环节，有针对性地采取措施加强风险防范。

再次，企业应建立风险预警系统。对数字化转型过程中的关键指标进行监测和分析，及时发现风险信号，提前预警。企业可以在风险发生前采取措施进行防范，降低风险对企业的影响。

复次，企业还需加强内部沟通与协作。全体员工都应认识到风险管理的重要性，提高风险意识。通过培训和辅导，提高员工在数字化转型过程中的风险应对能力。同时，企业应建立健全风险信息共享机制，确保各部门之间能够及时传递和共享风险信息，提高企业整体的风险应对能力。

最后，企业还应关注外部环境变化，密切关注行业动态和政策法规调整，确保企业在数字化转型过程中能够及时应对外部风险。同时，企业可以借鉴同行业其他企业的成功经验，提高自身的风险防范能力。

5. 持续优化

为了在数字化转型这场变革中取得竞争优势，企业需要不断进行总结和反思，针对存在的问题提出解决方案并持续优化，推动企业数字化转型的深入发展。

首先，企业在数字化转型过程中应不断总结和反思。通过对转型过程中的经验教训进行总结，企业可以更好地把握数字化转型的方向和路径。同时，企业在反思过程中发现的问题和不足，为企业提供了持续改进的机会。这有助于企业在数字化转型过程中避免犯重复性错误，提高转型成功的概率。

其次，针对存在的问题提出解决方案并持续优化。企业在数字化转型过程中很可能面临技术选型、组织架构、人才培养、数据治理等方面的问题。企业应根据自身实际情况，制订合理的解决方案，并在实践中不断调整和完善。通过持续优化，企业可以确保数字化转型项目的顺利进行，实现预期目标。

最后，推动企业数字化转型的深入发展。数字化转型是一个持续不断的过程，企业需要根据行业发展趋势和市场需求，不断调整和升级数字化战略。同时，企业还应关注国内外先进的技术和管理经验，积极引进和消化创新成果，为数字化转型提供有力支撑。通过深入发展数字化转型，企业将逐步实现数字化驱动的业务模式，提升核心竞争力。

5.2 研究建议：企业在数字经济环境下实现可持续发展与风险预警的具体措施和政策建议

5.2.1 具体措施

1. 提升企业数字化创新能力

（1）加大数字化技术研发投入，开展核心技术攻关。

提升数字化创新能力是当今企业发展的重要课题。在数字时代，企业必须抓住机遇，加大数字化技术研发投入，开展核心技术攻关，提高自主创新能力，以适应不断变化的市场环境，实现可持续发展。

首先，加大数字化技术研发投入是提升企业数字化创新能力的基础。企业应当将数字化技术研发纳入战略规划，加大人力、物力、财力投入，为研发团队提供充足的资源支持。此外，企业还应加强与高校、科研院所的合作，引入优质的创新资源，共同开展技术研究，以提升企业的技术水平和创新能力。

其次，开展核心技术攻关是企业提升数字化创新能力的关键。企业应识别自身核心竞争力，聚焦关键技术领域，有针对性地开展技术攻关。企业要充分发挥自主创新精神，勇于挑战技术难题，培养一批具备创新能力的技术人才。同时，企业还可以通过设立专项奖励制度，激发员工创新的积极性，促使企业不断提高核心技术水平。

最后，提高自主创新能力是企业提升数字化创新能力的根本。企业应注重知识产权保护，建立健全技术创新成果转化机制，确保技术创新成果能够转化为实际生产力。此外，企业还要加强内部技术创新氛围的营造，鼓励员工勇于创新、善于创新，形成具有本企业特色的创新文化。

企业应结合自身实际情况，制订合理的创新战略，努力实现数字化技术的突破，为企业的长远发展奠定坚实基础。

（2）推动企业与高校、科研院所开展产学研合作。

首先，企业作为市场经济的主体，承担着创新的主体责任。企业要充分利用产学研合作的机会，培养市场敏感度和创新意识，捕捉行业发展的最新动态，推动技术研发和产品创新。同时，企业还需要加强与高校、科研院所的合作，引进高素质人才，借助其在科研领域的专业知识和技能，提升企业的创新能力。

其次，高校作为人才培养和科技创新的重要基地，肩负着培养创新型人才的重任。高校要根据产业发展需求，调整专业设置和课程体系，培养具备创新精神和实践能力的高素质人才。此外，高校还应积极开展科研创新，为企业提供技术支持和人才储备。

最后，科研院所是科技创新的重要力量。科研院所要聚焦国家战略需求，开展前瞻性、战略性、基础性研究，为企业和高校提供科技支撑。同时，科研院所要与企业、高校紧密合作，推动科技成果转化，为产业发展提供源源不断的创新动力。

在产学研合作中，创新型人才的培养是核心。为了实现人才培养与产业需求的紧密结合，可以从以下几个方面入手。一是建立健全人才培养体系，提升人才的实践创新能力。二是加强人才队伍建设，引进高校、科研院所的优秀人才，丰富人力资源。三是加强合作，开展产学研项目，让人才在实践中锻炼能力。四是加强国际交流与合作，拓宽学生的视野和知识面。推动企业与高校、科研院所开展产学研合作，共同培育创新型人才，构建创新生态系统，是我国经济发展的必然选择。只有深化产学研合作，才能为我国经济高质量发展提供有力的人才支撑。

（3）引导企业实施智能化、绿色化、服务化转型。

为了在激烈的市场竞争中稳操胜券，企业需要不断调整发展策略，实现产业升级。我国政府积极推动企业实施智能化、绿色化、服务化转型，以提升企业的数字化水平，提高生产效率。

首先，智能化转型是企业提高竞争力的关键。通过引入先进的技术和管理理念，企业可以实现生产过程的自动化、数字化和网络化，从而提高产品质量、降低生产成本。智能化转型还能够帮助企业更好地应对市场变化，提高市场响应速度。

其次，绿色化转型是企业实现可持续发展的重要途径。在我国积极推动绿色发展的大背景下，企业需要关注环境保护、资源节约和生态平衡，实现经济发展与生态环境和谐共生。绿色化转型不仅可以降低企业在生产过程中的能耗、减少污染排放，还可以提升企业的品牌形象，为企业赢得更多的市场份额。通过绿色化转型，企业将更好地承担社会责任，为我国生态文明建设做出贡献。

最后，服务化转型有助于企业拓展产业链，实现价值链升级。企业从生产型向服务型转变，可以提高产品附加值，增加企业盈利点。服务化转型有助于企业更好地满足消费者的需求，提高客户的满意度。此外，服务化转型还可以促进企业与供应商、合作伙伴之间的协同创新，构建起更加紧密的产业生态。通过服务化转型，企业将进一步提升在全球价值链中的地位，为我国产业升级贡献力量。

2. 强化企业数据管理能力

（1）完善数据管理体系，提高数据采集、存储、处理、分析与应用的能力。

强化企业数据管理能力是当今企业发展的重要任务。在数据驱动的时代背景下，数据采集、存储、处理、分析与应用的能力成为衡量企业竞争力的重要指标。为此，企业必须完善数据管理体系，提高数据管理能力，以适应时代发展的需求。

首先，完善数据管理体系。数据管理体系是企业确保数据管理活动有序进行的基础。企业应结合自身实际情况，制定全面的数据管理规章制度，明确数据管理的职责、流程和标准，为数据管理提供制度保障。

其次，提高数据采集能力。数据采集是数据管理的第一步，企业应采用先进的技术手段，如大数据、物联网等，拓宽数据来源渠道，提高数据采集的效率和准确性。同时，加强对数据采集人员的培训，提高数据采集的专业水平。

再次，加强数据存储与管理。数据存储是保障数据安全、方便数据处理和分析的关键。企业应选择合适的存储技术，如云计算、分布式存储等，确保数据的安全、完整和可恢复。同时，实施数据分类存储、权限控制等措施，保证数据的安全性和隐私性。

复次，提高数据处理与分析能力。数据处理与分析是挖掘数据价值、支持企业决策的关键环节。企业应加强对数据处理与分析技术的研究，引进先进的数据处理与分析工具，提高数据处理的效率和准确性。同时，加强数据分析师队伍建设，培养一批专业、高效的数据分析人才。

最后，深化数据应用。数据应用是数据管理的目标，企业应积极探索数据应用场景，将数据分析成果转化为实际的业务价值。通过数据驱动的业务创新提高企业的运营效率，降低成本，增强企业的核心竞争力。

（2）加强数据质量管理，保证数据的准确性、完整性和安全性。

在信息爆炸时代，数据的准确性、完整性和安全性显得尤为重要。因此，加强数据质量管理，对于企业决策具有重大意义。

首先，数据的准确性是企业决策的基础。准确的数据可以帮助企业领导者做出正确、及时的决策，从而提高企业的运营效率。反之，如果数据不准确，企业领导者就无法做出正确的决策，甚至可能导致企业运营出现问题。

其次，数据的完整性是企业决策的关键。完整的数据可以呈现出一幅全面的市场景象，帮助企业领导者全面了解市场动态，从而制定出更加全面、科学的决策。反之，如果数据不完整，企业领导者就无法全面了解市场情况，这将对企业决策产生不利影响。

最后，数据的安全性是企业决策的重要保障。在信息化时代，保障数据安全成为企业面临的重要任务。确保数据的安全性，可以防止企业的机密数据被泄露，避免企业遭受重大损失。同时，数据安全还可以确保企业在面临突发问题时，能够迅速恢复数据，保证企业正常运营。

为了加强数据质量管理，企业应采取以下措施。一是建立完善的数据质量管理制度，明确各部门和员工的数据质量管理职责，确保数据质量管理工作的落实。二是对数据源进行严格把控，确保数据采集、处理、存储和分析等环节均符合规范要求。三是采用先进的数据清洗和数据挖掘技术，对海量数据进行处理和分析，找出数据中的错误和疏漏，保证数据的完整性。四是采取数据安全保障措施，对敏感数据进行加密存储和传输，防止数据泄露，确保数据的安全性。五是定期对数据进行审计和评估，监控数据质量，发现问题及时整改，确保数据质量持续改进。六是开展数据质量培训和宣传活动，提高全体员工的数据质量意识，形成人人关心数据质量、共同维护数据质量的良好氛围。通过以上措施，企业可以有效加强数据质量管理，确保数据的准确性、完整性和安全性，为企业决策提供可靠的依据。在此基础上，企业应不断优化数据质量管理手段，持续提升数据质量，以推动企业高质量发展。

（3）建立健全数据资产目录，推动数据资源整合与共享。

数据资产是企业在运营过程中积累的具有价值的数据资源，它们对于企业的发展至关重要。为了更好地管理和利用这些数据资产，企业需要建立健全数据资产目录，推动数据资源整合与共享，提高数据的利用率。

首先，建立健全数据资产目录是一项基础性工作。通过梳理企业内部的各种数据资源，对数据资产进行分类、标识和描述，使得数据资产变得更加清晰明了。这有助于企业对数据资产有更全面的认识，为后续的数据整合和共享提供便利。

其次，推动数据资源整合与共享是提高数据的利用率的关键。数据资源整合是指将企业内部分散的数据进行汇聚、整合，形成统一的数据存储和处理平台。这样既能避免数据的重复采集和处理，又能提高数据的一致性和准确性。数据资源共享则是指在确保数据安全的前提下，将整合后的数据提供给企业内部的不同部门和业务系统使用。这有助于提高数据的利用率，促进企业内部的业务协同和创新发展。

为了实现数据资源整合与共享，企业需要建立健全数据共享机制，包括明确数据共享的范围、权限等。同时，企业还需加强数据治理，确保数据合规和安全。数据治理是一项长期、持续的工作，需要企业全体员工的共同参与和努力。

3. 加强企业网络安全防护

随着我国经济的快速发展和信息技术的日益普及，企业网络安全问题日益凸显。网络安全对于企业的稳定运营和发展具有至关重要的意义，因此，完善企业网络安全防护体系，提高对企业内、外部网络攻击的防御能力，已成为企业当前面临的重要任务。

首先，企业应当建立健全网络安全管理制度。企业应当制定完善的网络安全政策，明确网络安全工作目标、任务和责任，确保各级人员了解和遵守相关规定。同时，企业还需定期对网络安全政策进行更新和完善，以适应不断变化的网络环境。

其次，升级企业网络安全防护技术。企业应采用先进的网络安全防护技术，提高网络防护能力。这包括部署防火墙、入侵检测和防御系统、加密技术等，以保护企业内部网络和数据的安全。此外，企业还应定期对网络设备进行安全检查和更新，确保设备安全可靠。

再次，提高企业员工的网络安全意识。企业应加强对员工的网络安全培训，使其掌握基本的网络安全知识和操作技能，提高员工的网络安全意识。员工是企业网络安全的重要防线，只有提高员工的网络安全意识，才能有效预防外部网络的攻击。

复次，加强企业网络安全监测和应急响应。企业应建立健全网络安全监测机制，实时监控企业的网络状况，发现异常及时处理。同时，企业还需建立完善的网络安全应急预案，确保在遇到网络安全事件时能够迅速响应和处置，将损失降到最低。

最后，深化企业网络安全合作与交流。企业之间应加强网络安全合作与交流，共享网络安全信息和资源，共同应对网络攻击。此外，企业还应与政府、行业协会、科研院所等密切合作，共同推动企业网络安全防护体系的建设。

企业应积极响应国家政策，全面落实网络安全措施，提高网络安全防护能力，为我国经济社会发展创造安全、稳定的网络环境。

4. 完善企业风险预警与应对机制

（1）建立风险预警指标体系，应用大数据、人工智能等技术手段对企业经营风险进行实时监测。

风险预警指标体系的建立是企业风险管理的重要环节，它有助于企业及时发现和应对潜在的经营风险。结合大数据、人工智能等技术手段，对企业经营风险进行实时监测，有助于提高企业的风险防控能力，确保企业的稳定发展。

首先，要明确风险预警指标体系的核心目标，即对企业经营活动中可能出现的各种风险进行识别、评估和预警。风险预警指标体系应包括多个层面的指标，如财务指标、市场指标、运营指标等，以全面反映企业的经营状况。

其次，大数据和人工智能等技术的应用为企业风险监测提供了全新的可能性。通过收集和分析海量的数据，企业可以对经营状况进行深入挖掘，找出潜在的风险因素。同时，企业利用人工智能算法，可以对未来的发展趋势进行预测，为风险防范提供有力支撑。

再次，企业应建立健全风险监测机制，确保实时掌握经营风险的变化。这包括制定完善的数据采集、分析和报告流程，确保数据的准确性和时效性。同时，要建立快速响应的风险应对机制，确保企业在面临风险时能够迅速采取措施，将损失降到最低。

最后，企业还需加强内部沟通与协作，提高员工对风险预警体系的认识。通过培训和宣传，让员工了解风险预警的重要性，提高他们的风险防范意识。同时，鼓励员工积极参与风险监测工作，形成全员参与的风险防控格局。

建立风险预警指标体系，应用大数据、人工智能等技术手段对企业经营风险进行实时监测，是企业实现可持续发展的重要保障。大数据和人工智能等技术手段为企业提供了强大的支持，助力企业实现风险管理的智能化、精细化和全员化，确保企业的经营活动稳健前行。

（2）完善企业内部控制制度，提高企业风险识别、评估、控制和应对能力。

① 建立健全内部控制组织结构。

企业应建立健全内部控制组织结构，明确各部门职责，确保内部控制制度得到有效执行。首先，设立内部控制部门，负责企业内部控制制度的制定、实施和监督。其次，强化董事会、审计委员会和监事会对内部控制的监督作用，确保内部控制制度与企业发展战略紧密结合。

②完善风险识别与评估机制。

企业应建立全面的风险识别与评估机制，对各类风险进行及时、准确的识别和评估。一方面，加强内部风险的识别，包括财务风险、市场风险、运营风险、法律风险等的识别。另一方面，关注外部风险，如行业风险、政策风险、市场风险等。企业通过风险评估，确定风险等级，为制定相应的风险应对措施提供依据。

③强化内部控制制度的实施。

企业应强化内部控制制度的实施，确保各项控制措施得到有效执行。首先，对企业内部各业务流程进行梳理，找出潜在风险点，制定有针对性的控制措施。其次，加强内部审计，对内部控制制度的执行情况进行定期检查，确保控制措施得到落实。最后，建立内部控制评价体系，对内部控制的有效性进行评估，不断优化内部控制制度。

④提高风险应对能力。

企业应提高风险应对能力，确保在面临风险时能够迅速、有效地应对。一方面，制订风险应对预案，明确各类风险的应对措施，确保应对措施的可操作性。另一方面，加强风险应对能力的培训，提高员工对风险的认识和应对能力，确保企业在面临风险时能够迅速恢复正常运营。

⑤加强内部控制与文化建设。

企业应加强内部控制与文化建设，形成良好的内部控制氛围。首先，将内部控制理念融入企业文化，使员工形成自觉遵循内部控制制度的意识。其次，加强内部控制宣传教育，提高员工对内部控制的认识和重视程度。最后，建立健全内部控制奖惩机制，激励员工积极参与内部控制工作。

通过以上5个方面的措施，企业将具备更强的风险识别、评估、控制和应对能力，为可持续发展奠定坚实基础。

（3）加强与监管部门的沟通与合作，遵循法规要求，确保企业合规经营。

企业必须高度重视合规经营，以确保长期稳定发展。为了实现这一目标，加强与监管部门的沟通与合作显得尤为重要。监管部门是我国政府的重要组成部分，它们对企业经营活动的合规性进行监督和管理，以保障市场的公平竞争和社会的稳定。因此，企业应当积极、主动地与监管部门建立良好的沟通机制，以确保自身经营活动的合规性。

首先，企业应充分了解和掌握相关法律法规要求。法律法规是企业经营活动的准则，只有全面了解和掌握法律法规要求，企业才能确保自身的经营活动符合国家的法律法规。企业可以通过组织培训、研讨会等，提高员工的法律意识，使员工明确了解国家法律法规对企业经营活动的要求。

其次，企业应在经营过程中严格遵守法律法规的要求。企业应建立健全内部管理制度，确保各项经营活动在国家法律法规的允许范围内进行。企业还需加强对违法行为的惩戒，杜绝违法违规行为的发生，从源头上保证企业合规经营。

再次，加强与监管部门的沟通与合作。企业应及时关注监管部门的政策动态，主动向监管部门汇报自身的经营情况，以便监管部门对企业进行有效监管。同时，企业应在遇到问题时主动向监管部门咨询，寻求合法合规的解决方案。企业与监管部门之间的良好沟通，有助于企业更好地遵守法律法规，降低经营风险。

最后，企业应积极参与行业协会、商会等社会组织。这些组织通常具有较强的行业自律性，可以为企业提供法律法规、政策解读等方面的支持。企业通过参加这些组织，可以进一步了解行业动态和法律法规要求，提高自身的合规水平。

5.2.2 政策建议

1. 优化数字经济产业环境

（1）推动产业链上、下游企业深度合作，打造数字经济产业链生态圈。

在全球数字化转型的背景下，我国政府积极推动产业链上、下游企业深度合作，以培育具有竞争力的数字经济产业链生态圈。这一举措旨在充分发挥我国产业链的规模优势和数字经济的发展潜力，推动产业结构升级，提升我国在全球产业链中的地位。

首先，推动产业链上、下游企业深度合作有利于优化资源配置。加强企业间的合作，可以实现产业链各环节的优势互补，提高资源利用率。上游企业可以为下游企业提供技术、人才、资金等支持，下游企业则可以为上游企业提供市场需求信息，从而实现产业链整体效益的提升。

其次，深度合作有助于提升产业链的创新能力。产业链上、下游企业之间的合作可以促进技术交流和创新，推动产业链向高端发展。上游企业可以通过技术研发和人才培养为下游企业提供先进的技术支持；下游企业则可以将市场需求及时反馈给上游企业，促使上游企业不断优化产品和服务。这样一来整个产业链的创新能力将得到显著提升。

再次，打造数字经济产业链生态圈有利于促进产业协同发展。在数字经济背景下，产业链上、下游企业可以充分利用互联网、大数据、人工智能等新一代信息技术，实现产业链各环节的无缝衔接。这将有助于降低企业的运营成本，提高产业链的整体竞争力。同时，产业链上、下游企业还可以通过协同发展，共同应对国际市场的风险和挑战。

最后，深度合作有助于提升我国在全球产业链中的地位。随着数字经济的发展，我国企业已在国际市场崭露头角。通过推动产业链上、下游企业深度合作，我国培育出了一批具有国际竞争力的企业，进一步提升了我国在全球产业链中的地位。

（2）加强基础设施建设，提高支撑数字经济发展的能力。

基础设施建设是推动数字经济发展的基础和关键，我国政府高度重视数字经济发展，因此提出加强基础设施建设，提高支撑数字经济发展的能力。这不仅有助于提升我国的整体经济实力，还将为全球数字经济的发展贡献力量。

首先，需要完善信息通信网络。这意味着要加大投入，扩大网络覆盖范围，特别是要改善农村和偏远地区的网络接入条件。通过这种方式，更多的人可以参与数字经济发展，分享数字技术带来的便利和机遇。

其次，强化科技创新能力。企业应当加大研发投入，支持关键技术攻关，推动数字经济核心技术的突破。此外，要加强产学研合作，促进创新成果转化，以科技创新驱动数字经济高质量发展。

（3）培育一批具有核心竞争力的数字经济领军企业，发挥示范带动作用。

我国积极推动数字经济发展，培育了一批具有核心竞争力的数字经济领军企业。这一举措旨在发挥这些领军企业的示范带动作用，推动整个数字经济行业的快速发展，为实现我国经济社会的高质量发展奠定坚实基础。

首先，培育具有核心竞争力的数字经济领军企业，有助于提升我国在全球数字经济领域的竞争地位。这些企业在技术创新、商业模式、市场份额等方面具有明显的优势，能够引领行业发展。

其次，领军企业在数字经济领域的突破和创新，有助于推动产业结构升级和优化。这些企业通过技术创新和产业融合，可以推动传统产业转型升级并培育新兴产业，进一步丰富数字经济的内涵，为我国经济发展注入新动力。

再次，数字经济领军企业的培育和发展，有利于促进就业和培育人才。这些企业在发展过程中将吸纳大量优秀人才，为人才提供广阔的发展平台。同时，企业的发展也会带动相关产业链的壮大，从而创造更多就业机会，助力我国实现更加充分就业。

最后，具有核心竞争力的数字经济领军企业，还能够助力我国实现科技创新和自立。这些企业在关键技术领域不断突破，可以提高我国在数字经济领域的自主创新能力，减少对外部技术的依赖，确保国家信息安全。

社会各界应共同努力，营造良好的政策环境、市场环境和创新氛围，支持数字经济领军企业的发展，为企业提供资金、人才、技术等多方面的支持。企业则要紧密围绕国家战略，加大研发投入，提升自身的核心竞争力，把握数字经济发展的历史机遇，为实现我国经济社会高质量发展贡献力量。

2. 加强人才培养与引进

（1）加强数字经济相关领域人才培养，提高人才综合素质。

数字经济对推动产业结构升级、提升国际竞争力具有重要意义。为此，加强数字经济相关领域的人才培养，提高人才的综合素质，已成为当务之急。

首先，应加大对数字经济领域人才培养的投入和支持。通过设立专项基金、提供优惠政策等措施，鼓励高校、科研院所与企业合作，共同培养具备创新能力、实战经验的数字经济人才。此外，还需加强与海外优秀高校和研究机构的合作，引进国际一流的教育资源，提升我国数字经济领域人才的全球竞争力。

其次，教育机构要创新人才培养模式，优化课程设置，紧密贴合数字经济发展的需求。一方面，加强基础理论知识教育，为学生打下扎实的理论基础。另一方面，注重实践教学，让学生在实际项目中锻炼能力，提高综合素质。此外，还要注重培养学生的创新精神和团队协作能力，使其更好地适应数字经济领域的工作要求。

再次，企业要积极参与人才培养过程，发挥企业在人才培养中的主体作用。企业可以与高校、科研院所建立紧密的合作关系，共同开展课题研究、技术研发等，为学生提供实践平台。同时，企业还可以通过设立奖学金、建立实习基地等形式，吸引更多优秀人才加入数字经济领域。

最后，个人要树立终身学习理念，不断提高自身的综合素质。在数字经济时代，技能更新换代速度加快，人才要紧跟时代步伐，不断学习新知识、新技术，增强自身的竞争力。此外，要加强跨学科、跨领域的交流与合作，拓宽视野，提高创新能力。

加强数字经济相关领域的人才培养，提高人才的综合素质，需要政府、教育机构、企业和个人共同努力。只有打造出高素质的数字经济人才队伍，才能为我国数字经济的发展提供有力支撑。

（2）制定优惠政策，吸引数字经济领域的优秀人才。

企业竞争的核心力量在于人才，为了在激烈的市场竞争中占据优势，我国企业应当制定一系列优惠政策，吸引数字经济领域的优秀人才。

首先，企业应当重视人才引进。通过加强与高校、科研院所的合作，积极参与学术交流、技术研讨等活动，拓宽人才引进渠道。同时，企业还可以设立专项奖学金，鼓励优秀学子投身数字经济领域的研究和创新。

其次，企业要重视人才培养。企业应为员工提供丰富的培训和晋升机会，使他们在专业技能和综合素质上不断提升。此外，企业还应当关注员工的职业发展规划，为他们提供个性化的职业指导，帮助他们在数字经济领域取得优异成绩。

再次，企业要创造良好的工作环境。通过优化企业文化建设，强调团队协作和创新精神，让员工在轻松、愉快的氛围中发挥更强的创造力。同时，企业还应当关注员工的福利待遇，提供具有竞争力的薪酬体系，确保员工在工作之余能够享受到高品质的生活。

最后，企业要建立健全激励机制。通过科研成果奖励、创新项目资助等措施，让员工在为企业创造价值的同时，也能实现个人价值。此外，企业还可以考虑制订员工持股计划，使优秀人才成为企业发展的长期受益者。

（3）加强与国内外知名高校和研究机构合作，引进先进的技术和人才。

首先，企业加强与国内外知名高校和研究机构的合作，有利于推动我国科技水平的提升。知名高校和研究机构在各自领域一般拥有先进的研究成果和丰富的科研经验，通过合作，可以借鉴它们的成功经验，加快科研步伐。

其次，引进先进的技术对于提升我国产业的竞争力具有重要意义。通过引进先进的技术，我国企业可以更新生产设备、优化生产流程，进而提高产品质量和产量。这将有助于我国企业在国内外市场中占据有利地位，进一步提升国家整体经济实力。

最后，优秀人才具备较高的专业素养和较强的创新能力，他们的加入将为国家经济发展、科技进步、文化繁荣等注入新的活力。此外，优秀人才还具备较强的引领和辐射作用，能够带动周围的人才共同成长，形成人才集聚效应。

3. 深化国际合作

（1）支持企业开展海外投资和技术输出，拓展国际市场。

随着经济全球化进程的不断加快，我国企业面临前所未有的发展机遇。为了更好地参与国际竞争，提升国家的整体实力，我国政府鼓励和支持企业开展海外投资和技术输出，积极拓展国际市场。

首先，支持企业开展海外投资有助于优化资源配置。通过海外投资，企业可以获取全球范围内的优质资源，包括先进技术、管理经验、市场份额等。这有利于提升企业的核心竞争力，实现产业升级，进而推动我国经济的高质量发展。

其次，技术输出是提升我国国际影响力的重要途径。通过技术输出，我国企业可以为全球客户提供高质量的产品和服务，展现我国的科技实力。同时，技术输出还可以带动我国标准、知识产权的国际化，提升国家的整体形象。

最后，拓展国际市场有利于促进我国与各国的经贸往来。在国际市场上，我国企业可以与全球优秀企业展开竞争与合作，深化产业链、价值链、供应链的融合。这将有助于推动我国与世界各国的互利共赢。

支持企业开展海外投资和技术输出，拓展国际市场，是推动我国经济高质量发展、提升国家整体实力的必然选择。企业应抓住经济全球化发展的历史机遇，积极走出国门，为构建人类命运共同体贡献力量。

（2）加强国际产业合作，推动数字经济全球化发展。

在经济全球化进程不断加快的今天，数字经济已成为世界各国竞相发展的热点领域。我国在数字经济领域已经取得了显著的成果，但仍需加强国际产业合作，以推动数字经济全球化发展，实现共同繁荣。

首先，产业合作是数字经济全球化发展的关键。各国企业应充分发挥各自的优势，开展产业链上、下游的深度合作，实现优势互补、共同发展。在这一过程中，我国企业应积极参与国际产业合作，引进国外先进技术和管理经验，推动国内数字经济产业升级。同时，我国也有实力向其他国家输出优质的产能和解决方案，助力全球数字经济的发展。

其次，技术创新是数字经济全球化发展的核心驱动力。各国应加大研发投入，推动关键核心技术攻关，为数字经济全球化发展提供强大动力。此外，人才培养和交流也至关重要。各国应加强数字经济领域的人才培养，提高人才素质，为数字经济全球化发展提供人才支持。

最后，加强数字经济全球化发展还需要完善国际法规和治理体系。各国应积极参与国际数字经济治理，共同维护全球数字经济发展秩序，确保数据安全、网络安全，保护隐私。

以上措施和建议可为企业在数字经济环境下实现可持续发展与风险预警提供有力支撑，助力我国数字经济迈向更高水平。

第6章　未来展望

6.1　数字经济与可持续发展的融合趋势

随着全球经济数字化转型的加速，数字经济成为各国竞相发展的热点。我国也积极参与全球数字经济发展，推动数字经济与可持续发展深度融合，为实现经济高质量发展提供新的动力。

6.1.1　数字经济与可持续发展具有天然的融合趋势

1.数字经济可以提高资源利用率

数字经济作为一种新兴的经济形态，逐渐改变着传统产业的运作方式，成为推动我国经济高质量发展的重要引擎。数字经济通过提高资源配置效率、降低生产成本、优化生产组织形式等途径，实现资源的高效利用，从而有助于推动我国实现可持续发展。

首先，数字经济能够提高资源配置效率。在数字经济背景下，信息技术的广泛应用使得企业能够更加精准地把握市场动态，快速响应消费者的需求，提高生产要素的配置效率。此外，大数据、人工智能等技术的运用还可以为企业提供丰富的决策信息，有助于优化资源配置，提高资源利用率。

其次，数字经济有助于降低生产成本。通过引入先进的技术和管理理念，数字经济可以提高生产过程的自动化程度，降低人力成本。同时，大数据等技术可以为企业提供精确的市场需求预测，避免生产过剩，降低库存成本。此外，数字经济还可以降低企业间的交易成本，提高整个产业链的运行效率。

最后，数字经济能够优化生产组织形式。在数字经济背景下，企业可以充分利用互联网平台，实现产业链上、下游企业之间的协同生产，提高生产率。此外，数字经济促进了创新创业的蓬勃发展，使得中小企业有机会参与产业链的各个环节，进一步优化生产组织形式。

2. 数字经济可以推动产业升级

数字经济作为发展的重要引擎，正不断推动传统产业向高附加值、高技术含量方向发展。随着数字经济的蓬勃发展，各行各业都在加速与数字技术的融合，从而实现产业升级，促进产业结构优化。

首先，数字经济助力传统产业向高附加值方向发展。在数字经济时代，企业通过引入先进的技术、管理手段和商业模式，不断提升产品和服务的质量，从而实现产业链向高附加值环节的延伸。这不仅可以提高企业的核心竞争力，还能够创造更多的就业机会，促进区域经济发展。

其次，数字经济推动传统产业向高技术含量方向发展。数字经济的发展为传统产业提供了强大的技术支持。企业通过技术创新、研发投入，不断开发新产品、新业务，提高产业的整体技术水平。这样一来我国传统产业将逐步摆脱对低技术含量的依赖，从而迈向高技术含量的新阶段。

最后，数字经济对于实现经济可持续发展具有重要意义。数字经济以信息资源为核心，具有较低的资源消耗和较少的环境污染。数字经济与传统产业的深度融合，可以实现绿色、低碳的经济发展路径，为我国经济的可持续发展提供强大动力。

3. 数字经济可以助力绿色环保

数字经济作为一种新兴的经济形态，日益成为推动我国绿色产业发展的强大引擎。在数字经济的助力下，企业能够更加便捷地采用环保技术和绿色生产方式，从而减少环境污染和降低资源消耗，实现可持续发展。

首先，数字经济推动企业实现信息化、智能化生产，提高资源利用率。通过引入先进的数字技术，企业能够实时监测和分析生产过程中的能源消耗、污染物排放等信息，从而精确控制生产流程，减少资源浪费。同时，企业还可以利用大数据、云计算等技术优化生产过程和供应链管理，进一步提高资源利用率。

其次，数字经济助力企业研发绿色技术和产品。借助数字技术的优势，企业可以快速获取绿色创新资源，开展跨界合作，推动绿色技术创新和产业化进程。此外，数字经济还可以为企业提供绿色金融支持，引导企业将环保理念融入产品设计、生产、销售等各个环节，实现全产业链的绿色化。

再次，数字经济有助于提高环保监管效能。社会各界可以利用数字化手段对企业用水、用电等数据进行实时监测，确保企业遵守环保法规，严控环境污染。同时，数字技术还可以推动环保政策的实施，从而促进绿色产业发展。

最后，数字经济促进绿色生活方式的普及。随着移动互联网、智能家居等的普及，人们可以更加便捷地享受到绿色、智能、舒适的生活环境。此外，数字经济还推动了绿色出行、绿色消费等新兴业态的发展，引导人们形成低碳、环保的生活方式。

企业应充分发挥数字经济的优势，进一步推动绿色产业转型升级，为实现可持续发展目标和生态文明建设做出更大贡献。

4. 数字经济可以改善民生

数字经济作为当今最具活力和发展潜力的领域之一，正深刻地改变着我们的生活。它不仅推动了教育、医疗、交通等领域的智能化发展，而且改善了民生。

首先，在教育领域，数字经济的崛起为教育创新提供了广阔的空间。通过在线教育、智能课堂等手段，优质教育资源得以共享，打破了地域和时间的限制，让更多人享受到高效、便捷的教育服务。同时，教育大数据的应用让教育个性化成为可能，助力每个学生发现自己的潜能，实现全面发展。

其次，在医疗领域，数字经济发挥着重要作用。借助互联网医疗、人工智能等技术，可以提高医疗服务效率，降低医疗成本，使得优质的医疗资源被更加公平地分配到全国各地。此外，医疗大数据的应用有助于精准诊断和个性化治疗，提高医疗服务质量，为患者带来更好的就医体验。

最后，在交通领域，数字经济的快速发展推动了交通业的变革。智能交通系统等有效缓解了城市交通拥堵，提高了道路的通行效率。同时，共享出行平台的崛起让出行变得更加便捷、绿色。通过大数据分析，我们可以更好地规划出行路线，减少碳排放。

6.1.2 我国数字经济与可持续发展的融合

我国政府高度重视数字经济与可持续发展的融合，出台了一系列政策措施，推动数字经济高质量发展。

1. 政策引导

我国出台《"十四五"数字经济发展规划》等文件，明确数字经济的发展目标、战略布局和重点任务，强化政策引导。

2. 创新发展

鼓励企业加大研发投入，突破关键核心技术，培育具有国际竞争力的数字产业集群。

3. 产业融合

推动数字经济与实体经济深度融合，发展智能制造、智慧农业、数字旅游等产业，提高产业附加值。

4. 绿色发展战略

将数字经济与绿色发展战略相结合，推广绿色技术、绿色产品，降低能源消耗和减少环境污染。

5. 提升民生服务水平

发展数字教育、远程医疗等民生领域，提高人民群众的生活质量和幸福感。

6.1.3 数字经济与可持续发展的融合实践

1. 产业数字化转型加速

数字经济浪潮席卷全球，企业为了在激烈的市场竞争中立足，纷纷开始采用先进的技术和新型业务模式，以加速产业的数字化转型。在这一过程中，大数据、云计算、人工智能等尖端技术成为推动企业变革的重要工具，它们不仅有助于提高资源利用率，减少污染排放，实现绿色生产，而且有助于促进我国产业结构的优化升级，培育新兴产业，为社会创造更多的就业机会。

首先，数字化转型的核心是提高资源利用率。大数据、云计算等技术的应用，使企业能够实时收集、分析和处理海量数据，为生产经营提供有力支撑。通过精准预测市场需求、优化生产流程、降低库存成本等手段，企业可以实现资源的高效利用，从而降低污染排放，走上绿色发展的道路。

其次，数字化转型有助于推动产业结构优化。随着科技的飞速发展，新兴产业不断涌现，对传统产业造成了巨大的冲击。企业通过数字化转型，可以加快技术创新，培育新兴产业，实现产业结构的优化升级。在这一过程中，大数据、人工智能等技术发挥了关键作用，它们帮助企业发现新的商业模式，提高产业链的附加值，为经济发展注入新的活力。

最后，数字化转型创造了更多的就业机会。随着新技术的广泛应用，企业对人才的需求发生了变化，迫切需要具备数字化技能的人才加入。这促使各类教育机构、培训机构加强数字化人才的培养，为求职者提供更多的学习机会。同时，数字化转型带动了产业链上、下游企业的协同发展，相关产业的就业岗位也得到了增加。

2. 绿色能源与智能技术深度融合

各国政府意识到新能源开发与利用的重要性，纷纷加大投入力度，推动清洁能源的发展。我国政府高度重视新能源产业的发展，实施了一系列政策，促进了新能源产业的繁荣。新能源产业已经成为经济增长的新引擎，为我国经济转型升级注入了新动力。

新能源技术的不断创新是推动能源产业转型升级的关键。在新能源领域，我国科研团队不断突破关键技术，为新能源产业发展提供技术保障。例如，光伏发电技术、风能利用技术等取得重大突破，为新能源产业的发展提供了强大支持。

此外，新能源产业与互联网、大数据、人工智能等新兴技术的深度融合，进一步推动了新能源产业的智能化、绿色化发展。以智能电网为例，其通过物联网技术对电网设备实时监控和调度，提高了电网的运行效率和安全性。新能源汽车的发展也离不开智能技术的支持，自动驾驶、车联网等技术的应用，使新能源汽车成为智能交通系统的重要组成部分。

新能源产业在发展的过程中，不仅要注重技术创新，还要加强国际合作，推动全球新能源产业的协同发展。我国积极参与国际能源合作，推动"一带一路"沿线国家能源互联互通，为全球新能源发展贡献力量。同时，我国企业也在国际市场上参与优质的新能源项目，引进先进的技术，提升自身的竞争力。

3. 智慧城市与绿色出行

智慧城市的发展不仅改变了居民的出行方式，还对城市管理、公共服务等方面产生了深远影响。通过大数据、物联网、人工智能等技术，政府可以更加精准地掌握城市运行状况，实现精细化管理。在此基础上，智能环保、智能安防、智能医疗等的应用领域也逐步拓展，进一步优化了城市资源配置，提高了城市服务水平。

然而，智慧城市在建设过程中也面临着诸多挑战。首先，技术更新迅速，社会各界需要不断学习、跟进，确保数字技术的应用实效。其次，网络安全问题日益突出，保护居民隐私和信息安全成为智慧城市发展的关键。最后，智慧城市在建设过程中还需关注数字鸿沟问题，确保各类群体都能享受到数字化带来的便利。

我国政府高度重视智慧城市建设，提出了一系列政策措施，推动数字经济和智慧城市建设相互促进。例如，推动新能源汽车产业发展，加强充电基础设施建设，鼓励绿色出行；实施国家大数据战略，提升城市治理能力；加大人工智能研发，推动医疗、教育等领域的数字化转型。

展望未来，智慧城市将成为我国新型城镇化的重要支柱。在持续完善绿色出行体系、提升城市管理水平的基础上，智慧城市将更好地满足居民的多元化需求，提高城市可持续发展的能力，助力实现全面建设社会主义现代化国家的目标。随着技术创新的不断推进，智慧城市将释放出更大的发展潜力，为我国经济社会发展注入新动力。

4. 金融科技助力绿色金融

金融科技在绿色金融领域的应用日益广泛，其独特优势为绿色项目的融资、风险管理和创新发展提供了强大支持。

首先，大数据技术在绿色金融领域的应用为项目筛选、评估和融资提供了高效的手段。通过对海量数据进行分析，金融机构可以快速识别具有潜力的绿色项目，进一步降低项目融资的难度和成本。此外，大数据技术还可以帮助金融机构了解绿色产业的市场趋势、政策导向和竞争力，为绿色项目提供有针对性的融资方案。

其次，区块链技术在绿色金融领域的应用有助于提高资金的安全性和透明度。凭借去中心化、不可篡改的特性，区块链技术可以确保绿色项目的资金流向清晰可见，可有效防止欺诈行为。同时，区块链技术还可以降低金融机构间的信任成本，促进绿色项目融资的快速推进。

最后，金融科技在绿色金融领域的应用还可以通过智能合约等技术手段，实现对绿色项目的风险的精细化管理。智能合约可以根据绿色项目的实际情况，自动调整融资条件、还款期限等合同内容，为绿色项目提供灵活的风险防范措施。同时，金融机构还可以通过大数据分析，实时监测绿色项目的运营状况，发现潜在风险，为绿色项目提供及时的救助措施。

金融科技在绿色金融领域的应用为绿色项目的融资、风险管理和创新发展提供了有力支撑。通过大数据、区块链等技术手段，金融科技正在推动绿色金融行业的创新发展，为我国实现绿色发展目标提供有力保障。未来，金融科技与绿色金融的融合将成为绿色产业发展的关键驱动力，为建设美丽绿色家园贡献智慧和力量。

6.1.4　深化数字经济与可持续发展融合的措施

随着全球数字经济的快速发展，我国将继续深化数字经济与可持续发展的融合，为经济高质量发展注入新动力。

1. 加强国际合作

未来，我国将积极参与全球数字经济治理，与国际盟友加强合作，共同推动数字技术的创新与发展。

首先，积极参与全球数字技术标准的制定。数字技术标准的制定直接影响数字经济的发展方向，我国应积极参与国际数字技术标准的制定，争取更多的发言权，为我国数字经济的发展创造有利条件。

其次，加强与国际盟友在人才培养方面的合作。数字经济的发展离不开高素质的人才，我国应积极参与国际人才交流与合作，引进国外先进的教学理念和资源，培养一批具有国际视野的数字经济领军人才，为我国数字经济的发展提供人才支持。

最后，加强与国际盟友在数字经济领域的交流与合作。各国在数字经济治理方面有着不同的经验和做法，通过交流与合作，可以取长补短，共同推动数字经济治理体系的完善。通过参与国际会议、论坛等活动，加强与各国在数字经济治理方面的对话与合作，共同应对数字经济治理中的挑战，推动全球数字经济的公平与公正。

2. 激发创新活力

首先，加大对数字经济领域的基础研究投入，为创新提供源源不断的动力。在我国数字经济领域，基础研究是推动产业发展的重要支柱。社会各界应共同投入资金，支持高校、科研院所等开展前沿技术研究，如人工智能、大数据、云计算等技术的研究。此外，鼓励企业与高校、科研院所开展产学研合作，将科研成果转化为实际生产力。

其次，优化数字经济领域的创新生态环境，为创新型企业提供良好的发展土壤。社会各界可以通过减税降费、人才引进、资金支持等一系列政策，降低创新创业门槛，激发市场活力，同时，加强知识产权保护，为创新成果提供法律保障。企业也要积极承担社会责任，关注人才培养和科技创新，提升自身的竞争力。

再次，加强国际交流与合作，提升我国数字经济领域创新企业的国际竞争力。企业应积极参与国际技术交流与合作，引进国外先进的技术和管理经验，培育国际市场。同时，国内创新型企业应勇敢"走出去"，积极参与国际竞争，提升国际知名度。

复次，注重人才培养，打造高素质的数字经济创新人才队伍。企业应提高数字经济领域人才的待遇和地位，吸引更多优秀人才投身数字经济创新。企业也要加大人才选拔力度，提高员工的素质，为创新发展提供人才保障。

最后，加强科技创新，推动数字经济领域创新型企业实现突破。企业应开展核心技术攻关，突破"卡脖子"技术。同时，企业应积极参与国家重大科技项目，提升科技创新能力。企业也要坚持技术创新，以核心技术作为竞争力实现产业突破。

3. 促进产业升级

数字经济与实体经济的深度融合，已成为我国经济发展的新趋势。在政策推动和市场需求的共同作用下，我国数字经济与实体经济深度融合的步伐不断加快，为经济发展注入了新活力，培育了新的经济增长点。

一方面，政府层面持续加大政策支持力度，推动数字经济与实体经济深度融合。我国政府高度重视数字经济与实体经济的发展，出台了一系列政策措施，如"互联网＋"行动计划等，旨在加快数字经济发展，推动产业转型升级。此外，政府还积极落实"双创"政策，为数字经济与实体经济深度融合提供良好的发展环境。

另一方面，市场主体积极拥抱变革，加快数字化转型。越来越多的企业意识到数字化转型的重要性，纷纷加大技术研发和创新投入，以提高生产效率和降低成本。企业通过引入先进的技术、搭建智能化生产线、运用大数据分析等手段，不断提升实体经济的数字化、网络化、智能化水平。此外，新兴数字经济业态，如共享经济、平台经济等，也为传统产业注入了新活力，促进了产业结构的优化升级。

在此背景下，我国数字经济与实体经济深度融合取得了显著成果。首先，数字经济对经济增长的贡献率不断提升。其次，实体经济的数字化转型成效显著，产业升级步伐加快。例如，我国智能制造、绿色能源等领域取得重要突破，为经济发展提供了新的支撑。最后，数字经济与实体经济深度融合带动了就业、消费、投资等多方面的发展，为经济增长创造了更多机遇。

然而，数字经济与实体经济深度融合也面临诸多挑战。例如，企业在数字化转型过程中可能面临技术瓶颈、人才短缺等问题；地区之间、行业之间数字经济发展不平衡等。为此，我国应继续加大政策支持力度，深化数字经济与实体经济的融合，推动经济高质量发展。

4. 保障信息安全

随着数字经济的飞速发展，网络安全和数据保护已成为影响我国数字经济可持续发展的重要因素。政府部门和企业界高度重视网络安全和数据保护，纷纷采取措施加强保护力度。

（1）规范数据使用和网络安全保护行为。

要保障网络安全和数据保护，首先要建立健全法律法规体系。我国已出台《中华人民共和国网络安全法》《中华人民共和国数据安全法》等相关法律法规，对网络运营者、数据处理者的义务和责任进行了明确。这些法律法规的制定和实施，体现了我国对网络安全和数据保护的高度重视，也为我国的网络安全和数据保护工作提供了有力的法律支撑。

然而，随着科技的快速发展和互联网的广泛应用，网络安全和数据保护面临的问题和挑战也在不断增多。因此，我国还需不断完善相关法律法规，细化数据保护的原则、范围、责任界定等，为网络安全和数据保护提供更加详尽的法律依据。这不仅能够强化网络运营者和数据处理者的法律意识，还能够提升我国在网络安全和数据保护领域的治理能力。

此外，加强网络安全和数据保护的宣传教育也是至关重要的。社会各界应积极参与，提高公众的网络安全意识和数据保护意识。通过各种渠道和形式，让更多的人了解网络安全和数据保护的重要性，掌握基本的网络安全知识和数据保护技能。

在此基础上，我国还需要加强网络安全和数据保护的技术研发和创新，不断提升技术水平，才能更好地应对网络安全和数据保护方面的新挑战。同时，也要加强与国际社会的交流与合作，共同应对全球网络安全和数据保护问题，为构建安全、可信赖的网络空间做出贡献。

建立健全网络安全和数据保护法律法规体系，强化宣传教育，提升技术研发和创新能力，是我国在网络安全和数据保护领域的重要任务。只有全社会共同努力，才能为我国经济社会发展创造一个安全、有序的网络环境。

（2）加强技术创新，提升网络安全防护能力。

网络安全在数字经济可持续发展中扮演着至关重要的角色。在当今信息技术高速发展的背景下，黑客攻击、网络诈骗等网络安全威胁不断升级，其对我国数字经济的发展构成严重挑战。因此，提高网络安全防护能力，确保数字经济的健康发展，已成为当务之急。

首先，企业应加大对网络安全技术创新的投入。在科技日新月异的今天，网络安全技术是防范网络攻击的关键手段。通过研究开发先进的防火墙、入侵检测、数据加密等技术，可以提高网络安全防护水平，有效抵御各种网络威胁。此外，应紧跟国际网络安全技术发展趋势，引进国外先进的技术，并结合我国实际情况进行创新，形成具有自主知识产权的网络安全技术，以确保我国网络安全领域的核心竞争力。

其次，加强网络安全人才培养也是提高网络安全防护能力的重要途径。

网络安全人才是数字经济可持续发展的重要支柱，我国应加大对网络安全人才的培养力度，通过设立相关专业、开展实践性培训、提供优惠政策等措施，吸引更多优秀人才投身网络安全事业。同时，加强在职人员的网络安全技能培训，提高现有网络安全从业人员的专业素质，形成完善的网络安全人才培养体系。

最后，网络安全意识的普及也是至关重要的。社会各界应共同努力，通过各种渠道宣传网络安全知识，提高广大人民群众的网络安全意识。只有大家共同关注网络安全，才能形成抵御网络威胁的坚实防线。

（3）强化企业责任，落实数据保护措施。

企业作为数字经济发展的主体，肩负着网络安全和数据保护的重要使命。在数字化转型背景下，企业需要牢固树立网络安全和数据保护的意识，认真履行主体责任，以确保业务运营的稳定和安全。

首先，企业应加强内部管理，制定完善的数据保护政策和操作规程。数据保护政策是网络安全和数据保护的基础，它明确了企业在数据收集、存储、使用、共享、删除等环节的具体要求和措施。同时，企业还需建立健全数据安全管理制度，确保数据的安全性和完整性。企业应制定操作规程，使员工在处理数据时能够遵循规范，降低数据泄露的风险。

其次，企业应积极投入技术研发，提升数据安全防护能力。随着科技的快速发展，网络安全威胁也在不断演变。企业需要关注最新的网络安全技术，及时更新安全设施，提高数据的防护能力。这包括对数据的加密存储和传输，设置访问权限，实施安全审计，以及定期对系统和应用进行安全漏洞扫描等。

最后，企业还应定期开展网络安全培训和演练，提高员工的安全意识。员工是保障企业网络安全的重要组成部分，他们的安全意识直接影响到企业的网络安全防护能力。企业应定期组织网络安全培训，使员工了解网络安全知识，提高网络安全防范意识。同时，企业可以通过模拟网络安全事件，开展实战演练，使员工在面临网络安全威胁时能够迅速响应，降低损失。

企业在发展数字经济的同时，应高度重视网络安全和数据保护，切实履行主体责任。通过加强内部管理、提升技术研发和开展培训演练等手段，构建坚实的网络安全防线，为企业的可持续发展提供保障。在未来的发展中，企业应继续关注网络安全和数据保护的新动态，不断优化管理措施，为我国数字经济的健康发展贡献力量。

（4）加强监管力度，构建公平竞争的市场环境。

在信息化、数字化飞速发展的今天，网络安全和数据保护已经成为关乎国家利益、民众福祉和社会稳定的重要议题。我国政府高度重视网络安全和数据保护问题，积极采取一系列措施加强监管，旨在为广大民众创造一个安全、健康的网络环境。

首先，政府部门加大对网络安全和数据保护的监管力度，严厉打击违法违规行为。这意味着要严密监控网络空间，对侵犯用户隐私、滥用数据等行为进行严密排查，一旦发现违法行为要依法予以严惩，让违法者付出代价。此外，还需加强对相关法律法规的宣传，提高广大网民的法治意识，让其明白如何保护自己的合法权益。

其次，在加强网络安全和数据保护的同时，政府部门加强对市场的监管，规范企业的竞争行为。这意味着要建立健全市场准入、竞争秩序、知识产权等方面的法律法规，确保企业在合法合规的基础上开展经营活动。同时，要着力培育一批具有国际竞争力的数字经济领军企业，推动数字经济健康发展，为我国经济高质量发展注入新动力。

最后，政府部门还构建公平竞争的市场环境，为数字经济可持续发展提供良好的条件。政府部门在加强监管的同时，也注重发挥市场机制的作用，消除行业壁垒，让各类企业都能在公平竞争中脱颖而出。同时，要关注民生，加强对弱势群体的扶持力度，确保他们能共享数字经济发展带来的红利。

网络安全和数据保护是数字经济时代面临的重要课题。政府部门充分发挥自身的职能，加强监管，严厉打击违法违规行为，规范企业竞争行为，为广大民众营造了一个安全、有序、健康的网络环境。同时，注重发挥市场机制的作用，构建公平竞争的市场环境，推动数字经济可持续发展。通过这些举措，我们有望在保障网络安全和数据安全的基础上，实现数字经济的健康、高效、可持续发展。

5. 改善民生水平

数字经济作为新兴产业，正改变着传统产业和社会生活。我国政府高度重视数字经济的发展，积极推动数字经济与民生领域的融合，以提高人民群众的生活质量和幸福感。

一方面，我国加快数字基础设施建设，为数字经济与民生领域融合提供了坚实基础。5G、人工智能、大数据等新兴技术广泛应用，降低了数字技术的门槛，使更多人享受到数字技术带来的便利。此外，政府还加大对数字教育的投入，提高全民的数字素养，让更多人参与到数字经济中来。

另一方面，数字经济与民生领域的融合不断加深，在线教育、远程医疗、智慧交通等应用层出不穷，让人民群众享受到更高质量的教育、医疗等服务。同时，数字经济助力传统产业转型升级，为就业提供新机遇，助力精准扶贫，提高人民群众的收入水平。

在政策推动下，我国数字经济与民生领域融合取得了显著成果。然而，仍有不少挑战需要面对，如数字鸿沟、网络安全等问题。未来，我们要进一步加大投入，深化数字经济与民生领域的融合，让人民群众从数字经济发展中收获更多实惠，不断提高生活质量和幸福感。

总之，数字经济与可持续发展融合已成为我国经济发展的新趋势。只有紧跟全球数字经济发展步伐，充分发挥数字经济在促进经济高质量发展中的作用，才能为实现中华民族伟大复兴的中国梦提供有力支撑。

6.2　企业风险预警机制的创新发展方向

6.2.1　大数据与人工智能技术的应用

随着科技的发展日新月异，大数据与人工智能技术在我国企业财务风险预警领域的应用日益广泛。这些先进的技术的引入，使得企业在财务管理上实现了质的飞跃，为防范风险提供了强有力的科技支撑。

首先，大数据技术在财务风险预警中的应用使得企业能够实时获取各类财务和非财务信息。这些信息涉及企业的经营、财务、市场、政策等多个方面，为企业提供了全面的风险评估依据。通过大数据分析，企业可以迅速发现潜在的风险点，提高风险预警的准确性和及时性。以往需要人工花费大量时间和精力去整理、分析的数据，现在在大数据的帮助下，可以轻松获取并整合，从而提高预警的效率。

其次，人工智能技术的应用使得风险预警模型更加智能化、个性化。基于大量数据的训练，人工智能可以自动识别风险的特征，动态调整预警模型，使其更加适应企业的实际情况。此外，人工智能还能够为企业提供个性化的风险防范建议，针对不同企业、不同行业的需求，给出定制化的解决方案。这大大提升了风险预警的针对性和实用性，有助于企业预防和应对风险。

在此基础上，社会各界应加大对大数据和人工智能技术在财务风险预警领域应用的研究和投入，培养更多具备大数据分析和人工智能应用能力的人才。同时，企业还需不断完善内部风险管理制度，将大数据、人工智能技术与现有风险管理体系相结合，形成一套高效、智能的风险防控体系。

大数据与人工智能技术在企业财务风险预警领域的应用，为我国企业提供了有力的风险防范工具。只有紧跟科技发展趋势，充分利用这些先进的技术，才能更好地应对日益复杂的市场环境，实现企业的可持续发展。

6.2.2 建立多元化风险预警指标体系

传统的企业财务风险预警指标体系主要以财务指标为主，如偿债能力、营利能力、运营能力等。这些财务指标在企业过去的发展过程中，起到了重要的预警作用。然而，随着企业经营环境的日益复杂，单一的财务指标已无法全面反映企业的风险状况。因此，企业应建立多元化风险预警指标体系，将财务指标与非财务指标相结合，以提高风险预警的全面性。

首先，企业在关注财务指标的基础上，应重视市场竞争力这一非财务指标。市场竞争力是企业在激烈的市场竞争中立足的关键因素。企业可以通过对市场份额、产品定价权、客户满意度等方面的监测，评估自身的市场竞争力，从而及时发现潜在的市场风险。

其次，创新能力也是企业应对风险的重要保障。在当今科技飞速发展的时代，企业必须具备创新能力，才能适应市场的变化。企业可以通过研发投入、专利的申请数量、新产品的上市数量等指标来评估自身的创新能力，以便发现和应对潜在的技术风险。

最后，企业文化作为企业的核心竞争力之一，对于防范风险也具有重要意义。健康、积极的企业文化能够提高员工的凝聚力和执行力，从而降低企业运营风险。企业可以通过对企业文化的内部调查和外部评估，将其纳入风险预警体系。

除了上述非财务指标，企业还应关注人力资源、社会责任等方面的风险。人力资源风险包括人才流失、员工满意度低等，企业可以通过人力资源管理和员工福利等方面的改进，降低相关风险。在社会责任方面，企业要关注环境保护、公平竞争等方面的风险，以维护企业的长远发展。

企业应在原有财务风险预警指标体系的基础上，建立多元化风险预警指标体系，将财务指标与非财务指标相结合。这样既能充分发挥财务指标在风险预警中的作用，又能全面反映企业在各个方面的风险状况，提高风险预警的准确性和有效性，为企业健康、稳定地发展提供有力保障。

6.2.3　风险预警机制与风险管理战略相结合

在充满挑战和竞争的商业环境中，企业面临着各种潜在的风险。为了确保企业的稳健发展和持续营利，建立一套完善的风险预警机制和实施具有针对性的风险管理战略至关重要。

1. 风险预警机制：发现和预警潜在风险

企业风险预警机制是一种预先设立的制度，旨在及时发现和预警企业内、外部的潜在风险。通过对企业运营过程中的各种风险因素进行监测和分析，预警机制能够为企业提供预警信号，使企业能够在风险实际发生前采取相应的措施进行防范。

2. 风险管理战略：针对风险预警结果制定具体的应对措施

风险管理战略是企业针对风险预警结果制定的一套具体的应对措施，旨在降低风险对企业的影响，确保企业目标的实现。风险管理战略主要包括以下几个方面。

（1）风险应对策略。

根据风险性质和严重程度，制订相应的风险应对策略，包括风险规避、风险减轻、风险转移和风险接受等。

（2）风险防范措施。

针对预警的风险制定具体的防范措施，以降低风险发生的可能性。

（3）应急响应计划。

制订应急响应计划，明确企业在风险发生后如何迅速应对，以减轻风险对企业运营的影响。

（4）风险管理组织与制度。

建立健全风险管理组织与制度，确保风险管理工作的顺利进行。

3. 结合风险预警机制与风险管理战略

将风险预警机制与风险管理战略相结合，企业可以实现对风险的全方位防控，提高风险应对能力，具体措施包括以下几项。

（1）加强风险预警机制与风险管理战略的协同，确保预警信号及时传递给相关部门，提高风险应对的时效性。

（2）建立健全风险管理信息系统，实现风险数据共享，提高风险识别、评估和监测的准确性。

（3）强化风险管理队伍建设，提高风险管理专业人才的素质和能力。

（4）不断优化风险应对策略和措施，确保企业在面临风险时能够迅速做出反应，降低风险对企业的影响。

企业应充分认识到风险预警机制与风险管理战略相结合的重要性，切实加强风险防控工作，以提高企业的抗风险能力和可持续发展能力。通过建立全面的风险防控体系，企业可以在激烈的市场竞争中获得先机，为企业的长远发展奠定坚实的基础。

6.2.4 注重风险预警机制的实时性与动态性

在充满变数的市场环境中，企业经营面临越来越多的挑战，财务风险也呈现出多样性和复杂性。因此，对于企业而言，建立一套实时、动态的风险预警机制至关重要。这不仅有助于企业及时识别潜在风险，还可以为企业提供应对风险的策略和方法。

首先，需要明确风险预警机制的核心目的是提前发现并预警可能对企业经营造成负面影响的财务风险。这需要企业对风险预警指标进行科学设计，包括财务指标、非财务指标，以及企业内、外部环境因素。只有综合考虑多方面的因素，才能确保风险预警的全面性和准确性。

其次，风险预警机制的实时性与动态性是确保风险预警有效性的关键。市场环境和企业经营状况不断变化，企业财务风险也随之变化。因此，企业应注重风险预警机制的实时性与动态性，定期对风险预警指标进行调整和更新，以保证风险预警机制的准确性和有效性。

再次，企业应建立健全风险预警的响应和处理机制。当预警系统发出风险警报时，企业要及时分析产生风险的原因，制定相应的应对措施，以降低风险对企业经营的影响。同时，企业还应加强内部沟通与协作，确保各部门对风险预警的重视，共同维护企业的财务安全。

最后，企业应加强风险预警机制的培训和宣传，提高员工对风险的认识和防范意识。通过培训，使员工了解风险预警机制的操作流程和指标含义，提高员工的风险识别和应对能力。此外，企业还可以通过举办各类宣传活动，提高全体员工对风险预警的关注度，形成全员参与的风险防范氛围。

风险预警机制是企业防范财务风险的重要手段。企业应根据市场环境和企业经营状况的变化，不断完善和优化风险预警机制，保障其实时性与动态性。通过加强风险预警机制的建设和推广，提高员工的风险防范意识，企业将在激烈的市场竞争中占据优势。

6.2.5　强化企业内部控制

企业内部控制作为防范财务风险的重要手段，其地位和作用在企业运营中不容忽视。为了确保企业财务报告的真实性、合规性，提高整体运营效率，并有效降低财务风险，企业必须强化内部控制。

首先，企业应建立健全内部控制制度，对财务报告的编制、审批、披露等环节进行严格把控。这有助于提升财务报告的质量，确保投资者、债权人等利益相关者对企业财务状况的准确了解，从而降低信息不对称带来的风险。

其次，企业应加强内部审计，对风险预警机制的运行情况持续进行监督和评估。这有助于企业及时发现潜在风险，采取有效措施予以防范，确保企业稳健经营。同时，通过对风险预警机制的不断完善，企业可以提高风险应对能力，降低风险对企业经营的负面影响。

再次，企业还需注重内部控制与企业发展战略、人力资源、文化等领域的融合，形成全面的风险防控体系。这意味着企业要树立全员风险防控意识，提高员工对内部控制的重要性的认识，培养专业化的内部控制人才队伍，推动内部控制在企业各个层面的有效实施。

最后，企业还应关注外部环境变化，及时调整内部控制策略，以适应市场发展的需求。与企业外部利益相关者建立良好的沟通机制，共享内部控制经验，有助于提高企业整体的风险防范能力。

总之，企业风险预警机制的创新发展方向包括大数据与人工智能技术的应用、建立多元化风险预警指标体系、风险预警机制与风险管理战略相结合、注重风险预警机制的实时性与动态性，以及强化企业内部控制。只有不断探索和创新，才能使企业风险预警机制在新的时代背景下更好地发挥作用，为企业的发展提供坚实的保障。

参考文献

[1] 胡小威. 建筑企业建立财务风险预警机制的措施研究 [J]. 知识经济，2023，634（6）：82-84.

[2] 冯建平. 论企业财务风险预警体系构建的重要性及路径 [J]. 南北桥，2023（19）：4-6.

[3] 伍威. 基于风险识别的企业信息化财务危机预警模型 [J]. 山西财政税务专科学校学报，2022，24（2）：34-39.

[4] 苏云. "互联网＋技术"对企业经营管理的推动作用分析 [J]. 知识经济，2022，611（13）：45-47.

[5] 宋超. 大数据时代背景下企业财务风险预警机制的优化策略探究 [J]. 中国市场，2023（36）：134-137.

[6] 贵彩虹，曹新洲. 大数据应用视角下中小企业智慧网络安全感知平台总体架构的构建 [J]. 信息系统工程，2021（12）：20-23.

[7] 田利军，王皓羽，张秀，等. 基于 BP 神经网络的航空公司债务风险形成与传染机理研究 [J]. 商业会计，2022（9）：22-25.

[8] 刘茜. 企业财务风险监控预警机制的建立及其完善措施 [J]. 首席财务官，2023（4）：68-70.

[9] 董晓丽. 网络环境下企业集团资金管理及预算控制改进措施探讨 [J]. 发展改革理论与实践，2023，39（17）：87-89，119.

[10] 罗利华，高永，郑倩，等. 寻求"塔勒布超越"：常态化疫情防控与科技型企业可持续成长——来自南京 1907 家高新技术企业的经验证据

[J].科技导报，2021，39（14）：119-128.

[11] 孙飞翔.施工企业财务管理风险及其预警机制建设探究 [J].经济与社会发展研究，2022（12）：22-24.

[12] 孙钰艳.国有企业内控管理与财务风险防控强化对策的探讨 [J].科学与财富，2021（21）：317-318.

[13] 何益芳.基于新会计制度视角的国有企业财务管理路径探索 [J].新金融世界，2021（9）：7-8.

[14] 黄英.国有企业财务风险内部控制存在的问题及对策研究 [J].大众商务，2021（16）：22-24.

[15] 徐乔.可持续发展视角下的资源型企业的财务预警研究 [J].大众投资指南，2021（11）：149-150.

[16] 赵倩.关于新能源发电企业财务风险管理的研究 [J].时代商家，2021（35）：15-17.

[17] 刘媛.基于价值及风险预警的投资企业财务管理探究 [J].经营者，2022，36（8）：135-137.

[18] 王海花，谭钦瀛，李烨.数字技术应用、绿色创新与企业可持续发展绩效：制度压力的调节作用 [J].科技进步与对策，2023，40（7）：124-135.

[19] 热比亚·吐尔逊，巴文浩，王岚.数字化转型、绿色供应链与企业环境绩效：媒体关注的调节作用 [J].中国流通经济，2023，37（10）：14-25.

[20] 王琳，周昕怡，陈梦媛.从"培育者"到"影响者"：数字化转型如何推动绿色创新发展：基于浪潮的纵向案例研究 [J].中国软科学，2023（10）：146-163.

[21] 杨雪.数字化智能环保服装设计：探索时尚与绿色环保可持续发展的融合之路 [J].环境工程，2023，41（4）：278-279.

[22] 彭璐，范洪彪.可持续发展趋势下表外信息披露体系全景式重塑及实现路径：基于 ESG 信息披露框架 [J].商业会计，2023（19）：10-14.

[23] 田雪.制造业企业数字化转型对绿色技术创新的影响路径和机制分析 [J].现代工业经济和信息化，2023，13（10）：151-153.

[24] 孙明芬.数字化转型背景下实现国有企业内控控制管理路径 [J].财

讯，2023（12）：176-178.

[25] 李淑锦，周远航.企业 ESG 表现与债务融资成本的关系研究：基于数字金融的调节效应 [J].杭州电子科技大学学报，2023，19（4）：1-9.

[26] 李帅珂.企业数字化转型实现双赢的探索与思考——基于经济效益与社会效益的角度 [J].海峡科技与产业，2023，36（4）：30-33.

[27] 宋德勇，朱文博，丁海.企业数字化能否促进绿色技术创新？——基于重污染行业上市公司的考察 [J].财经研究，2022，48（4）：34-48.

[28] 钟业喜，吴思雨.元宇宙赋能数字经济高质量发展：基础、机理、路径与应用场景 [J].重庆大学学报（社会科学版），2022，28（4）：1-12.

[29] 王艳华.供应链弹性对流通绩效的影响分析——基于可持续性的中介效应 [J].商业经济研究，2022（8）：33-36.

[30] 赵忠刚.数字经济时代背景下邮政寄递产业竞争力研究——基于波特五力模型理论的视角 [J].湖北科技学院学报，2022，42（2）：33-38，74.

[31] 刘冠辰.数字经济背景下的绿色供应链发展——以苹果公司绿色供应链模式为例 [J].中国信息化，2022（11）：17-19.

[32] 朱祥祎.数字经济与低碳视角下能源企业效益评价体系研究 [J].现代工业经济和信息化，2023，13（11）：199-201.

[33] 吴养学.数字蝶变促进经济增长的传导路径研究——基于省级面板数据 [J].武汉商学院学报，2022，36（4）：45-49.

[34] 白福萍，刘东慧，燕爱国，等.可持续发展目标下数字化转型对企业 ESG 责任履行的影响研究 [J].科技管理研究，2023，43（17）：198-208.

[35] 纸业时代杂志社科技时代编辑部.疫情后的日本制浆造纸业——2022 年概况与经济活动复苏下的产业环境变化及技术开发方向 [J].中国造纸，2023，42（7）：169-174.

[36] 黄逸清，管莹莹.数字经济背景下安徽省中小企业转型升级路径探索 [J].商场现代化，2023（8）：79-81.

[37] 李文，刘玉琮，吴天伟.绿色发展背景下环境规制、技术创新对流通业绿色经济效率的影响 [J].商业经济研究，2022（21）：185-188.

[38] 张倩.浅谈财务管理战略转型下的财务数字化建设思考 [J].财经界，2022（4）：131-133.

[39] 李涵之，陆莎，杜欢政．数字化赋能中小型化工企业绿色转型存在的问题及对策 [J]. 浙江化工，2022，53（11）：50-54.

[40] 戴璐祺，宫泽浩．数字化转型助力企业危机管理研究 ——基于疫情冲击下平安集团的案例分析 [J]. 国际商务财会，2022（24）：57-60，85.

[41] EBERT C，DUARTE C H C.Digital transformation[J].IEEE Software，2018，35（4）：16-21.

[42] 李晓华．数字经济新特征与数字经济新动能的形成机制 [J]. 改革，2019（11）：40-51.

[43] ZHAI H Y，YANG M，CHAN K C.Does digital transformation enhance a firm's performance? Evidence from China[J].Technology in Society，2022, 68：1-10.

[44] EBERT C.Looking into the future[J].IEEE Software，2015，32（6）：92-97.

[45] WARREN J D，MOFFITT K C，BYRNES P.How big data will change accounting[J].Accounting horizons，2015，29（2）：397-407.

[46] CAMPBELL S，LI Y Q，YU J L，et al.The impact of occupational community on the quality of internal control[J].Journal of Business Ethics，2016，139（2）：271-285.

[47] 李心合．内部控制：从财务报告导向到价值创造导向 [J]. 会计研究，2007（4）：54-60，95-96.

[48] 张宜霞．企业内部控制的范围、性质与概念体系——基于系统和整体效率视角的研究 [J]. 会计研究，2007（7）：36-43，96.

[49] KINNEY W R，MCDANIEL L S.Characteristics of firms correcting previously reported quarterly earnings[J].Journal of Accounting and Economics，1989，11（1）：71-93.

[50] DEFOND M L，JIAMBALVO J J. Incidence and circumstances of accounting errors[J]. The Accounting Review，1991（17）：643-655.

[51] MCMULLEN D A，RAGHUNANDAN K，RAMA D V.Internal control reports and financial reporting problems[J].Accounting Horizons，1996，10（4）：67-75.

[52] CHALMERS K，HAY D，KHLIF H.Internal control in accounting research： a review and future research agenda [J].Journal of Accounting Literature，2018，42（1）：80-103.

[53] ASHBAUGH-SKAIFE H，COLLINS D W，KINNEY W R.The discovery and reporting of internal control deficiencies prior to SOX-mandated audits[J].Journal of Accounting and Economics，2007，44（1-2）： 166-192.

[54] KRISHNAN J.Audit committee quality and internal control： an empirical analysis[J].The Accounting Review，2005，80（2）： 649-675.

[55] HOITASH R，HOITASH U，JOHNSTONE K M.Internal control material weaknesses and CFO compensation[J].Contemporary Accounting Research，2012，29（3）： 768-803.

[56] BEDARD J C，HOITASH R，HOITASH U.Evidence from the United States on the effect of auditor involvement in assessing internal control over financial reporting[J].International Journal of Auditing，2009，13（2）： 105-125.

[57] RICE S C，WEBER D P.How effective is internal control reporting under SOX 404? Determinants of the （non - ） disclosure of existing material weaknesses[J].Journal of Accounting Research，2012，50（3）： 811-843.

[58] ILVONEN I，THALMANN S，MANHART M，et al.Reconciling digital transformation and knowledge protection： a research agenda[J]. Knowledge Management Research & Practice，2018，16（2）： 235-244.

[59] QI B，LI L，ZHOU Q，et al.Does internal control over financial reporting really alleviate agency conflicts?[J].Accounting & Finance，2017，57 （4）： 1101-1125.

[60] 陈冬梅，王俐珍，陈安霓.数字化与战略管理理论——回顾、挑战与展望 [J].管理世界，2020，36（5）：220-236，20.

[61] 何瑛.基于云计算的企业集团财务流程再造的路径与方向 [J].管理世界，2013（4）：182-183.

[62] 吴非，胡慧芷，林慧妍，等.企业数字化转型与资本市场表现——来自股票流动性的经验证据 [J].管理世界，2021，37（7）：130-144，10.

[63] 吴溪，朱梅，陈斌开."互联网+"的企业战略选择与转型业绩——基于交易成本的视角 [J]. 中国会计评论，2017，15（2）：133-154.

[64] CHEN Y.Blockchain tokens and the potential democratization of entrepreneurship and innovation[J].Business Horizons，2018，61（4）：567-575.

[65] 黄群慧，余泳泽，张松林. 互联网发展与制造业生产率提升：内在机制与中国经验 [J]. 中国工业经济，2019（8）：5-23.

[66] LIU D Y，CHEN S W，CHOU T C.Resource fit in digital transformation：lessons learned from the CBC Bank global e-banking project[J].Management Decision，2011，49（10）：1728-1742.

[67] HORVITZ E J，BREESE J S，HENRION M.Decision theory in expert systems and artificial intelligence[J].International Journal of Approximate Reasoning，1988，2（3）：247-302.

[68] LOEBBECKE C，PICOT A.Reflections on societal and business model transformation arising from digitization and big data analytics：a research agenda[J].The Journal of Strategic Information Systems，2015，24（3）：149-157.

[69] 王可，李连燕."互联网+"对中国制造业发展影响的实证研究 [J]. 数量经济技术经济研究，2018，35（6）：3-20.

[70] ACEMOGLU D.Labor-and capital-augmenting technical change[J].Journal of the European Economic Association，2003，1（1）：1-37.

[71] 李晓华."互联网+"改造传统产业的理论基础 [J]. 经济纵横，2016（3）：57-63.

[72] DOYLE J，GE W，MCVAY S.Determinants of weaknesses in internal control over financial reporting[J].Journal of Accounting and Economics，2007，44（1-2）：193-223.

[73] 陈武朝. 在美上市公司内部控制重大缺陷认定、披露及对我国企业的借鉴 [J]. 审计研究，2012（1）：103-109.

[74] 崔志娟. 规范内部控制的思路与政策研究——基于内部控制信息披露"动机选择"视角的分析 [J]. 会计研究，2011（11）：52-56，93.

[75] 谭燕，施赟，吴静. 董事会可以随意确定内部控制缺陷定量认定标准吗?——来自 A 股上市公司的经验证据 [J]. 会计研究，2016（10）：70-

77，97.

[76] 田娟，余玉苗.内部控制缺陷识别与认定中存在的问题与对策 [J].管理世界，2012（6）：180-181.

[77] 林斌，林东杰，胡为民，等.目标导向的内部控制指数研究 [J].会计研究，2014（8）：16-24，96.

[78] 林斌，林东杰，谢凡，等.基于信息披露的内部控制指数研究 [J].会计研究，2016（12）：12-20，95.

[79] 何帆，刘红霞.数字经济视角下实体企业数字化变革的业绩提升效应评估 [J].改革，2019（4）：137-148.

[80] 祁怀锦，曹修琴，刘艳霞.数字经济对公司治理的影响——基于信息不对称和管理者非理性行为视角 [J].改革，2020（4）：50-64.

[81] 张永珅，李小波，邢铭强.企业数字化转型与审计定价 [J].审计研究，2021（3）：62-71.

[82] 袁淳，肖土盛，耿春晓，等.数字化转型与企业分工：专业化还是纵向一体化 [J].中国工业经济，2021（9）：137-155.

[83] HART O D. The market mechanism as an incentive scheme[J].The Bell Journal of Economics，1983，14（2）：366-382.

[84] 黄继承，姜付秀.产品市场竞争与资本结构调整速度 [J].世界经济，2015，38（7）：99-119.

[85] 任宏达，王琨.产品市场竞争与信息披露质量——基于上市公司年报文本分析的新证据 [J].会计研究，2019（3）：32-39.

[86] CLINCH G，VERRECCHIA R E.Competitive disadvantage and discretionary disclosure in industries[J].Australian Journal of Management，1997，22（2）：125-137.

[87] LI X.The impacts of product market competition on the quantity and quality of voluntary disclosures[J].Review of Accounting Studies，2010，15（3）：663-711.

[88] RAITH M.Competition，risk and managerial incentives[J].The American Economic Review，2003，93（4）：1425-1436.

[89] KOLE S R，LEHN K.Deregulation，the evolution of corporate

governance structure，and survival[J].The American Economic Review，1997，87（2）：421-425.

[90] 王琳璐，廉永辉，董捷.ESG 表现对企业价值的影响机制研究 [J].证券市场导报，2022（5）：23-34.

[91] 温忠麟,张雷,侯杰泰,等.中介效应检验程序及其应用[J].心理学报，2004（5）：614-620.

[92] PREACHER K J，HAYES A F.Asymptotic and resampling strategies for assessing and comparing indirect effects in multiple mediator models[J]. Behavior Research Methods，2008，40（3）：879-891.

[93] 温忠麟，叶宝娟.中介效应分析:方法和模型发展 [J].心理科学进展，2014，22（5）：731-745.

[94] 国家发展和改革委员会.加快构建中国特色数据基础制度体系 促进全体人民共享数字经济发展红利 [J].求是，2023（1）：40-45.